U0218148

本书为教师提供免费的电子课件

普通高等教育"十二五"规划教材

电 子 技 术

第 2 版

李少纲　薛毓强　编

蔡金锭　主审

机 械 工 业 出 版 社

本书是普通高等教育"十二五"规划教材。

本书内容包括：半导体器件、基本放大电路、集成运算放大器、正弦波振荡电路、直流稳压电源、电力电子技术、门电路和组合逻辑电路、触发器和时序逻辑电路、模拟信号和数字信号的转换、存储器与可编程逻辑器件共10章。

本书叙述简明、概念清楚、通俗易懂、重点突出，例题、习题丰富，理论结合实际应用，各章主要节后有练习与思考题，书后附有习题参考答案。本书理论教学参考学时为48~60，各校在教学时可根据专业实际情况适当取舍。

本书可供高等理工科院校机械类、材料类、化工类、建筑类、经贸管理类、机电一体化类、计算机类等有关专业教学使用，也可供高职高专院校相关专业选用和有关工程技术人员阅读。

本书配有免费电子课件，欢迎选用本书作教材的老师登录www.cmpedu.com注册下载。

图书在版编目（CIP）数据

电子技术/李少纲，薛毓强编 .—2 版 .—北京：机械工业出版社，2015.6
（2024.1 重印）

普通高等教育"十二五"规划教材

ISBN 978-7-111-50359-0

Ⅰ.①电…　Ⅱ.①李…②薛…　Ⅲ.①电子技术–高等学校–教材
Ⅳ.①TN

中国版本图书馆 CIP 数据核字（2015）第 112224 号

机械工业出版社（北京市百万庄大街22号　邮政编码100037）
策划编辑：贡克勤　责任编辑：贡克勤
版式设计：霍永明　责任校对：丁丽丽
封面设计：陈　沛　责任印制：邓　博
北京盛通数码印刷有限公司印刷
2024 年 1 月第 2 版第 6 次印刷
184mm×260mm · 17.75 印张 · 434 千字
标准书号：ISBN 978-7-111-50359-0
定价：38.00 元

前　言

　　本书是普通高等教育"十二五"规划教材。本书第1版是根据国家教育部电工学课程教学指导小组拟定的"电子技术"课程教学基本要求和面向21世纪人才培养目标编写的"十一五"规划教材，于2009年4月出版。本次修订是根据第1版的使用情况，补充新产品、新技术，进一步加强理论与实际应用相结合，突出先进性和实用性，以满足培养学生的工程能力与创新能力的需要。教材内容正确处理"内容多与学时少""教与学"和"学与用"的关系，并作了精选、改写、调整和补充，以期使本书在体系、内容、叙述和习题等方面更趋完善和成熟。主要变动如下：

　　1. 将第1版中的第六章数字电路基础与第七章门电路和组合逻辑电路合并，内容作了精简，使教材更紧凑，教学连续性更好。

　　2. 在第三章集成运算放大器、第七章门电路和组合逻辑电路与第八章触发器和时序逻辑电路各增加应用实例一节，加强理论与实际应用的结合，激发学生自主学习的积极性，提高创新能力，促进学以致用。

　　3. 将第1版第五章直流稳压电源中第四节晶闸管及其可控整流电路与新增的常用电力电子器件、交流调压电路、交流调压调频电路、变频器的应用、直流斩波电路等新设为第六章电力电子技术，突出电力电子器件、交流调速的先进性和实用性。

　　4. 第四章正弦波振荡电路新增广泛应用的"集成函数发生器"和工程应用中极其重要的"寄生振荡的抑制"的内容。

　　5. 在各章主要节后增加了练习与思考题，以利于理解和掌握基本概念、基本电路和基本方法，便于自学与练习。

　　6. 对例题和习题进行调整，补充和加强基本题，增加了故障诊断和设计性的题目，补充和加强强电与弱电相结合、数电与模电相结合的综合应用，以加强对学生工程实践能力和创新能力的培养。

　　7. 删除陈旧过时或不适用的内容，改写部分内容，力求概念清楚、文字简练、突出要点。

　　8. 目录中注有"＊"号的部分是选讲的内容，以便不同专业、不同教学学时数的选择需要，提供学生自学的内容，解决"内容多与学时少"的问题。本书可供理论教学时数为48~60学时的工科院校本科、专科相关专业教学使用。

　　本书（第2版）由蔡金锭教授审阅，第九章模拟信号和数字信号的转换和第十章存储器与可编程逻辑器件由薛毓强编写，其他章节由李少纲编写。蔡金锭、涂娟、徐玉珍、张选丽、林建新等老师对本书的编写提出了宝贵的建议和意见，在此表示衷心的谢意。

　　由于编者的水平和能力所限，书中疏漏、欠妥和错误之处在所难免，恳请使用本教材的师生和读者给予批评指正。

编　者

目　　录

前言
第一章　半导体器件 …………………… 1
　第一节　半导体基本知识 ……………… 1
　　一、本征半导体 ………………………… 1
　　二、P 型半导体和 N 型半导体 ………… 2
　　三、PN 结及其单向导电性 …………… 2
　第二节　二极管 ………………………… 3
　　一、基本结构 …………………………… 3
　　二、伏安特性 …………………………… 4
　　三、主要参数 …………………………… 4
　第三节　特殊二极管 …………………… 5
　　一、稳压管 ……………………………… 5
　　二、发光二极管 ………………………… 6
　　三、光敏二极管 ………………………… 7
　第四节　晶体管 ………………………… 7
　　一、基本结构 …………………………… 8
　　二、电流分配与放大原理 ……………… 8
　　三、特性曲线 …………………………… 11
　　四、主要参数 …………………………… 13
　　五、光敏晶体管和耦合器件 …………… 14
　本章小结 ………………………………… 15
　习题一 …………………………………… 15
第二章　基本放大电路 ………………… 18
　第一节　基本放大电路的组成及工作原理 … 18
　　一、共发射极放大电路的组成 ………… 18
　　二、放大电路的工作原理 ……………… 19
　第二节　放大电路的静态分析 ………… 20
　　一、直流通路估算法 …………………… 20
　　二、图解法 ……………………………… 20
　第三节　放大电路的动态分析 ………… 22
　　一、微变等效电路法 …………………… 22
　　二、图解法 ……………………………… 26
　第四节　静态工作点的稳定 …………… 29
　　一、静态工作点的漂移 ………………… 29
　　二、分压式偏置电路 …………………… 29
　第五节　射极输出器 …………………… 32
　　一、射极输出器的静态分析 …………… 32

　　二、射极输出器的动态分析 …………… 32
　*第六节　放大电路的频率特性 ………… 34
　第七节　多级放大电路及其耦合方式 … 35
　　一、级间耦合方式 ……………………… 35
　　二、放大电路分析 ……………………… 36
　第八节　放大电路中的负反馈 ………… 38
　　一、反馈的类型 ………………………… 38
　　二、反馈类型的判别 …………………… 39
　　三、负反馈对放大电路性能的影响 …… 40
　第九节　差动放大电路 ………………… 44
　　一、差动放大电路的工作原理 ………… 44
　　二、静态分析 …………………………… 46
　　三、动态分析 …………………………… 46
　　四、共模抑制比 ………………………… 48
　第十节　互补对称功率放大电路 ……… 49
　　一、对功率放大电路的基本要求 ……… 49
　　二、无输出变压器（OTL）的互补对称
　　　　放大电路 …………………………… 50
　　三、无输出电容（OCL）的互补对称放
　　　　大电路 ……………………………… 51
　　四、集成功率放大电路 ………………… 51
　第十一节　场效应晶体管及其放大电路 … 52
　　一、绝缘栅场效应晶体管 ……………… 52
　　*二、场效应晶体管放大电路 ………… 57
　　*三、扩音机前置放大电路 …………… 58
　本章小结 ………………………………… 60
　习题二 …………………………………… 61
第三章　集成运算放大器 ……………… 67
　第一节　集成运算放大器简介 ………… 67
　　一、集成运算放大器电路特点 ………… 67
　　二、集成运算放大器的符号、引脚 …… 67
　　三、集成运算放大器的主要参数 ……… 68
　　四、理想运算放大器及其分析依据 …… 68
　第二节　集成运算放大器在运算方面的
　　　　　应用 …………………………… 70
　　一、比例运算 …………………………… 70
　　二、加法运算 …………………………… 72

三、减法运算 ……………………… 72
四、积分运算 ……………………… 73
五、微分运算 ……………………… 74
*六、对数运算 …………………… 74
*七、指数运算 …………………… 75
第三节　集成运算放大器在测量技术中
　　　　的应用 …………………… 76
一、电压源、电流源 ……………… 76
二、电压、电流的测量 …………… 76
*三、测量放大器 ………………… 77
*四、电流电压转换 ……………… 78
第四节　集成运算放大器在信号处理
　　　　方面的应用 ……………… 79
*一、有源滤波器 ………………… 79
*二、采样保持电路 ……………… 83
三、电压比较器 …………………… 83
第五节　集成运算放大器实际使用中的
　　　　一些问题 ………………… 86
一、调零 …………………………… 86
二、保护 …………………………… 86
三、扩大输出电流 ………………… 86
*四、单电源供电 ………………… 87
*第六节　集成运算放大器应用实例 … 87
本章小结 …………………………… 89
习题三 ……………………………… 90

第四章　正弦波振荡电路 …………… 96
第一节　自激振荡的基本原理 ……… 96
一、自激振荡的条件 ……………… 96
二、振荡的建立与稳定 …………… 97
第二节　RC 振荡电路 ……………… 97
第三节　LC 振荡电路 ……………… 98
*第四节　集成函数发生器 ………… 99
一、ICL8038 集成函数发生器的
　　电路结构 …………………… 99
二、ICL8038 集成函数发生器的
　　工作原理 …………………… 99
三、ICL8038 应用电路 ………… 100
*第五节　寄生振荡的抑制 ………… 100
一、寄生振荡的基本概念 ……… 100
二、寄生振荡产生的主要原因 … 101
三、寄生振荡的消除方法 ……… 101
本章小结 ………………………… 102
习题四 …………………………… 102

第五章　直流稳压电源 …………… 105
第一节　整流电路 ………………… 105
一、单相半波整流电路 ………… 105
二、单相桥式整流电路 ………… 106
*三、三相桥式整流电路 ……… 108
第二节　滤波电路 ………………… 110
一、电容滤波电路 ……………… 110
二、电感滤波电路 ……………… 112
三、π形滤波电路 ……………… 113
第三节　线性稳压电路 …………… 113
一、稳压管稳压电路 …………… 113
二、串联型稳压电路 …………… 114
三、三端集成稳压电路 ………… 115
*第四节　开关型稳压电路 ………… 117
一、串联型开关稳压电路 ……… 117
二、集成开关电源电路 ………… 118
本章小结 ………………………… 119
习题五 …………………………… 120

*第六章　电力电子技术 …………… 122
第一节　电力电子器件 …………… 122
一、电力电子器件分类 ………… 122
二、晶闸管 ……………………… 123
第二节　可控整流电路 …………… 127
一、单相可控整流电路 ………… 127
二、晶闸管的保护 ……………… 131
三、单结晶体管触发电路 ……… 133
第三节　交流调压电路 …………… 137
第四节　交流调压调频电路 ……… 138
一、交流调压调频原理 ………… 139
二、电压型三相桥式变频电路 … 139
三、正弦波脉宽调制控制器 …… 141
四、变频器的应用 ……………… 142
第五节　直流斩波电路 …………… 143
本章小结 ………………………… 144
习题六 …………………………… 145

第七章　门电路和组合逻辑电路 …… 146
第一节　常用的数制 ……………… 146
第二节　脉冲信号 ………………… 148
第三节　基本逻辑门电路及其组合 … 149
一、基本逻辑运算 ……………… 149
二、分立元件基本逻辑门电路 … 151
三、基本逻辑门电路的组合 …… 152

第四节　集成门电路 ················· 154
　一、TTL 集成门电路 ············· 154
　二、CMOS 集成门电路 ··········· 159
　三、集成逻辑门电路使用中的
　　　几个实际问题 ··············· 161
第五节　逻辑代数 ··················· 163
　一、逻辑代数运算法则与定律 ····· 164
　二、逻辑函数的表示方法 ········· 165
　三、逻辑函数化简 ··············· 166
第六节　组合逻辑电路的分析与设计 ··· 171
　一、组合逻辑电路的分析 ········· 171
　二、组合逻辑电路的设计 ········· 173
第七节　典型的集成组合逻辑电路 ····· 175
　一、加法器 ····················· 176
　二、编码器 ····················· 177
　三、译码器和数字显示 ··········· 180
　* 四、数据分配器 ··············· 184
　* 五、数据选择器 ··············· 185
* 第八节　应用实例 ··············· 186
　一、故障报警电路 ··············· 186
　二、水位检测与超限报警电路 ····· 186
　三、交通信号灯故障检测电路 ····· 187
　四、两地控制电路 ··············· 188
本章小结 ························· 189
习题七 ··························· 190
第八章　触发器和时序逻辑电路 ······· 195
第一节　双稳态触发器 ··············· 195
　一、RS 触发器 ················· 195
　二、JK 触发器 ················· 199
　三、D 触发器 ················· 201
　四、触发器逻辑功能的转换 ······· 202
第二节　寄存器 ····················· 203
　一、数码寄存器 ················· 203
　二、移位寄存器 ················· 204
第三节　计数器 ····················· 207
　一、二进制计数器 ··············· 207
　二、十进制计数器 ··············· 211
　三、任意进制计数器 ············· 214
第四节　脉冲信号的产生与整形电路 ··· 216
　一、555 定时器 ················· 216
　二、单稳态触发器 ··············· 217
　* 三、施密特触发器 ············· 220
　四、多谐振荡器 ················· 221

* 第五节　应用实例 ··············· 223
　一、D 触发器组成的 4 人抢答电路 ···· 223
　二、数字时钟 ··················· 223
　三、步进电动机的驱动电路 ······· 224
本章小结 ························· 226
习题八 ··························· 226
* 第九章　模拟信号和数字
　　　　信号的转换 ··············· 232
第一节　数 - 模转换器 ··············· 232
　一、$R-2R$ 梯形电阻网络 D - A 转换器 ··· 232
　二、D - A 转换器的主要参数 ····· 234
　三、集成 D - A 转换器 ··········· 234
第二节　模 - 数转换器 ··············· 237
　一、逐次逼近型 A - D 转换器 ····· 237
　二、双积分型 A - D 转换器 ······· 238
　三、A - D 转换器的主要参数 ····· 240
本章小结 ························· 241
习题九 ··························· 241
* 第十章　存储器与可编程
　　　　逻辑器件 ················· 242
第一节　只读存储器 ················· 242
　一、固定只读存储器 ············· 242
　二、可编程序只读存储器 ········· 245
　三、可改写只读存储器 ··········· 246
　四、EPROM2716 简介 ··········· 246
　五、ROM 的应用 ··············· 246
第二节　随机存储器 ················· 247
　一、静态随机存储器 ············· 247
　二、动态随机存储器 ············· 248
　三、存储器容量的扩展 ··········· 249
第三节　可编程逻辑器件 ············· 250
　一、可编程逻辑阵列 ············· 251
　二、可编程阵列逻辑 ············· 251
　三、通用阵列逻辑 ··············· 252
本章小结 ························· 253
习题十 ··························· 253
附录 ····························· 257
　附录 A　半导体分立器件型号命名法 ····· 257
　附录 B　常用半导体分立器件参数 ··· 258
　附录 C　半导体集成电路型号命名法 ··· 261
　附录 D　常用半导体集成电路参数 ······· 261
　附录 E　常用门电路、触发器、计数器的

部分品种型号 ……………………… 262

附录 F　几种常用集成电路图形符号

对照 ………………………………… 263

部分习题答案 ………………………………… 264

参考文献 ………………………………………… 273

第一章 半导体器件

半导体器件是构成各种电子电路最基本的器件。学习电子技术，必须首先了解和掌握半导体器件的基本结构、工作原理、特性和参数。本章首先简单介绍半导体的特性、PN 结的单向导电性，然后讨论二极管、晶体管的特性及使用方法，为以后的学习打下基础。

第一节 半导体基本知识

半导体是导电能力介于导体和绝缘体之间的物质，如硅、锗、硒以及大多数金属氧化物和硫化物都是半导体。

一、本征半导体

本征半导体就是完全纯净的、具有晶体结构的半导体。

常用的半导体材料是硅和锗，它们都是具有共价键结构的四价元素。纯净的半导体具有晶体结构，所有原子基本上整齐排列，所以半导体也称晶体。

在本征半导体中，每一个原子的 4 个外层价电子与周围 4 个原子的外层价电子相结合而形成共价键。当价电子获得一定的能量（温度升高或受光照）后，即可挣脱原子核的束缚而成为自由电子。价电子成为自由电子的同时，共价键中就留下一个空位，称为空穴。由于中性原子失去一个电子而带正电，因此，可以认为空穴是带正电的。自由电子和空穴总是成对出现的，称为电子空穴对。半导体中产生电子空穴对的过程称为本征激发。

自由电子带负电，空穴带正电，统称载流子。在外电场作用下，一方面自由电子逆着电场方向运动而形成电子电流；另一方面空穴顺着电场方向运动而形成空穴电流。这两个电流的实际方向是相同的，所以通过半导体的电流是自由电子和空穴两种载流子的运动形成的。这是半导体导电与金属导体导电机理上的本质区别。

半导体材料的导电能力在不同条件下有很大的差别，主要体现在以下几个方面：

1. 热敏性

环境温度对半导体的导电能力影响很大，温度升高，本征激发增强，产生的电子空穴对就增多，导电能力就增强。根据半导体材料的热敏特性，可制成热敏电阻和其他温度敏感元件。

2. 光敏性

一些半导体材料受到光照时，本征激发增强，导电能力亦随之增强。利用半导体的光敏性，可制成光敏电阻、光敏二极管、光敏晶体管等光敏器件。

3. 掺入杂质可改变半导体的导电性能

在半导体中掺入微量其他元素称作掺入杂质，简称掺杂。掺杂后半导体的导电能力将显著的提高。利用这种特性可制成各种不同用途的半导体器件，如二极管、晶体管、场效应晶体管及晶闸管等。

二、P 型半导体和 N 型半导体

1. P 型半导体

在纯净的半导体中掺入微量的三价元素，如硼元素，硼原子取代硅（或锗）原子的位置并与邻近硅（或锗）原子形成共价键时，因缺少一个电子而形成一个空位，相邻原子中的价电子很容易受到热或其他的激发填补这个空位，于是产生一个空穴，如图 1-1 所示。因此掺入三价元素的半导体，空穴的总数远大于自由电子，空穴成为多数载流子，自由电子成为少数载流子。这种半导体主要靠空穴导电，称为空穴型半导体，简称 P 型半导体。

2. N 型半导体

在纯净的半导体中掺入微量五价元素，如磷元素，在构成共价键结构中，由于存在多余的价电子，在常温下很容易成为自由电子，如图 1-2 所示。因此，掺入五价元素的半导体，自由电子的总数远大于空穴，自由电子成为多数载流子，空穴成为少数载流子。这种半导体主要靠自由电子导电，称为电子型半导体，简称 N 型半导体。

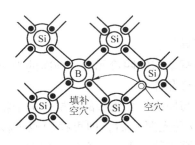

图 1-1　硅晶体中掺硼出现空穴

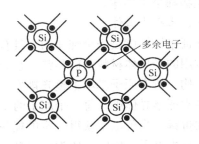

图 1-2　硅晶体中掺磷出现自由电子

在掺杂半导体中，虽然两种载流子的数目不等，但整块半导体中的正、负电荷仍相等保持电中性。

三、PN 结及其单向导电性

1. PN 结的形成

采用适当的工艺把 P 型半导体和 N 型半导体做在同一基片上，两种半导体之间便形成了一个交界面。由于交界面两侧存在着自由电子和空穴浓度的差异，N 型半导体中的自由电子向 P 型半导体中扩散，P 型半导体中的空穴向 N 型半导体中扩散，如图 1-3a 所示。多数载流子扩散到对方区域后被复合而消失，在交界面两侧分别留下了不能移动的正、负离子，呈现出一个空间电荷区，如图 1-3b 所示。这个空间电荷区就称作 PN 结。由于 PN 结在形成过程中载流子已复合耗尽，故又称为耗尽层。

PN 结的内电场，如图 1-3b 所示。内电场对多数载流子的扩散运动起着阻碍作用，但对少数载流子的运动起着推动作用。少数载流子在内电场作用下的运动称为漂移运动。在无外电场作用的情况下，扩散运动和漂移运动达到动态平衡，PN 结的宽度保持一定，而处于稳定状态。

2. PN 结的单向导电性

（1）PN 结外加正向电压导通　当 PN 结的 P 区接电源正极，N 区接电源负极，即 PN 结处于正向偏置时，外加电场方向和内电场方向相反，使空间电荷区变窄，多数载流子的扩散运动大大超过了少数载流子的漂移运动，形成较大的扩散电流，如图 1-4 所示。这时 PN 结

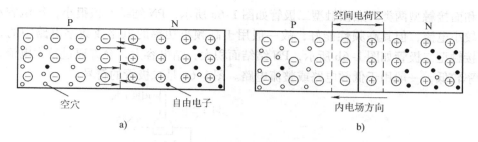

图 1-3　PN 结的形成

a）多数载流子的扩散　b）空间电荷区

处于正向导通状态，通过的正向电流较大，呈现正向电阻很小。

（2）PN 结外加反向电压截止　当 PN 结的 P 区接电源的负极，N 区接电源的正极，即 PN 结处于反向偏置时，外加电场方向与 PN 结内电场方向一致，使空间电荷区变宽，多数载流子的扩散难以进行，少数载流子的漂移运动则得到加强，从而形成反向漂移电流。由于少数载流子浓度极小，故反向电流很微弱，如图 1-5 所示。这时 PN 结处于反向截止状态，通过的电流很小，呈现反向电阻很大。

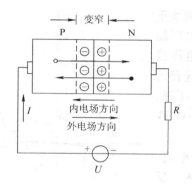
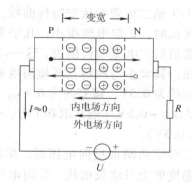

图 1-4　PN 结外加正向电压　　　　图 1-5　PN 结外加反向电压

练习与思考题

1.1.1　电子导电和空穴导电有什么区别？

1.1.2　杂质半导体的多数载流子和少数载流子是怎样产生的？为什么杂质半导体中少数载流子的浓度比本征半导体载流子的浓度小？

1.1.3　N 型半导体中的自由电子多于空穴，而 P 型半导体中的空穴多于自由电子。是否 N 型半导体带负电，而 P 型半导体带正电？

第二节　二　极　管

一、基本结构

将 PN 结加上相应的电极引线和管壳，就成为二极管。按材料分，二极管可分为硅管和锗管；按用途分，二极管可分普通管、整流管、稳压管、开关管等；按结构分，二极管有点接触型和面接触型两类。点接触型二极管如图1-6a所示，PN结结面积很小，结电容小，只能通过较小电流，但其高频性能好，故一般用于高频小功率的电路或数字电路中的开关元件。面接触型二极管如图1-6b所示，PN结结面积大，结电容大，允许通过较大电流，但其工作频率较低，一般用于低频电路或整流电路。图1-6c是二极管的符号。

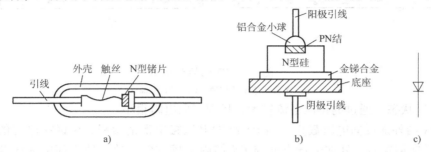

图1-6　二极管

a）点接触型　b）面接触型　c）图形符号

二、伏安特性

图1-7是二极管的伏安特性曲线。当二极管两端加正向电压很低时，正向电流很小，几乎为零。当正向电压超过一定数值后，电流增长很快。这一电压称为死区电压或开启电压，其大小与材料及环境温度有关。通常，硅管的死区电压约为0.5V，锗管约为0.1V。导通时的正向压降，硅管约为0.6~0.8V（通常取0.7V），锗管约为0.2~0.3V（通常取0.3V）。

当二极管两端加反向电压时，形成很小的反向电流，但它随温度的上升增长很快。反向电压在某一范围内，反向电流的大小基本恒定，与反向电压的高低无关，故通常称它为反向饱和电流。而当外加反向电压超过某一定数值时，反向电流将突然增大，二极管失去单向导电性，这种现象称为反向击穿，所对应的电压称为反向击穿电压U_{BR}。二极管被击穿后，一般不能恢复原来的单向导电性能。

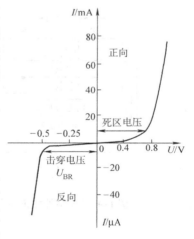

图1-7　二极管的伏安特性曲线

三、主要参数

二极管的参数很多，主要参数如下：

1. 最大整流电流I_{OM}

最大整流电流是指二极管长时间工作时，允许流过的最大正向平均电流。实际工作中，二极管通过的电流应小于I_{OM}，如果超过此值，将因PN结过热而损坏管子。

2. 反向工作峰值电压U_{RM}

U_{RM}是保证二极管不被击穿而给出的反向峰值电压，一般是反向击穿电压U_{BR}的一半或三分之二。

3. 反向峰值电流I_{RM}

I_{RM}是指在室温下，二极管承受最高反向工作电压时的反向工作漏电流。其值越小，二极管的单向导电性越好。当温度升高时，反向电流会显著增加。

二极管的应用范围很广，主要用于整流、检波、限幅、元件保护以及在数字电路中作为开关元件等。

例 1-1　已知电路如图 1-8 所示，VD_A 和 VD_B 为硅二极管，若 $V_A = 3V$，$V_B = 0V$ 时，求输出端 F 的电位 V_F。

解　当两个二极管的阳极连在一起时，阴极电位低的二极管优先导通。即 VD_B 优先导通，由于硅管的正向压降为 0.7V，所以 $V_F = V_B + 0.7V = 0.7V$。VD_B 导通后，使 VD_A 承受反向电压而截止。

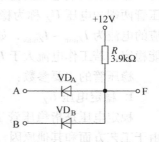

图 1-8　例 1-1 的电路

例 1-2　电路如图 1-9a 所示，已知电源电压 $U_S = 5V$，输入信号 $u_i = 10\sin\omega t$ V，设二极管为理想器件，试画出输出电压 u_o 的波形。

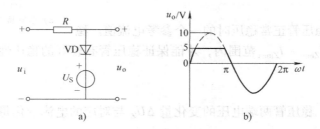

a)　　　　　　　　　　　　b)

图 1-9　例 1-2 的图
a）电路图　b）波形图

解　理想二极管在正向导通时的压降近似为 0；反向截止时的漏电流也近似为 0。所以，当 $u_i > U_S$ 时二极管导通，输出电压 $u_o = U_S = 5V$；而当 $u_i < U_S$ 时，二极管截止，相当于开路，输出电压 $u_o = u_i$。输出电压 u_o 的波形如图 1-9b 所示。

练习与思考题

1.2.1　硅管和锗管的伏安特性有何不同之处？

1.2.2　为什么二极管的反向饱和电流与外加反向电压（不超过某范围）基本无关，而受温度的影响比较大？硅管和锗管相比，哪种管子的反向电流受温度影响较大？

1.2.3　怎样用万用表判断二极管的阳极和阴极及判断管子的好坏？

1.2.4　为什么用万用表 $R \times 100\Omega$ 档测量某二极管的正向电阻的阻值小，而用 $R \times 1k\Omega$ 档测量的正向电阻阻值大？

1.2.5　硅二极管的正向压降约为 0.7V，如果用一节 1.5V 的电池按正向接法直接接于二极管两端，会出现什么问题？

第三节　特殊二极管

一、稳压管

稳压管是一种特殊的面接触型半导体硅二极管，其特性曲线与普通二极管相似，如图

1-10a 所示。稳压管的符号如图 1-10b 所示。

　　稳压管工作在反向击穿区，反向电流在很大范围内变化时，稳压管两端电压变化很小，因而能起稳压作用，这时稳压管两端的电压 U_Z 称为稳定电压。与稳压管稳压范围所对应的电流为 $I_{Zmin} \sim I_{Zmax}$，如果工作电流小于 I_{Zmin}，则电压不能稳定，若工作电流大于 I_{Zmax}，稳压管将因过热而损坏。

　　稳压管的主要参数：

　　1. 稳定电压 U_Z

　　稳定电压是指稳压管工作在反向击穿区的稳定电压值。由于工艺方面和其他原因，即使是同一型号的稳压管，稳定电压值也有一定的分散性。例如 2CW59 稳压管的稳压值为 $10 \sim 11.8V$。

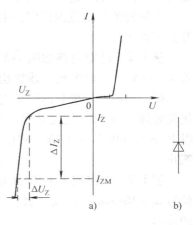

图 1-10　稳压管
a）伏安特性曲线　b）图形符号

　　2. 稳定电流 I_Z

　　稳定电流是指稳压管正常稳压时的一个参考电流值。稳压管的工作电流在 $I_{Zmin} \sim I_{Zmax}$ 范围内，才能保证稳压管有较好的稳压性能，本书中以后用 I_{Zmin} 表示稳定电流。

　　3. 动态电阻 r_Z

　　在稳压范围内，稳压管两端电压的变化量 ΔU_Z 与对应的电流变化量 ΔI_Z 之比称为动态电阻，即

$$r_Z = \frac{\Delta U_Z}{\Delta I_Z} \tag{1-1}$$

稳压管的动态电阻越小，其稳压性能越好。

　　4. 最大耗散功率 P_{ZM}

　　P_{ZM} 是指管子不发生热击穿时所允许的最大功率损耗，$P_{ZM} = I_{Zmax} U_Z$。

　　例 1-3　在图 1-11 中，稳压管 $U_Z = 6V$，$P_{ZM} = 200mW$，$I_{Zmin} = 10mA$；$R = 1k\Omega$。问若电源 E 在 $18 \sim 30V$ 内变化时，输出电压 U_O 是否基本不变，稳压管是否安全？

　　解　稳压管最大稳定电流

$$I_{Zmax} = \frac{P_{ZM}}{U_Z} = 33.3mA$$

　　当 $E = 18V$ 时

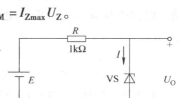

图 1-11　例 1-3 的图

$$I = \frac{E - U_Z}{R} = \left(\frac{18 - 6}{1}\right)mA = 12mA$$

　　当 $E = 30V$ 时

$$I = \frac{E - U_Z}{R} = \left(\frac{30 - 6}{1}\right)mA = 24mA$$

　　显然，$I_{Zmin} < I < I_{Zmax}$，稳压管工作在稳压区，能正常稳压，$U_O = U_Z = 6V$。

　　二、发光二极管

发光二极管，简称 LED（Light Emtting Diode），通常用元素周期表中Ⅲ、Ⅴ族元素的化

合物如砷化镓、磷化镓等制成。这种管子当
通过正向电流时会发出可见光，这是由于电
子与空穴直接复合释放出多余能量的结果。
发光的颜色与所用的材料有关。发光二极管
的符号和伏安特性如图 1-12 所示。发光二
极管的死区电压比普通二极管高，正向工作
电压约为 1.5~2.5V，发光强度与正向电流
大小成正比，正向工作电流一般为几毫安到
几十毫安之间。发光二极管除单个使用外，
常做成七段数码管或矩阵式大屏幕显示器。

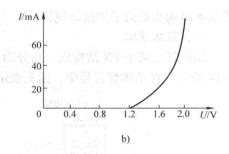

图 1-12　发光二极管
a）图形符号　b）伏安特性曲线

三、光敏二极管

　　光敏二极管是一种将光能转换为电能的半导体器件，其结构与普通二极管相似，只是管
壳上留有一个能入射光线的窗口，以便于光线射入。其外形、符号和特性曲线如图 1-13
所示。

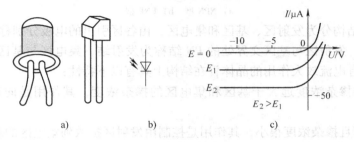

图 1-13　光敏二极管
a）外形　b）图形符号　c）伏安特性曲线

　　光敏二极管是在反向电压作用下工作的。当无光照时，和普通二极管一样，其反向电流
很小（一般小于 $0.1\mu A$），该电流称为暗电流。当有光照时，受激发的载流子通过外电路形
成较大的反向电流，该电流称为光电流，其数值会随光照强度 E 的增加而增大，此外还与
入射光的波长有关。光电流很小，一般只有几十微安，应用时需进行放大。常用的光敏二极
管有 2AU、2CU 等系列。

练习与思考题

1.3.1　稳压二极管的动态电阻愈小稳压愈好，为什么？
1.3.2　利用稳压管或普通二极管的正向特性是否也可以稳压？
1.3.3　发光二极管具有什么特殊点？它的工作电压是多少？

第四节　晶　体　管

　　晶体管又称三极管。在这种管子中，空穴和自由电子两种载流子都参与导电过程，所以
又称双极型晶体管（Bipolar Junction Transistor，BJT）。晶体管按工作频率分为高频管和低频
管；按半导体材料分为硅管和锗管。为了更好地理解和熟悉晶体管的特性，首先介绍晶体管

的基本结构和载流子的运动规律。

一、基本结构

晶体管由两个 PN 结构成，它分为 PNP 型和 NPN 型两大类，其结构示意图和符号如图 1-14 所示。在晶体管符号中，箭头表示发射结正向导电时的电流方向。

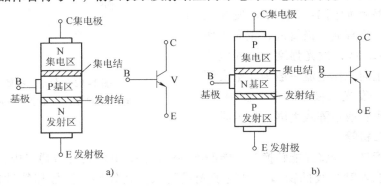

图 1-14　晶体管的结构示意图和图形符号

a) NPN 型　b) PNP 型

晶体管内部结构分为发射区、基区和集电区，由各区引出的电极分别称为发射极 E、基极 B 和集电极 C。发射区与基区交界处的 PN 结称为发射结，集电区与基区交界处的 PN 结称为集电结。具有电流放大作用的晶体管在结构上具有以下特性：

1）发射区的掺杂浓度远大于基区和集电区的掺杂浓度，其作用是向基区扩散多数载流子。

2）基区很薄且掺杂浓度很小，其作用是控制由发射区扩散到集电区的载流子数。

3）集电区的作用是收集由发射区扩散过来的载流子，为了便于收集载流子和散热，集电结的面积较大。

以上这些特点是晶体管实现电流放大的内部条件。

二、电流分配与放大原理

1. 晶体管的工作原理

晶体管要实现电流放大，除了满足内部条件之外，还必须满足一定的外部条件：发射结必须加正向偏置电压，以利于发射区多数载流子向基区扩散；集电结必须加反向偏置电压，以利于基区少数载流子被拉到集电区。图 1-15a 是 NPN 型晶体管一种常见的偏置电路，图中 E_B 使晶体管的发射结正向偏置，为了使集电结反偏，必须使 $E_C > E_B$，R_C 称为集电极电阻，R_B 称为基极电阻。流过发射极的电流称为发射极电流，用 I_E 表示；流过基极的电流称为基极电流，用 I_B 表示；流过集电极的电流称为集电极电流，用 I_C 表示。图 1-15b 是 PNP 型晶体管电路，与 NPN 型不同之处在于电源极性和电流方向正好相反，工作原理基本一致。下面以 NPN 型晶体管为例进行分析讨论。

图 1-15 中，由 R_B、E_B 组成的电路接在晶体管的 B、E 两端，称为输入回路；由 R_C、E_C 组成的电路接在晶体管的 C、E 两端，称为输出回路。发射极是输入回路和输出回路的公共端，因此这种电路称为共发射极电路，简称为共射电路。

2. 晶体管内部载流子的传输过程

（1）发射区向基区扩散自由电子　在图 1-16 中，由于发射结正偏，发射结的内电场被

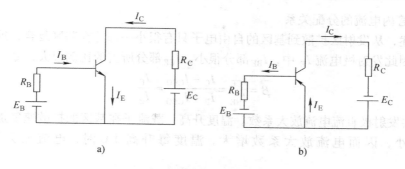

图 1-15 晶体管共射偏置电路（$E_C > E_B$）

a）NPN 管共射电路 b）PNP 管共射电路

削弱，有利于该结两边多数载流子的扩散。因此发射区的自由电子不断扩散到基区，形成发射极电流 I_E，其方向与自由电子运动方向相反，如图 1-16 所示。与此同时，基区的空穴也向发射区扩散，但是由于基区掺杂浓度很低，所以空穴电流很小，与自由电子电流相比可以忽略不计（图中未画出）。

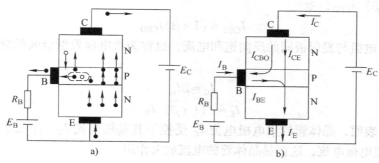

图 1-16 晶体管内部载流子的运动规律和电流分配

（2）自由电子在基区的扩散与复合 从发射区扩散到基区的自由电子起初集聚在发射结附近，即靠近发射结区域的自由电子浓度最高，靠近集电结区域的自由电子浓度最低，形成了浓度差，于是自由电子将在基区内不断地向集电结扩散，在扩散过程中，自由电子不断与基区中的空穴相遇而复合。由于基区做得很薄，且掺杂很少，因此，被复合的自由电子数量极少，绝大部分自由电子将扩散到达集电结。由于基区接电源 E_B 的正极，所以电源 E_B 不断从基区拉走价电子，这相当于不断向基区补充空穴，形成电流 I_{BE}，它基本等于基极电流 I_B。

（3）集电区收集从基区扩散过来的自由电子 由于集电结处于反向偏置，其内电场被加强，有利于集电结两边半导体中少数载流子的漂移运动。从发射区扩散到基区的自由电子在集电结电场的作用下漂移到集电区，为集电极所收集，从而形成集电极电流 I_{CE}，它基本等于集电极电流 I_C。

（4）集电结的反向饱和电流 在集电结内电场作用下，少数载流子，即基区中的自由电子和集电区的空穴，将漂移过集电结而形成反向漂移电流 I_{CBO}，称为集电极和基极间反向饱和电流。这个电流的数值很小，但受温度影响较大，温度每升高 10℃，I_{CBO} 约增加一倍。I_{CBO} 与外加电压的大小关系不大。

3. 晶体管内电流的分配关系

如上所述，从发射区扩散到基区的自由电子只有很小一部分在基区复合，绝大部分漂移到集电区。因此发射极电流 I_E 中，I_{BE} 部分很小，I_{CE} 部分所占的比例很大，令

$$\bar{\beta} = \frac{I_{CE}}{I_{BE}} = \frac{I_C - I_{CBO}}{I_B + I_{CBO}} \approx \frac{I_C}{I_B} \tag{1-2}$$

$\bar{\beta}$ 称为共发射极直流电流放大系数。温度升高，载流子在基区的扩散速度加快，复合的几率相对减小，因而电流放大系数增大。温度每升高 1℃ 时，电流放大系数约增加 $0.5\% \sim 1\%$。

由图 1-16 可知，$I_C = I_{CE} + I_{CBO}$，$I_{BE} = I_B + I_{CBO}$，从而

$$I_C = \bar{\beta}(I_B + I_{CBO}) + I_{CBO} = \bar{\beta}I_B + (1 + \bar{\beta})I_{CBO} \tag{1-3}$$

依 KCL 定律可得

$$I_E = I_C + I_B \tag{1-4}$$

由式（1-3）、式（1-4）可知，当基极开路（$I_B = 0$）时，集电极电流（等于发射极电流）就是 $(1 + \bar{\beta}) I_{CBO}$，令

$$I_{CEO} = (1 + \bar{\beta})I_{CBO} \tag{1-5}$$

I_{CEO} 称为集电极与发射极间的反向饱和电流，也称为集电极发射极间的穿透电流。通常 I_{CEO} 很小，故

$$I_C \approx \bar{\beta}I_B \tag{1-6}$$

$$I_E \approx (1 + \bar{\beta}) I_B \tag{1-7}$$

式（1-6）表明，晶体管的集电极电流 I_C 受控于其基极电流 I_B，用较小的基极电流可以控制较大的集电极电流，这就是晶体管的电流放大作用。

4. 晶体管的放大作用

晶体管的主要用途之一是放大信号，一个简单的放大原理电路如图 1-17 所示。在输入回路中加入交流小信号 u_i，发射结电压在原值 U_{BE}（硅管约为 0.7V，锗管约为 0.3V）的基础上增加了 ΔU_{BE}，于是 U_{BE} 的微小变化会引起基极电流 I_B 产生相应的变化量 ΔI_B，而 $\Delta I_C = \bar{\beta}\Delta I_B$ 变化更大，若 $\bar{\beta}$、R_C 足够大，则可在 R_C 上得到比输入信号 u_i 大许多倍的交流输出电压 $u_o = -R_C\Delta I_C$，也就是说对输入信号电压进行了放大。

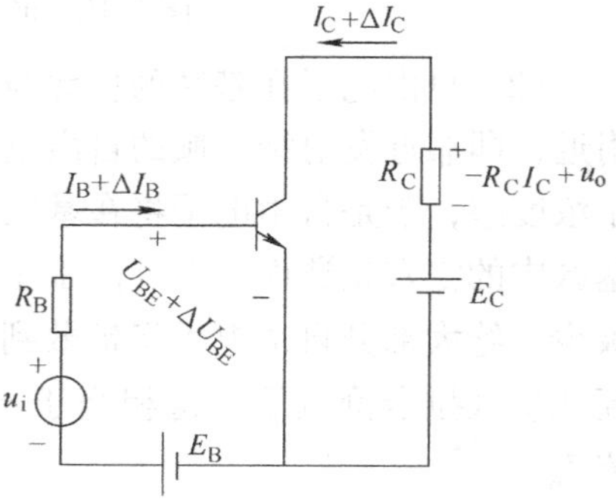

晶体管的放大作用有以下的含义：

1）输出电流变化量 ΔI_C 比输入电流变化量 ΔI_B 大 $\bar{\beta}$ 倍，可得到电流放大。

2）输出信号电压 $|u_o| = |\Delta I_C| R_C > |u_i|$，可得到电压放大。

3）输出信号功率 $P_o = |u_o\Delta I_C|$ 大于输入信号功率 $P_i = |u_i\Delta I_B|$。

需要指出的是功率放大不是反映能量放大，输出信号功率不是由输入端信号源提供，而是由输出回路的直流电源提供的。晶体管放大作用的本质是用小信号去控制大信号，用小功率控制大功率，以在输出端获得能量较大的信号。

图 1-17　晶体管放大作用原理电路

三、特性曲线

晶体管特性曲线是表示晶体管各极间电压和电流之间的关系曲线，最常用的是共发射极接法时的输入、输出特性曲线。这些特性曲线可用晶体管特性图示仪直观地显示出来，也可以通过实验电路进行测绘。

1. 输入特性曲线

输入特性是指当晶体管集电极与发射极间电压 U_{CE} 保持不变时，基极电流 I_B 与基射极之间电压 U_{BE} 的关系，即

$$I_B = f(U_{BE}) \big|_{U_{CE} = 常数}$$

图 1-18 给出了 NPN 型硅晶体管 3DG100 的输入特性曲线。由图可见：

1）当 $U_{CE} = 0V$ 时，B、E 之间发射结和集电结并联，此时的输入特性曲线与二极管的正向伏安特性曲线相似。

2）当 $U_{CE} > 0V$ 时，输入曲线将向右移，即在 U_{BE} 一定时，I_B 将随着 U_{CE} 的增加而减小。这是由于 U_{BE} 一定，从发射区扩散到基区的电子数一定，当 U_{CE} 增加，即集电结反向电压增加，使得从发射区扩散到基区的电子更多地漂移到集电区，因而 I_B 减小。

实际上，当 $U_{CE} \geqslant 1V$ 时，集电结的内电场已足够强，可以把从发射区扩散到基区的绝大部分电子吸引到集电极来，U_{CE} 的变化对 I_B 的影响很小。即当 $U_{CE} \geqslant 1V$ 以后的输入特性曲线几乎是重合的，所以，通常只画出 $U_{CE} \geqslant 1V$ 时的一条输入特性曲线。

由图 1-18 可知，晶体管的输入特性有一段死区，只有在发射结外加电压大于死区电压时，晶体管才会导通出现 I_B 电流。硅管的死区电压约为 0.5V，锗管的死区电压约为 0.1V 左右。在正常工作状态下，硅管的发射结电压约为 0.7V，锗管的发射结电压约为 0.3V。

对应同样的 I_B，温度升高后，发射结正向压降将减小，温度每升高 1℃，U_{BE} 下降 2～2.5mV。

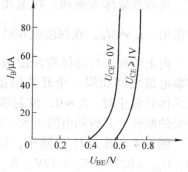

图 1-18　3DG100（NPN 型）输入特性曲线

2. 输出特性曲线

输出特性曲线是指当基极电流 I_B 为常数时，输出电路集电极电流 I_C 与集射极电压 U_{CE} 之间的关系，即

$$I_C = f(U_{CE}) \big|_{I_B = 常数}$$

在不同的 I_B 下，可得出不同的曲线，所以晶体管的输出特性曲线是一组曲线，如图 1-19 所示。由图可见：

在 I_B 一定的条件下，当 U_{CE} 很小（约 1V 以下）时，集电结的反向电压很小，对发射区扩散到基区的电子吸引力不够，因此 I_C 很小。U_{CE} 稍有增加，即显著增大集电结对基区电子的吸引力，故 I_C 随 U_{CE} 的增加显著增加。当 $U_{CE} \geqslant 1V$ 以后，进一步加大 U_{CE}，I_C 已无明显增加，这说明扩散

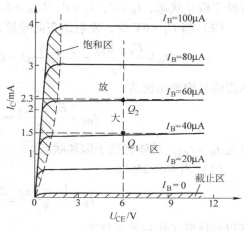

图 1-19　3DG100 的输出特性曲线

到基区的电子已基本上全被拉入集电区了。因此，在 $U_{CE} > 1V$ 后，输出特性曲线是一组比较平坦的平行直线。

通常把晶体管的输出特性曲线组分为三个区，即截止区、放大区、饱和区，晶体管相应有三种工作状态。

（1）截止区　$I_B = 0$ 的曲线以下的区域称为截止区。$I_B = 0$ 时，$I_C = I_{CEO} \approx 0$。对 NPN 型硅管而言，当 $U_{BE} < 0.5V$ 时即已开始截止，但是为了截止可靠，常使 $U_{BE} \leqslant 0$。

（2）放大区　输出特性曲线近于水平部分的区域是放大区，也称为线性区。在放大区，$I_C = \bar{\beta} I_B$，I_C 和 I_B 成正比的关系。晶体管工作在放大状态时，发射结处于正向偏置，集电结处于反向偏置，对 NPN 型硅管，应使 $U_{BE} \geqslant 0.6V$，$U_{CE} > U_{BE}$。

（3）饱和区　在特性曲线靠近纵坐标轴的区域称为饱和区，此时 $U_{CE} < U_{BE}$，发射结处于正向偏置，集电结也处于正向偏置。

在图 1-20 中，E_C 一定，如果增大 I_B，I_C 随之增大，R_C 上压降也增大，U_{CE} 相应减小。当 U_{CE} 下降到接近甚至低于 U_{BE} 时，集电结由反偏转为零偏甚至正偏，集电结失去收集电子的能力，这时 I_C 将不再随 I_B 的增大而增加，这种现象称为饱和。在饱和区，晶体管失去电流放大作用，$I_C \neq \bar{\beta} I_B$。在深度饱和时，$U_{CE} \approx 0V$，$I_C \approx \dfrac{U_{CC}}{R_C}$。

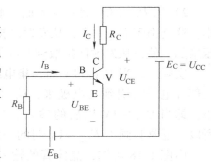

图 1-20　晶体管的饱和状态

由上可知，当晶体管深度饱和时，$U_{CE} \approx 0$，发射极与集电极之间如同一个开关的接通，其极间电阻很小；当晶体管截止时，$I_C \approx 0$，发射极与集电极之间如同一个开关的断开，其极间电阻很大。这就是晶体管的开关作用。

例 1-4　图 1-21 电路中，设晶体管的电流放大系数 $\bar{\beta} =$ 50，$U_{BE} = 0.7V$，$E_C = 12V$，$R_C = 6k\Omega$，$R_B = 50k\Omega$。当 $U_I =$ $-2V$、6V 和 2V 时，试判断晶体管的工作状态。

解　（1）当 $U_I = -2V$ 时，发射结处于反向偏置，晶体管处于截止状态，$I_B = 0$，$I_C = 0$，$U_{CE} = E_C$。

（2）当 $U_I = 6V$ 时，发射结正向导通，此时

$$I_B = \frac{U_I - U_{BE}}{R_B} = \frac{6 - 0.7}{50} mA = 0.11 mA$$

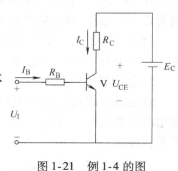

图 1-21　例 1-4 的图

基极临界饱和电流为

$$I_{BS} = \frac{E_C - U_{CE}}{\beta R_C} \approx \frac{E_C}{\beta R_C} = \frac{12}{50 \times 6} mA = 0.04 mA$$

可见 $I_B > I_{BS}$，晶体管处于饱和状态。

（3）当 $U_I = 2V$ 时

$$I_B = \frac{U_I - U_{BE}}{R_B} = \frac{2 - 0.7}{50} mA = 0.03 mA < I_{BS}$$

所以晶体管工作在放大状态。

四、主要参数

晶体管的参数是用来评价晶体管质量优劣和选用晶体管的依据。晶体管的参数很多，这里只介绍常用的主要参数。

1. 电流放大系数 $\bar{\beta}$、β

如上所述，当晶体管接成共发射极电路时，在静态（无输入信号）时集电极电流 I_C 与基极电流 I_B 的比值称为共发射极直流电流放大系数：

$$\bar{\beta} = \frac{I_C}{I_B}$$

在动态（有输入信号）时，基极电流的变化量为 ΔI_B，它引起集电极电流的变化量为 ΔI_C，ΔI_C 与 ΔI_B 的比值称为共发射极交流电流放大系数：

$$\beta = \frac{\Delta I_C}{\Delta I_B} \tag{1-8}$$

例 1-5 在图 1-19 所给出 3DG100 晶体管的输出特性曲线上，（1）计算 Q_1 点处的 $\bar{\beta}$；（2）由 Q_1 和 Q_2 两点，计算 β。

解 （1）在 Q_1 点处，$U_{CE} = 6V$，$I_B = 40\mu A = 0.04mA$，$I_C = 1.5mA$，故

$$\bar{\beta} = \frac{I_C}{I_B} = \frac{1.5}{0.04} = 37.5$$

（2）由 Q_1 和 Q_2 两点得

$$\beta = \frac{\Delta I_C}{\Delta I_B} = \frac{2.3 - 1.5}{0.06 - 0.04} = 40$$

由上述可见，$\bar{\beta}$ 和 β 的含义是不同的，但在放大区，两者在数值上较为接近，在计算时一般不作严格区分，常用的晶体管的 β 值在 $20 \sim 200$ 之间。

2. 集—基极反向饱和电流 I_{CBO}

前面已讲过，I_{CBO} 是当发射极开路时由于集电结处于反向偏置，集电区和基区中的少数载流子向对方漂移运动所形成的电流。小功率锗管的 I_{CBO} 约为几微安到几十微安，小功率硅管在 $1\mu A$ 以下。

3. 集—射极反向饱和电流 I_{CEO}

I_{CEO} 是当基极开路，集电结处于反向偏置和发射结处于正向偏置时，集电极与发射极间的反向电流，I_{CEO} 又称为穿透电流。硅管的 I_{CEO} 约为几微安，锗管的 I_{CEO} 约为几十微安。

4. 集电极最大允许电流 I_{CM}

集电极电流 I_C 超过一定值时，晶体管的 β 值要减小。I_{CM} 表示当 β 值下降到正常数值的三分之二时的集电极电流。可见，$I_C > I_{CM}$ 时，并不一定会使晶体管损坏，但以降低 β 值为代价。

5. 集—射极反向击穿电压 $U_{(BR)CEO}$

基极开路时，加在集电极和发射极之间的最大允许电压，称为集—射极反向击穿电压。当晶体管的集—射极电压 U_{CE} 大于 $U_{(BR)CEO}$ 时，I_{CEO} 突然大幅度上升，说明晶体管已被击穿。

6. 集电极最大允许耗散功率 P_{CM}

由于集电极电流在流经集电结时将产生热量，使结温升高，从而会引起晶体管参数变化。当晶体管因受热而引起的参数变化不超过允许值时，集电极所消耗的最大功率，称为集

电极最大允许耗散功率 P_{CM}。它主要受晶体管允许结温与散热条件的限制，锗管允许结温约为 70 ~ 90℃，硅管约为 150℃。

根据管子的 P_{CM} 值，由 $P_{CM} = I_C U_{CE}$，可在晶体管的输出特性曲线上做出 P_{CM} 曲线，如图 1-22 所示。

五、光敏晶体管和耦合器件

1. 光敏晶体管

普通晶体管是用基极电流的大小来控制集电极电流，而光敏晶体管是用入射光照度 E 来控制集电极电流的。因此两者的输出特性曲线相似，只是用 E 来代替 I_B。当无光照时，集电极电流 I_{CEO} 很小，称为暗电流。有光照时，I_{CBO} 和 I_{CEO} 增大，这时的集电极电流称为光电流，一般约为零点几毫安到几毫安。图 1-23 是光敏晶体管的结构示意图、输出特性曲线和图形符号。

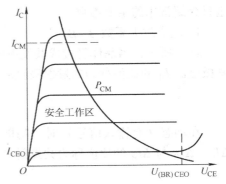

图 1-22　晶体管的安全工作区

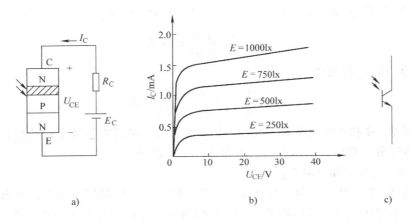

a)　　　　　　　　　　b)　　　　　　　　　　c)

图 1-23　光敏晶体管

a) 结构示意图　b) 输出特性曲线　c) 图形符号

2. 光耦合器件

常用的光耦合器件由发光二极管与光敏晶体管组合而成，如图 1-24 所示。输入电信号由发光二极管转换为光信号，再经光敏晶体管转换为电信号输出。由于输入和输出之间没有直接的电连接，实现输入、输出之间的电隔离，抗干扰能力强。

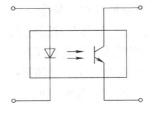

图 1-24　光耦合器

3. 光电耦合放大电路

在图 1-25 所示的光电耦合放大电路中，信号源部分与输出回路部分采用独立电源且分别接不同的"地"，则即使是远距离传输信号，放大电路也可以避免受到各种电干扰。

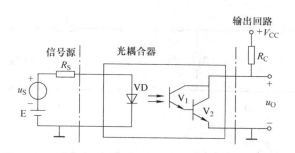

图 1-25　光电耦合放大电路

练习与思考题

1.4.1　晶体管的发射极和集电极是否可以互换？为什么？

1.4.2　为什么晶体管基区掺杂浓度小而且做得很薄？

1.4.3　分析 PNP 型晶体管内载流子的运动过程。

1.4.4　某晶体管的集电极最大允许电流 $I_{CM} = 10mA$，集—射极反向击穿电压 $U_{(BR)CEO} = 20V$，集电极最大允许耗散功率 $P_{CM} = 100mW$，当此晶体管工作在饱和状态时，$I_{CM} = 30mA$，$U_{(BR)CEO} = 0.3V$。集电极电流已超过 I_{CM}，管子是否会损坏？

1.4.5　测得某一晶体管的 $I_B = 10\mu A$，$I_C = 1mA$，能否确定它的电流放大系数？什么情况下可以？什么情况下不可以？

1.4.6　如何用万用表判断出一个晶体管是 NPN 型还是 PNP 型？如何判断出管子的引脚？又如何通过实验来区别是锗管还是硅管？

本 章 小 结

1. 半导体中有自由电子和空穴两种载流子，有多数载流子扩散和少数载流子漂移两种运动形式。本征半导体中掺入不同的杂质，可构成 P 型半导体和 N 型半导体。

2. 两种半导体的结合处将形成 PN 结。PN 结加正向电压导通，其导通电阻很小；PN 结加反向电压截止，其反向电阻很大。这就是 PN 结的单向导电性。

3. 二极管本质上就是一个 PN 结。稳压管是工作在反向击穿区的一种特殊二极管。

4. 晶体管有放大、截止、饱和三种工作状态。当发射结正偏，集电结反偏时，晶体管工作在放大状态，此时 $I_C = \beta I_B$；当发射结处于反偏时，晶体管工作在截止状态，此时 $I_C = 0$；当发射结和集电结均处于正向偏置时，晶体管工作在饱和状态，此时，$I_C \neq \beta I_B$，在深度饱和时，$U_{CE} \approx 0V$。

5. 由于晶体管中少数载流子的数目受温度影响较大，晶体管参数往往与温度关系较大，温度稳定性较差。

习 题 一

1-1　在图 1-26 所示的电路中，已知 $u_i = 30\sin\omega t$ V，直流电源 $E = 10V$，二极管的正向压降可忽略不计，试画出各输出电压 u_o 的波形。

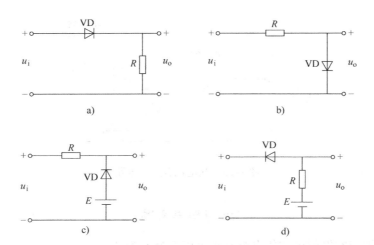

图 1-26　习题 1-1 的图

1-2　在图 1-27 中，试求下列几种情况下输出端 F 的电位及各元器件（R，VD_A，VD_B）中通过的电流。（1）$V_A = V_B = 0V$；（2）$V_A = 3V$，$V_B = 0V$；（3）$V_A = V_B = 3V$。设二极管为理想器件。

1-3　在图 1-28 中，试求下列几种情况下输出端 F 的电位及各元器件（R，VD_A，VD_B）中通过的电流。（1）$V_A = 10V$，$V_B = 0V$；（2）$V_A = 6V$，$V_B = 5.8V$；（3）$V_A = V_B = 5V$。设二极管为理想器件。

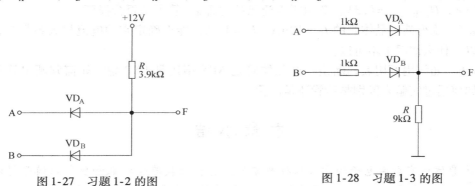

图 1-27　习题 1-2 的图　　　　　　　　　　　图 1-28　习题 1-3 的图

1-4　在图 1-29 所示电路中，设 VD 为理想二极管，$u_i = 220\sin\omega t$ V，两个照明灯均为 220V、40W。（1）画出 u_{o1} 和 u_{o2} 的波形；（2）哪盏灯亮些？为什么？

1-5　在图 1-30 中，$E = 20V$，$R_1 = 900\Omega$，$R_2 = 1100\Omega$。稳压管 VS 的稳定电压 $U_Z = 10V$，最大稳定电流 $I_{Zmax} = 8mA$；试判断稳压管中通过的电流 I_Z 是否超过 I_{Zmax}？如果超过，怎么调整？

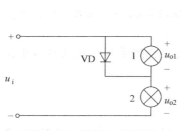

图 1-29　习题 1-4 的图

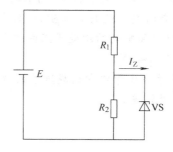

图 1-30　习题 1-5 的图

1-6　在图 1-31 所示电路中，稳压管的稳定电压 $U_Z = 6V$，最小稳定电流 $I_{Zmin} = 5mA$，最大稳定电流 $I_{Zmax} = 25mA$。

（1）分别计算 U_i 为 10V、15V、35V 三种情况下输出电压 U_o 的值；（2）若 $U_i = 35V$ 时负载开路，则会出现什么现象？为什么？

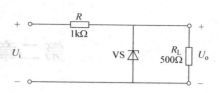

图 1-31　习题 1-6 的图

1-7　有两个稳压二极管 VS$_1$ 和 VS$_2$，其稳定电压分别为 5.5V 和 8.5V，设正向压降都是 0.5V。如果要得到 0.5V、3V、6V、9V 和 14V 等几种稳定电压，这两个稳压二极管（还有限流电阻）应如何连接？画出各个电路。

1-8　有两个晶体管分别接在电路中，测得它们各引脚对"地"的电位分别如表 1-1、表 1-2 所示，试判别晶体管的三个引脚名称，并说明是硅管还是锗管。是 NPN 型还是 PNP 型。

表 1-1　晶体管 1

引脚	1	2	3
电位/V	4	3.4	9

表 1-2　晶体管 2

引脚	1	2	3
电位/V	-6	-2.3	-2

1-9　现测得放大电路中两只管子两个电极的电流如图 1-32 所示。分别求另一电极的电流，标出其实际方向，并在圆圈中画出管子，且分别求出它们的电流放大系数 β。

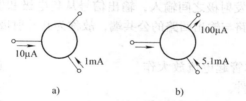

图 1-32　习题 1-9 的图

1-10　在图 1-33 所示的各个电路中，试问晶体管工作于何种状态？

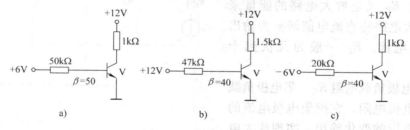

图 1-33　习题 1-10 的图

1-11　走廊或楼道照明的自动关灯电路如图 1-34 所示，试分析该电路的工作原理。

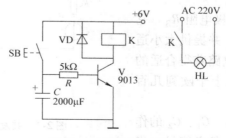

图 1-34　习题 1-11 的图

第二章　基本放大电路

　　放大电路应用十分广泛，无论是日常使用的收音机，还是精密的测量仪器和复杂的自动控制系统，其中都有各种各样的放大电路。放大电路的作用是把微弱的电信号放大成较大的信号，以便人们观察、记录或驱动负载。例如，从天线得到的信号，只有微伏或毫伏级，必须通过放大才能驱动扬声器。本章介绍由分立元件组成的各种常用基本放大电路，讨论它们的电路结构、工作原理、特点及应用。

第一节　基本放大电路的组成及工作原理

一、共发射极放大电路的组成

　　图 2-1a 是共发射极接法的基本放大电路。输入信号（通常用电动势 e_S 与电阻 R_S 串联的信号源表示）从基极和发射极之间输入，输出信号从集电极和发射极之间输出，R_L 为负载电阻。发射极是输入回路与输出回路的公共端，故称为共发射极放大电路。电路中各个元器件的作用如下：

　　（1）晶体管 V　晶体管起电流放大作用，是放大电路的核心器件。

　　（2）集电极电源 E_C　E_C 为集电结提供反向偏置电压，保证晶体管工作在放大状态。同时，E_C 又是放大电路的能量来源，以便放大电路将直流电能转换为输出信号的交流电能。E_C 一般为几伏到十几伏。

　　（3）集电极负载电阻 R_C　集电极负载电阻简称集电极电阻，它把集电极电流的变化转换为电压的变化输出，实现放大电路的电压放大作用。R_C 一般为几千欧到几十千欧。

　　（4）基极电源 E_B 和基极电阻 R_B　它们使发射结处于正向偏置，并提供大小适当的基极电流 I_B，使放大电路获得合适的静态工作点。R_B 一般为几十千欧到几百千欧。

　　（5）耦合电容 C_1 和 C_2　C_1、C_2 的作用是导通交流信号，隔断直流信号。当

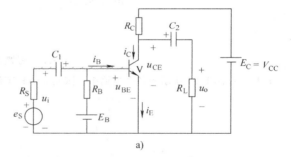

a)

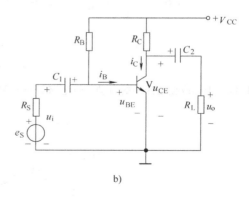

b)

图 2-1　共发射极基本放大电路

C_1、C_2 的电容量足够大时，对交流信号呈现的容抗足够小，可视作短路。对直流信号而言 C_1 用来隔断放大电路与信号源之间的直流通路，C_2 则用来隔断放大电路与负载之间的直流通路，避免信号源、负载受到放大电路直流电源的影响。C_1 和 C_2 一般采用极性电容器，电容值为几微法到几十微法。

在图 2-1a 的电路中，用了两个直流电源，实际电路通常只用一个电源供电，同时为了简化电路的画法，把公共端作为参考点接"地"，只标出其正极对"地"的电位 V_{CC}，习惯画法如图 2-1b 所示。

二、放大电路的工作原理

我们用图 2-2 所示的电路来说明放大电路的工作原理。当输入端没有输入信号时，即 $u_i = 0$，放大电路的工作状态称为静态。在直流电源电压的作用下，形成静态基极电流 I_B、集电极电流 I_C、发射极电流 I_E、基射极间电压 U_{BE} 和集射极间电压 U_{CE}。其波形如图 2-2 中各波形的虚线所示。

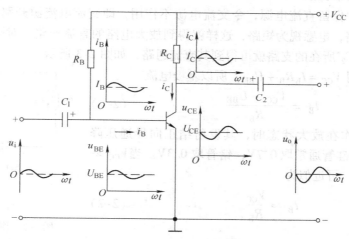

图 2-2 电压放大电路原理图

当输入端加上输入信号时，放大电路的工作状态称为动态。u_i 通过 C_1 加到晶体管的基极，使基射极间电压在静态值 U_{BE} 的基础上按 u_i 的规律变化。这时的基射极电压包含两个分量：一个是直流分量 U_{BE}，一个是交流分量 u_{be}。若忽略耦合电容上的电压损失，则 $u_{be} = u_i$。此时 $u_{BE} = U_{BE} + u_{be}$，u_{BE} 的变化引起基极电流 i_B 作相应变化，i_C 亦随 i_B 变化。i_C 的变化量在集电极负载电阻 R_C 上产生压降，集射极间电压 $u_{CE} = V_{CC} - i_C R_C$，当 i_C 增加时，u_{CE} 则减小，u_{CE} 的变化与 i_C 的变化相反。需要指出的是，i_B、i_C、u_{CE} 也都是由直流分量和交流分量叠加而成的。当 u_{CE} 的直流分量被 C_2 隔离，交流分量通过 C_2 输出时，在放大电路的输出端便产生了交流输出电压 u_o。若忽略 C_2 上的交流电压降，则 $u_o = u_{ce} = -i_c R_C$，u_o 与 u_i 在相位上相差 180°。只要 R_C 足够大，u_o 的幅值比 u_i 大得多，从而实现了电压放大的目的。各电流、电压的波形如图 2-2 所示。

放大电路中电压和电流的名称较多，符号不同，应注意区别。

1）小写的字母，小写的下角标，表示交流量的瞬时值，如 i_b、i_c、u_{be}、u_{ce}、u_o。

2）大写字母，大写下角标，表示直流量，如 I_B、I_C、U_{BE}、U_{CE}。

3）大写字母，小写下角标，表示交流量的有效值，如 U_i、U_o 等。

4）小写字母，大写下角标，表示交流分量和直流分量叠加的总量，如 $i_B = I_B + i_b$、$i_C = I_C + i_c$、$u_{BE} = U_{BE} + u_{be}$、$u_{CE} = V_{CC} + u_{ce}$。

练习与思考题

2.1.1　试用 PNP 型管组成一个共射放大电路。

2.1.2　PNP 型管共射放大电路的输出电压与输入电压反相吗？用波形来分析这个问题。

第二节　放大电路的静态分析

当输入端没有加交流信号时，放大电路工作在静态。静态分析就是确定放大电路的静态值 I_B、I_C、U_{BE}、U_{CE}，静态分析的主要方法有直流通路估算法和图解法。

一、直流通路估算法

在放大电路中保留直流电源，令交流电源不作用，即交流电流源开路，交流电压源短路；电容视为开路，电感视为短路，这样就得到放大电路的直流通路。对图 2-1b 共射放大电路，断开 C_1、C_2 所在的支路就可得到其直流通路，如图 2-3 所示。

由图 2-3 可得 $V_{CC} = I_B R_B + U_{BE}$，所以基极电流

$$I_B = \frac{V_{CC} - U_{BE}}{R_B} \tag{2-1}$$

当晶体管工作在放大状态时，其发射结正向导通压降 U_{BE} 变化不大，对硅管通常取 0.7V，锗管取 0.3V。当 $V_{CC} \gg U_{BE}$ 时，式（2-1）可近似为

$$I_B \approx \frac{V_{CC}}{R_B} \tag{2-2}$$

集电极电流

$$I_C = \bar{\beta} I_B \approx \beta I_B \tag{2-3}$$

集、射极间电压

$$U_{CE} = V_{CC} - I_C R_C \tag{2-4}$$

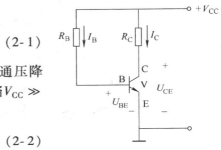

图 2-3　图 2-1b 放大电路的直流通路

例 2-1　在图 2-1b 共射放大电路中，已知 $V_{CC} = 12V$，$R_C = 4k\Omega$，$R_B = 300k\Omega$，$\beta = 37.5$。试用直流通路估算法求放大电路的静态值。

解　由图 2-1b 放大电路的直流通路图 2-3 可得各静态值如下：

$$I_B \approx \frac{V_{CC}}{R_B} = \frac{12}{300}\text{mA} = 0.04\text{mA}$$

$$I_C \approx \beta I_B = 37.5 \times 0.04\text{mA} = 1.5\text{mA}$$

$$U_{CE} = V_{CC} - I_C R_C = (12 - 1.5 \times 4)\text{V} = 6\text{V}$$

二、图解法

在晶体管的输入、输出特性曲线上，直接采用作图的方法可求出静态工作点，这就是图解法。图解法能直接反映晶体管静态工作点的位置，了解静态值的变化对放大电路工作的影响。

晶体管是非线性元件，集电极电流 I_C 与集射极电压 U_{CE} 之间用其输出特性曲线描述。放

大电路的直流通路如图 2-3 所示，对 R_C 与 V_{CC} 支路由式（2-4）可得出

$$I_C = -\frac{1}{R_C}U_{CE} + \frac{V_{CC}}{R_C} \tag{2-5}$$

这是一个直线方程，选择其中的两个特殊点。①当 $U_{CE} = 0$，得 $I_C = \dfrac{V_{CC}}{R_C}$，它对应纵轴上一点 $\left(0, \dfrac{V_{CC}}{R_C}\right)$；②当 $I_C = 0$，得 $U_{CE} = V_{CC}$，对应横轴上一点 $(V_{CC}, 0)$，连接这两点的直线如图 2-4 所示，它是由直流通路得出的，且与集电极负载电阻 R_C 有关，故称之为直流负载线。

对图 2-3 直流通路，由式（2-1）或式（2-2）计算静态值 I_B，I_B 所对应的一条输出特性曲线与直流负载线的交点 Q，称为放大电路的静态工作点，由它确定放大电路的静态值 I_C 与 U_{CE}。

由图 2-4 可见，基极电流 I_B 的大小确定静态工作点在负载线上的位置，确定晶体管的工作状态，因此称 I_B 为偏置电流。产生偏置电流的电路，称为偏置电路，在图 2-3 中，其路径为 $V_{CC} \rightarrow R_B \rightarrow$ 发射结 → "地"。R_B 称为偏置电阻。在此电路中，R_B 一经确定，电流 I_B 就是一个固定值，所以将这种电路称为固定偏置电路。

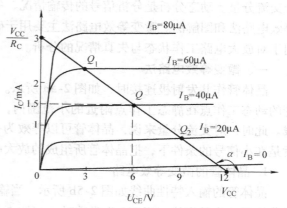

图 2-4 图解法确定放大电路的静态工作点

例 2-2 在图 2-1b 共射放大电路中，已知 $V_{CC} = 12V$，$R_C = 4k\Omega$，$R_B = 300k\Omega$，晶体管的输出特性曲线如图 2-4 所示。试用图解法确求放大电路的静态值。

解 （1）由图 2-1b 放大电路的直流通路图 2-3，求静态值 I_B。

$$I_B \approx \frac{V_{CC}}{R_B} = \frac{12}{300}\text{mA} = 0.04\text{mA} = 40\mu\text{A}$$

（2）根据图 2-3 直流通路的直流负载线方程 $U_{CE} = V_{CC} - I_C R_C$，得出两个特殊点：

当 $U_{CE} = 0$ 时，$I_C = \dfrac{V_{CC}}{R_C} = \dfrac{12}{4 \times 10^3}\text{A} = 3 \times 10^{-3}\text{A} = 3\text{mA}$

当 $I_C = 0$ 时，$U_{CE} = V_{CC} = 12V$

在图 2-4 中连接这两个特殊点可做出直流负载线，直流负载线与 $I_B = 40\mu\text{A}$ 的输出特性曲线的交点 Q 为静态工作点，其静态值为：$I_B = 40\mu\text{A}$，$I_C = 1.5\text{mA}$，$U_{CE} = 6V$。所得结果与例 2-1 一致。

综上所述，用图解法确定放大电路静态值的步骤如下：

1）用估算法求出基极电流 I_B。

2）列出直流负载线方程，（过两个特殊点）作直流负载线。

3）I_B 所对应的一条输出特性曲线与直流负载线的交点 Q 为静态工作点，确定 Q 点的静态值 I_C、U_{CE}。

练习与思考题

2.2.1　共发射极基本放大电路中，改变 R_C、V_{CC} 对放大电路的直流负载线有什么影响？

2.2.2　什么是静态工作点？放大电路为什么要设置静态工作点？

2.2.3　改变图 2-3 中的 R_B、R_C 和 V_{CC}（改变其中的某一个，而另两个保持不变）对静态工作点有何影响？

第三节　放大电路的动态分析

当放大电路有输入信号时，晶体管各部分电流和电压都会在原有静态值的基础上叠加一个交流分量。动态分析是分析信号的传输情况、各变量之间的关系。动态分析的方法有微变等效电路法和图解法。微变等效电路法主要用于确定放大电路的动态性能指标；图解法主要用于对放大电路工作状态与失真情况的分析。

一、微变等效电路法

晶体管作共发射极连接时，如图 2-5a 所示。在输入信号很小（微变量）情况下，晶体管的动态工作点在静态工作点附近的小范围内，可以用直线段近似地代替晶体管的特性曲线。此时，对交流分量来说，晶体管可以等效为一个线性器件。放大电路的微变等效电路，就是在小信号的条件下，把晶体管所组成的放大电路等效为一个线性电路。

1. 晶体管的微变等效电路

晶体管的输入特性曲线如图 2-5b 所示，当输入信号很小时，在静态工作点 Q 附近的一段曲线可认为是直线。当 U_{CE} 为常数时，ΔU_{BE} 与 ΔI_B 之比

$$r_{be} = \frac{\Delta U_{BE}}{\Delta I_B}\bigg|_{U_{CE}} = \frac{u_{be}}{i_b}\bigg|_{U_{CE}} \tag{2-6}$$

r_{be} 称为晶体管的输入电阻，实际上是静态工作点 Q 处的动态电阻。在小信号的状态下，r_{be} 是一常数，由它确定 u_{be} 和 i_b 之间的关系，因此，晶体管的输入电路可用 r_{be} 等效代替。在常温下，低频小功率晶体管的输入电阻常用下式计算：

$$r_{be} \approx 300\Omega + (1 + \beta)\frac{26\text{mV}}{I_E} \tag{2-7}$$

r_{be} 一般为几百欧到几千欧，在手册中常用 h_{ie} 表示，I_E 的单位为 mA。

图 2-5c 是晶体管的输出特性曲线，在线性工作区是一组近似等距离的平行直线。当 U_{CE} 为常数时，ΔI_C 与 ΔI_B 之比

$$\beta = \frac{\Delta I_C}{\Delta I_B}\bigg|_{U_{CE}} = \frac{i_c}{i_b}\bigg|_{U_{CE}} \tag{2-8}$$

β 称为晶体管的电流放大系数。在小信号的状态下，β 是一常数，由它确定 i_c 受 i_b 控制的关系，因此，晶体管的输出电路可用一个等效受控电流源 $i_c = \beta i_b$ 表示。β 值一般在 20～200 之间，在手册中常用 h_{fe} 表示。

在图 2-5c 中还可见到，晶体管的输出特性曲线不完全与横轴平行，当 I_B 为常数时，ΔU_{CE} 与 ΔI_C 之比

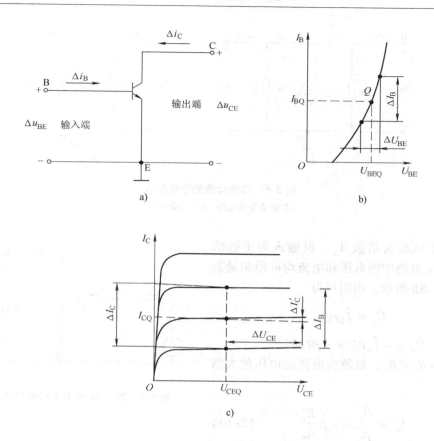

图 2-5 晶体管微变等效电路分析

a) 晶体管共发射极接法 b) 输入特性 c) 输出特性

$$r_{ce} = \frac{\Delta U_{CE}}{\Delta I_C}\bigg|_{I_B} = \frac{u_{ce}}{i_c}\bigg|_{I_B} \tag{2-9}$$

r_{ce} 称为晶体管的输出电阻。在小信号的状态下，r_{ce} 是一常数，在等效电路中与受控电流源 $i_c = \beta i_b$ 并联。

根据式（2-7）、式（2-8）、式（2-9），可得出晶体管的微变等效电路，如图 2-6a 所示。由于 r_{ce} 的阻值很高，约为几十千欧到几百千欧，分析计算时将它忽略不计而采用图 2-6b 所示的简化电路。

2. 放大电路的微变等效电路

放大电路的微变等效电路是由晶体管的微变等效电路和放大电路的交流通路得出的。画放大电路交流通路的原则是：在放大电路中保留交流电源，令直流电源不作用（直流电压源用导线代替，即电压为零；直流电流源开路，即电流为零），电容（电容值足够大）看作短路。对图 2-1b 共射放大电路，只要把耦合电容 C_1、C_2 短路，直流电压源用导线代替，即 V_{CC} 端直接接地，就得到其交流通路，如图 2-7 所示。再把交流通路中的晶体管用图 2-6 微变等效电路代替，即得到放大电路的微变等效电路，如图 2-8a 所示。然后，可用线性电路的分析方法分析其动态指标。电路中的电压和电流都是交流分量，标出的是参考方向。

3. 放大电路动态指标分析

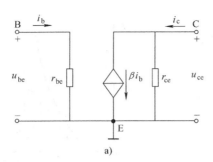 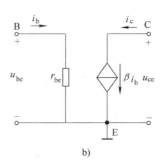

图 2-6 晶体管微变等效电路

a) 微变等效电路 b) 简化电路

（1）电压放大倍数 A_u 设输入为正弦信号，图 2-8a 电路中的电压和电流均可用相量表示，如图 2-8b 所示。由图可得

$$\dot{U}_i = \dot{I}_b r_{be}$$

$$\dot{U}_o = -\dot{I}_c R'_L = -\beta \dot{I}_b R'_L$$

式中，$R'_L = R_C /\!/ R_L$，故放大电路的电压放大倍数为

$$A_u = \frac{\dot{U}_o}{\dot{U}_i} = -\beta \frac{R'_L}{r_{be}} \qquad (2\text{-}10)$$

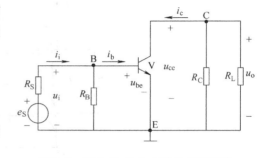

图 2-7 图 2-1b 放大电路的交流通路

式中的负号表示输出电压 $\dot{U}_o$ 与输入电压 $\dot{U}_i$ 相位相反。当放大电路输出端开路（$R_L = \infty$）时，则

$$A_u = -\beta \frac{R_C}{r_{be}} \qquad (2\text{-}11)$$

可见 R_L 越小，则电压放大倍数越低。

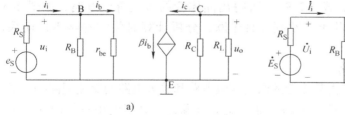 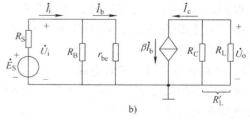

图 2-8 图 2-1b 放大电路的微变等效电路

由式（2-11）可知，A_u 与 β 和 r_{be} 有关，但 A_u 不与 β 成正比。由式（2-7）可见，在 I_E 一定时，β 大的管子其 r_{be} 也大，随着 β 增大，β/r_{be} 的值也在增大，但是增大得愈来愈少，即 A_u 增大得愈来愈少。当 β 足够大时，电压放大倍数几乎与 β 无关。此外，在 β 一定时，增大 I_E 能使电压放大倍数 A_u 在一定范围内有明显的提高，但是 I_E 的增大是有限制的，因

为，I_E 增大到一定值后会使晶体管工作于饱和区，造成输出电压波形失真。

（2）放大电路输入电阻　　当输入电压 $\dot{U}_i$ 加于放大电路的输入端时，必然会产生一个输入电流 $\dot{I}_i$。以等效的观点来看，从输入端看进去，放大电路可等效为一个电阻，这个等效电阻就称为放大电路的输入电阻，用 r_i 表示：

$$r_i = \frac{\dot{U}_i}{\dot{I}_i}$$

r_i 是交流等效电阻，r_i 越大，放大电路从信号源取用的电流越小，$\dot{U}_i$ 越接近于 $\dot{E}_S$。因此，在一般情况下，特别是测量仪表用的放大电路 r_i 越大越好。

由图 2-8b 电路可得

$$r_i = \frac{\dot{U}_i}{\dot{I}_i} = R_B \mathbin{/\!\!/} r_{be} \tag{2-12}$$

通常 $R_B \gg r_{be}$，所以

$$r_i \approx r_{be} \tag{2-13}$$

即 r_i 在数值上接近 r_{be}，但 r_i 和 r_{be} 的意义不同，r_{be} 是晶体管的输入电阻，r_i 是放大电路的输入电阻。r_{be} 一般为几百欧到几千欧，所以共射放大电路的输入电阻较小。

（3）放大电路输出电阻　　对于负载而言，放大电路相当于一有源二端网络，可等效为一个电压源如图 2-9 所示，其中的 r_o 就是放大电路的输出电阻，它也是交流等效电阻。r_o 越小，放大电路带负载能力越强。

在实际工作中，可用实验的方法确定放大电路的输出电阻，方法是先测出放大电路输出端开路的电压 $\dot{U}_{oC}$，然后再测出接上负载 R_L 时的输出电压 $\dot{U}_{oL}$，由图 2-9 可得

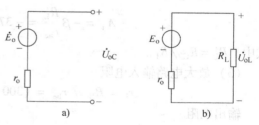

图 2-9　输出等效电路

a）输出端开路　b）输出端接上负载 R_L

$$\dot{E}_o = \dot{U}_{oC}$$

$$\dot{U}_{oL} = \frac{\dot{U}_{oC}}{R_L + r_o} R_L$$

所以

$$r_o = \left(\frac{\dot{U}_{oC}}{\dot{U}_{oL}} - 1\right) R_L \tag{2-14}$$

例如有一放大电路，测得输出端开路的电压有效值 $U_{oC} = 4\text{V}$，当接上负载 $R_L = 6\text{k}\Omega$ 时，输出电压下降为 $U_{oL} = 3\text{V}$，根据式（2-14）该放大电路的输出电阻

$$r_o = \left(\frac{4}{3} - 1\right) \times 6\text{k}\Omega = 2\text{k}\Omega$$

在图 2-8b 的微变等效电路中，将信号源短路（保留信号源内阻）、输出端开路，可得

计算输出电阻的等效电路，如图 2-10 所示。

因 $\dot{E}_S = 0$，则 $\dot{I}_b = 0$，$\beta \dot{I}_b$ 和 $\dot{I}_c$ 也为零。放大电路的输出电阻是从输出端看进去的电阻，即

$$r_o = R_C \qquad (2\text{-}15)$$

一般 R_C 为几千欧，因此，共发射极放大电路的输出电阻较高。

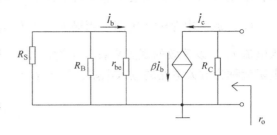

图 2-10　计算 r_o 的等效电路

例 2-3　在图 2-1b 中，$V_{CC} = 12V$，$R_C = 4k\Omega$，$R_B = 300k\Omega$，$\beta = 37.5$，$R_L = 4k\Omega$，试求：（1）放大电路不接负载 R_L 时的电压放大倍数；（2）放大电路接负载 R_L 时的电压放大倍数；（3）放大电路的输入电阻、输出电阻。

解　在例 2-2 中已求得 $I_C \approx I_E = 1.5mA$，由式（2-7）得

$$r_{be} \approx 300\Omega + (1 + \beta)\frac{26mV}{I_E}$$

$$= \left[300 + (1 + 37.5)\frac{26}{1.5}\right]\Omega = 967\Omega = 0.967k\Omega$$

（1）不接 R_L 时

$$A_u = -\beta\frac{R_C}{r_{be}} = -37.5 \times \frac{4}{0.967} = -155.12$$

（2）接 R_L 时

$$A_u = -\beta\frac{R_L'}{r_{be}} = -37.5 \times \frac{4 \,/\!/\, 4}{0.967} = -77.56$$

式中，$R_L' = R_C \,/\!/\, R_L$。

（3）放大电路输入电阻

$$r_i = R_B \,/\!/\, r_{be} = (300 \,/\!/\, 0.967)k\Omega \approx 0.967k\Omega$$

输出电阻

$$r_o = R_C = 4k\Omega$$

二、图解法

放大电路动态分析的图解法，是利用晶体管的特性曲线，在静态分析的基础上，用作图的方法来分析各个电压和电流交流分量之间的传输情况和相互关系。

1. 交流负载线

直流负载线反映静态时电流 I_C 和电压 U_{CE} 的变化关系，由于耦合电容 C_2 的隔直作用，负载电阻 R_L 不起作用，故直流负载线的斜率为 $\tan\alpha = -1/R_C$。交流负载线反映动态时电流 i_C 和电压 u_{CE} 的变化关系，对交流信号 C_2 可视为短路，R_L 与 R_C 并联，故交流负载线的斜率为 $\tan\alpha' = -1/R_L'$。当输入信号为零时，放大电路工作在静态，所以交流负载线必然通过静态工作点 Q。因此，过静态工作点 Q 作斜率为 $-1/R_L'$ 的直线为交流负载线，因为 $R_L' < R_C$，所以交流负载线要比直流负载线陡些。图 2-1b 的交流负载线如图 2-11 所示。

2. 图解分析

图 2-1b 所示的共射放大电路，设外加正弦交流电压信号 u_i，对交流而言，C_1 可视为短

路，C_1 两端的交流电压分量为零，只有直流电压，所以晶体管基射极间的总电压 u_{BE} 为静态值 U_{BE} 与交流信号电压 u_i 之和，即

$$u_{BE} = U_{BE} + u_i = U_{BE} + u_{be}$$

由此交流信号传递如下：

$$u_i(即\ u_{be}) \rightarrow i_b \rightarrow i_c \rightarrow u_o(即\ u_{ce})$$

由图 2-12 的图解分析可得出下列几点：

1）电压和电流都含有直流分量和交流分量，即

$$i_B = I_B + i_b, i_C = I_C + i_c,$$

$$u_{BE} = U_{BE} + u_{be}, u_{CE} = U_{CE} + u_{ce}$$

由于电容 C_2 的隔直作用，只有交流分量 u_{ce} 才能通过 C_2 构成输出电压 u_o。

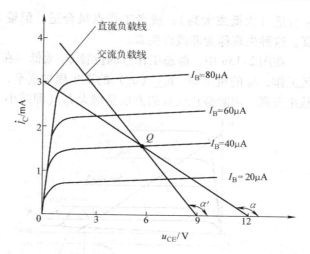

图 2-11　直流负载线和交流负载线

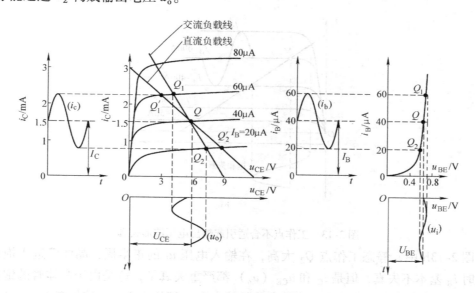

图 2-12　放大电路的动态图解

2）输出电压 u_o 与 u_i 频率相同，但相位相反。如设公共端发射极的电位为零，当基极的电位升高（为正数值）时，则集电极的电位降低（为负数值）；当基极的电位降低（为负数值）时，则集电极的电位升高（为正数值）。两者变化的瞬时极性相反。

3）放大电路的工作点随着 u_i 的变化在交流负载线 Q_1 和 Q_2 之间移动，通常称 Q_1 和 Q_2 之间的范围为放大电路的动态工作范围。当负载开路（$R_L \rightarrow \infty$）时，交流负载线与直流负载线重合，这时的动态工作范围为 Q_1' 和 Q_2' 之间，输出电压幅值最大。即负载 R_L 的阻值越小，交流负载线越陡，电压放大倍数下降越多，输出电压幅值就越小。

3. 非线性失真

失真是指输出信号的波形不像输入信号的波形。引起失真最常见的原因有：静态工作点

不合适（太低或太高）；或者工作点虽合适，但输入信号太大，使输出信号的波形产生失真。这种失真称为非线性失真。

在图2-13a中，静态工作点的位置 Q_1 太低，在输入电压 u_i 的负半周，晶体管进入截止区工作，i_B 的负半周、u_{CE}（u_o）的正半周被削平，这是由于晶体管的截止引起的，故称为截止失真。消除截止失真的方法是增大 I_B（即减小 R_B），使静态工作点上移。

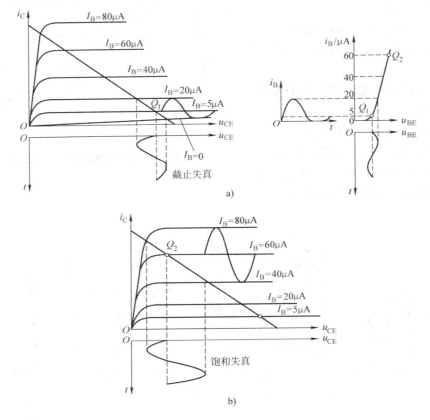

图2-13　工作点不合适引起输出电压波形失真

在图2-13b中，静态工作点 Q_2 太高，在输入电压 u_i 的正半周，晶体管进入饱和区工作，这时 i_B 基本不失真，但是 i_C 和 u_{CE}（u_o）都严重失真了，这是由于晶体管的饱和引起的，故称为饱和失真。消除饱和失真的方法是减小 I_B（即增大 R_B），使静态工作点下移。

为防止失真，必须选择一个合适的静态工作点，即将工作点 Q 设在交流负载线的中部。此外，输入信号的幅值不能太大，使放大电路工作在线性区。在小信号放大电路中，此条件一般都能满足。

图解法的主要优点是直观、形象，便于对放大电路工作原理的理解，但不适用于较复杂的电路（如多级放大电路和有反馈的放大电路），并且作图过程繁琐，容易产生误差。

练习与思考题

2.3.1　区分交流放大电路的（1）静态与动态；（2）直流通路与交流通路；（3）直流负载线与交流负载线；（4）电压和电流的直流分量和交流分量。

2.3.2　在图 2-1b 中，电容 C_1、C_2 两端的直流电压和交流电压各等于多少？并说明其上直流电压的极性。

2.3.3　衡量放大电路动态性能的指标有哪些？对这些指标有何要求？在 r_i 中是否包括电源内阻 R_S；在 r_o 中是否包括负载电阻 R_L？

2.3.4　在放大电路出现截止失真和饱和失真时，应如何调节 R_B（增大还是减小）才能消除失真？

2.3.5　放大电路电压放大倍数 A_u 是不是与 β 成正比？当 β 一定时，增大 I_E 能提高电压放大倍数 A_u 吗？分析原因。

2.3.6　在图 2-1 b 中，用直流伏特计测得的集电极对"地"电压和负载电阻 R_L 上的电压是否一样大？用示波器观察集电极对"地"的交流电压波形和集电极电阻 R_C 及负载电阻 R_L 上的交流电压波形是否一样。

2.3.7　在图 2-1b 中，用示波器观察，发现输出波形失真严重，当用直流电流表测量时：

（1）若测得 $U_{CE} \approx U_{CC}$，试分析管子工作在什么状态？怎样调节 R_B 才能使电路正常工作；（2）若测得 $U_{CE} < U_{BE}$，这时管子又是工作在什么状态？怎样调节 R_B 才能使电路正常工作。

第四节　静态工作点的稳定

一、静态工作点的漂移

引起静态工作点不稳定的原因有内因、外因两个方面。外因主要有环境温度的变化，电源电压的波动、管子及元件老化引起的参数改变等；内因则是晶体管的 β、U_{BE}、I_{CBO} 等参数本身所具有的温度特性。其中温度的变化是引起静态工作点漂移的最主要原因。

由于温度升高，使 I_{CBO} 和 β 增加、U_{BE} 减小。对图 2-1b 所示的固定偏置电路来说，这三个因素集中体现在使晶体管的集电极电流 I_C 增大。在 R_C 和 V_{CC} 一定的条件下，U_{CE} 将减小，静态工作点向饱和区移动，有可能发生饱和失真。反之若温度降低，则有可能发生截止失真。

二、分压式偏置电路

当温度变化时，固定偏置电路的静态工作点是不稳定的。要使 I_C 维持基本不变以稳定静态工作点，常用分压式偏置电路，如图 2-14a 所示，其直流通路如图 2-14b 所示。R_{B1}、R_{B2} 构成偏置电路，若使 $I_2 \gg I_B$，则基极电位

$$V_B = R_{B2} I_2 \approx \frac{R_{B2}}{R_{B1} + R_{B2}} V_{CC} \tag{2-16}$$

可认为 V_B 与晶体管的参数无关，不受温度影响。

接入发射极电阻 R_E 后，由图 2-14b 可列出晶体管的基射极电压

$$U_{BE} = V_B - V_E = V_B - I_E R_E$$

若使 $V_B \gg U_{BE}$，则

$$I_C \approx I_E = \frac{V_B - U_{BE}}{R_E} \approx \frac{V_B}{R_E} \tag{2-17}$$

也可认为 I_C 不受温度影响，达到了稳定静态工作点的目的。

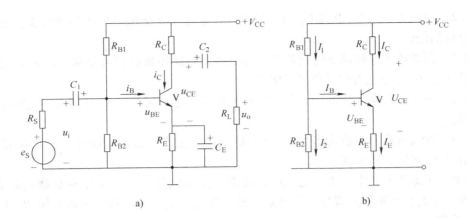

图 2-14 分压式偏置电路

在上述分析中，为使静态工作点稳定，必须满足 $I_2 \gg I_B$，$V_B \gg U_{BE}$ 的条件。但是，I_2 不能太大，否则 R_{B1} 和 R_{B2} 取得较小，这不仅增加静态损耗，还将导致放大电路输入电阻减小。同样基极电位 V_B 不能太高，否则会减小放大电路输出电压的变化范围。一般可选取 $I_2 = (5 \sim 10)I_B$，$V_B = (5 \sim 10)U_{BE}$。

分压式偏置电路稳定静态工作点的物理过程为

温度 $\uparrow \rightarrow I_C \uparrow \rightarrow I_E \uparrow \rightarrow V_E$ $(I_E R_E)$ $\uparrow \rightarrow U_{BE}$ $(V_B - V_E)$ $\downarrow \rightarrow I_B \downarrow \rightarrow I_C \downarrow$

相反的变化过程限制了 I_C 的变化，达到稳定工作点的目的。很明显 R_E 越大，I_C 稳定效果越好。但 R_E 太大将使 V_E 增高，因而减小放大电路输出电压的变化范围。R_E 在小电流情况下为几百欧到几千欧，在大电流情况下为几欧到几十欧。

在上述过程中，发射极电阻 R_E 对电流的交流分量 i_e 也会产生交流压降，使 u_{be} 减小，导致电压放大倍数减小。为此，在 R_E 两端并联电容 C_E，只要 C_E 的电容值足够大，对交流分量可视作短路，就可消除 R_E 对交流信号的影响。C_E 称为发射极电阻的交流旁路电容，一般为几十微法到几百微法。

例 2-4 在图 2-14 分压式偏置电路中，已知 $V_{CC} = 12V$，$R_C = 2k\Omega$，$R_E = 2k\Omega$，$R_{B1} = 20k\Omega$，$R_{B2} = 10k\Omega$，$R_L = 6k\Omega$，晶体管的 $\beta = 37.5$。（1）试求静态值；（2）画微变等效电路图；（3）计算 A_u、r_i、r_o。

解 （1）$V_B \approx \dfrac{R_{B2}}{R_{B1} + R_{B2}} V_{CC} = \dfrac{10}{20 + 10} \times 12V = 4V$

$$I_C \approx I_E = \frac{V_B - U_{BE}}{R_E} = \frac{4 - 0.7}{2 \times 10^3}A = 1.65mA$$

$$I_B \approx \frac{I_C}{\beta} = \frac{1.65}{37.5}mA = 44\mu A$$

$$U_{CE} \approx V_{CC} - (R_C + R_E)I_C = [12 - (2 + 2) \times 10^3 \times 1.65 \times 10^{-3}]V = 5.4V$$

（2）微变等效电路图如图 2-15 所示。

（3）$r_{be} = 300\Omega + (1 + \beta)\dfrac{26}{I_E}mV = \left[300 + (1 + 37.5) \times \dfrac{26}{1.65}\right]\Omega = 0.9k\Omega$

$$A_u = -\beta \frac{R_L'}{r_{be}} = -37.5 \frac{2 /\!/ 6}{0.9} = -62.5$$

$$r_i = R_{B1} \text{ // } R_{B2} \text{ // } r_{be} \approx r_{be} = 0.9\text{k}\Omega$$

$$r_o \approx R_C = 2\text{k}\Omega$$

例2-5　在上例图2-14a中，R_E 未全被 C_E 旁路，如图 2-16 所示，$R_E'' = 0.2\text{k}\Omega$。（1）试求静态值；（2）画出微变等效电路；（3）计算 A_u、r_i、r_o。并与上例比较。

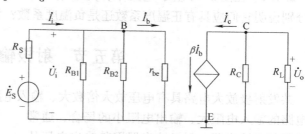

图2-15　图2-14的微变等效电路图

解　（1）静态值、r_{be} 与例2-4相同。

（2）微变等效电路如图 2-17 所示。

（3）$\dot{U}_i = r_{be}\dot{I}_b + R_E''\dot{I}_e$

$\qquad = r_{be}\dot{I}_b + (1+\beta)R_E''\dot{I}_b$

$\qquad = [r_{be} + (1+\beta)R_E'']\dot{I}_b$

$\dot{U}_o = -R_L'\dot{I}_c = -\beta R_L'\dot{I}_b$

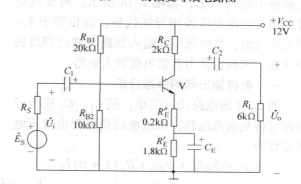

图2-16　例2-5的图

电压放大倍数

$$A_u = \frac{\dot{U}_o}{\dot{U}_i} = -\frac{\beta R_L'}{r_{be} + (1+\beta)R_E''}$$

$$= -\frac{37.5 \times (2 \text{ // } 6)}{0.9 + (1+37.5) \times 0.2} = -6.54$$

$$r_i = R_{B1} \text{ // } R_{B2} \text{ // } [r_{be} + (1+\beta)R_E'']$$

$$= \{20 \text{ // } 10 \text{ // } [0.9 + (1+37.5) \times 0.2]\}\text{k}\Omega = 3.76\text{k}\Omega$$

$$r_o \approx R_C = 2\text{k}\Omega$$

由此可见 R_E'' 未被 C_E 旁路，降低了电压放大倍数，提高了放大电路的输入电阻。

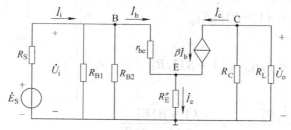

图2-17　图2-16的微变等效电路

练习与思考题

2.4.1　在放大电路中，静态工作点不稳定对放大电路的工作有何影响？

2.4.2　对分压式偏置电路而言，为什么只要满足 $I_2 \gg I_B$，$V_B \gg U_{BE}$ 两个条件，静态工作点能得以基本稳定？

2.4.3　对分压式偏置电路而言，当更换晶体管时，对放大电路的静态值有无影响？试说明之。

2.4.4　在图2-14所示电路中，为了增强 Q 点的稳定性，若 R_{B1}、R_{B2} 采用热敏电阻，则分别说明它们应具有正温度系数还是负温度系数？为什么？

第五节　射极输出器

共发射极放大电路具有电压放大倍数大、输入电阻小、输出电阻高的特点。而在需要放

大电路的输入电阻大、输出电阻小的场合，通常需选用射极输出器。射极输出器因其输出电压从发射极引出而得名，如图2-18所示。对交流信号而言，直流电压源用导线代替，即相当于 V_{CC} 端直接接地，集电极成为输入回路与输出回路的公共端，因而也称为共集电极放大电路。

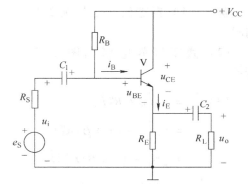

图2-18　射极输出器

一、射极输出器的静态分析

图2-18的电路比较简单，把 C_1、C_2 视为开路即可得到直流通路。由基极回路可列出直流电压方程为

$$V_{CC} = R_B I_B + U_{BE} + R_E(1+\beta)I_B$$

$$I_B = \frac{V_{CC} - U_{BE}}{R_B + (1+\beta)R_E} \tag{2-18}$$

$$I_E = (1+\beta)I_B \tag{2-19}$$

$$U_{CE} = V_{CC} - R_E I_E \tag{2-20}$$

二、射极输出器的动态分析

射极输出器的微变等效电路如图2-19所示。

1. 电压放大倍数

由图2-19电路可得出

$$\dot{U}_o = \dot{I}_e R'_L = (1+\beta)\dot{I}_b R'_L$$

式中，$R'_L = R_E /\!/ R_L$。

$$\dot{U}_i = \dot{I}_b r_{be} + \dot{I}_e R'_L = \dot{I}_b r_{be} + (1+\beta)\dot{I}_b R'_L$$

故电压放大倍数

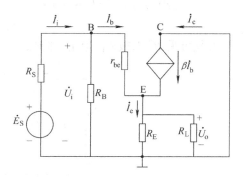

图2-19　射极输出器的微变等效电路

$$A_u = \frac{\dot{U}_o}{\dot{U}_i} = \frac{(1+\beta)\dot{I}_b R'_L}{\dot{I}_b r_{be} + (1+\beta)\dot{I}_b R'_L} = \frac{(1+\beta)R'_L}{r_{be} + (1+\beta)R'_L} \tag{2-21}$$

式（2-21）表明：

1）射极输出器的电压放大倍数接近1，但恒小于1。虽然没有电压放大作用，但因 $I_e = (1+\beta)I_b$，故具有电流放大和功率放大的作用。

2）输出电压与输入电压同相，$u_o \approx u_i$，输出端电位跟随着输入端电位的变化，因而射

极输出器又称为射极跟随器。

2. 输入电阻

由图 2-19 微变等效电路可得出

$$r_i = \frac{\dot{U}_i}{\dot{I}_i} = R_B \ /\!/ \ \left(\frac{\dot{U}_i}{\dot{I}_b}\right) = R_B \ /\!/ \ [r_{be} + (1+\beta)R'_L] \tag{2-22}$$

通常射极输出器的输入电阻很高，可达几十千欧到几百千欧。

3. 输出电阻

输出电阻 r_o 可采用加压求流法计算：输出端负载断开（将 R_L 移去），令电路中独立电源（含信号源）不作用（即令独立电压源的电压为零，独立电流源的电流为零），但保留各电源内阻；然后在输出端加一交流电压 $\dot{U}_o$，求出流入输出端的电流 $\dot{I}_o$，则放大电路的输出电阻为 $r_o = \dfrac{\dot{U}_o}{\dot{I}_o}$。

图 2-20 是计算射极输出器输出电阻的等效电路，由图可得出

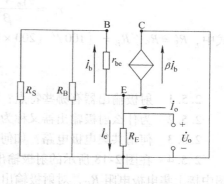

图 2-20　计算 r_o 的等效电路

$$\dot{I}_o = \dot{I}_b + \beta\dot{I}_b + \dot{I}_e = \frac{\dot{U}_o}{r_{be} + R'_S} + \beta\frac{\dot{U}_o}{r_{be} + R'_S} + \frac{\dot{U}_o}{R_E}$$

式中，$R'_S = R_S \ /\!/ \ R_B$。

$$r_o = \frac{\dot{U}_o}{\dot{I}_o} = \frac{1}{\dfrac{1+\beta}{r_{be} + R'_S} + \dfrac{1}{R_E}} = \frac{R_E(r_{be} + R'_S)}{(1+\beta)R_E + (r_{be} + R'_S)}$$

通常 $(1+\beta)R_E \gg (r_{be} + R'_S)$，$\beta \gg 1$，故

$$r_o \approx \frac{r_{be} + R'_S}{\beta} \tag{2-23}$$

例如，$\beta = 40$，$r_{be} = 0.8\text{k}\Omega$，$R_S = 50\Omega$，$R_B = 120\text{k}\Omega$。由此得

$$R'_S = R_S \ /\!/ \ R_B = [50 \ /\!/ \ (120 \times 10^3)]\Omega \approx 50\Omega$$

$$r_o \approx \frac{r_{be} + R'_S}{\beta} \approx \frac{800 + 50}{40}\Omega = 21.25\Omega$$

由此可见，射极输出器的输出电阻很低，具有恒压输出的特性。

综上所述，射极输出器的主要特点是：电压放大倍数接近 1（但小于 1），输入电阻高，输出电阻低。

射极输出器的应用很广，因为输入电阻高，它常用作多级放大电路的输入级，以减小信号源提供的电流并可使放大电路获得较高的输入电压。又因为输出电阻低，它常用作多级放大器的输出级，以提高带负载能力。有时还将射极输出器接在两级共发射极放大电路之间，这级射极输出器被称为缓冲级或中间隔离级。

例 2-6　在图 2-18 的射极输出器中，$V_{CC} = 12\text{V}$，$\beta = 60$，$R_B = 200\text{k}\Omega$，$R_E = 2\text{k}\Omega$，$R_L = 2\text{k}\Omega$，信号源内阻 $R_S = 100\Omega$，试求：（1）静态值；（2）A_u、r_i 和 r_o。

解 (1) 计算静态值：

$$I_B = \frac{V_{CC} - U_{BE}}{R_B + (1+\beta)R_E} = \frac{12 - 0.7}{200 \times 10^3 + (1+60) \times 2 \times 10^3}A$$

$$= \frac{11.3}{322 \times 10^3}A = 0.035 \times 10^{-3}A = 0.035mA$$

$$I_E = (1+\beta)I_B = (1+60) \times 0.035mA = 2.14mA$$

$$U_{CE} = V_{CC} - R_E I_E = (12 - 2 \times 10^3 \times 2.14 \times 10^{-3})V = 7.72V$$

(2) $r_{be} = 300\Omega + (1+\beta)\frac{26mV}{I_E} = \left[300 + (1+60)\frac{26}{2.14}\right]\Omega = 1.04k\Omega$

$$A_u = \frac{(1+\beta)R_L'}{r_{be} + (1+\beta)R_L'} = \frac{(1+60) \times 1}{1.04 + (1+60) \times 1} = \frac{61}{62.04} = 0.98$$

式中，$R_L' = R_E // R_L = (2//2) k\Omega = 1k\Omega$。

$$r_i = R_B // [r_{be} + (1+\beta)R_L'] = (200 // 62.04)k\Omega = 47.35k\Omega$$

$$r_o \approx \frac{r_{be} + R_S'}{\beta} \approx \frac{1040 + 100}{60}\Omega = 19\Omega$$

式中，$R_S' = R_S // R_B = [100 // (200 \times 10^3)]\Omega = 100\Omega$。

练习与思考题

2.5.1 射极输出器有哪些特点？有何用途？

2.5.2 为什么射极输出器又称为射极跟随器，它跟随什么？

2.5.3 何谓共集电极电路？如何看出射极输出器是共集电极电路？

2.5.4 在图 2-18 所示的射极输出器电路中，为什么没有接集电极电阻 R_C？如果在该图中接上集电极电阻 R_C，对射极输出器的静态和动态性能各有什么影响？

* 第六节 放大电路的频率特性

前面分析放大电路的性能指标时，设输入信号为单一频率的正弦信号，实际上，输入信号往往是包含着多种频率的谐波分量。电路中的耦合电容、旁路电容、晶体管的极间电容和连线的分布电容等对不同频率的信号呈现的容抗，不仅影响了放大倍数的大小，而且也影响了输出电压与输入电压之间的相位差。所以在放大电路工作的整个频率范围内，电压放大倍数和相位移都是频率的函数，电压放大倍数与频率的关系称为幅频特性，相位差与频率的关系称为相频特性，二者统称为频率特性。

在工业电子技术中，最常用的是低频放大电路，其频率范围为 20～10000Hz，在分析放大电路的频率特性时，再将低频范围分为低、中、高三个频段。

图 2-21 是共发射极放大电路的频率特性。在中间段的频率范围内，电压放大倍数 $|A_{u0}|$ 大小几乎与频率无关，输出电压相对于输入电压的相位差为 180°。随着频率的升高或降低，电压放大倍数都要减小，相位差也要发生变化。当放大倍数下降为 $\frac{|A_{u0}|}{\sqrt{2}}$ 时所对应的两个频率，分别称为下限频率 f_L 和上限频率 f_H，在这两个频率之间的频率范围称为放大电路的通

频带。下面对幅频特性作一简单说明。

在中频段，由于耦合电容和发射极电阻旁路电容的电容值较大，其容抗很小，可视为短路。而晶体管的极间电容 C_{be}、C_{bc} 和连线分布电容等，这些电容都很小，可认为它们的等效电容 C_i 并联在输入端上、C_o 并联在输出端上，由于 C_i、C_o 的容量很小，其容抗很大，可视作开路。所以，在中频段，可认为放大电路的放大倍数与信号频率无关。

在低频段，耦合电容和发射极电阻旁路电容的容抗较大，不能视为短路，使实际送到晶体管发射结的信号电压减小，故放大倍数要降低。

在高频段，耦合电容和发射极电阻旁路电容的容抗比中频段更小，故可视作短路。但等效电容 C_i 的存在使放大电路的输入阻抗减小，有效输入电压降低；等效电容 C_o 的存在使放大电路的等效负载减小。此外，

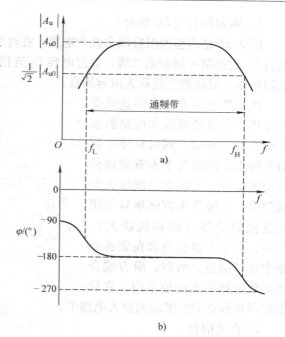

图 2-21　放大电路的频率特性
a) 幅频特性　b) 相频特性

晶体管结电容 C_{be}、C_{bc} 对 PN 结的分流作用使晶体管的电流放大系数 β 下降，故放大倍数要降低。

在本书的习题和例题中计算交流放大电路的电压放大倍数，也都是指中频段的电压放大倍数。

练习与思考题

2.6.1　从放大电路的幅频特性上看，高频段和低频段放大倍数的下降主要是因为受到了什么影响？

2.6.2　为什么通常要求低频放大电路的通频带要宽一些，而在串联谐振时又希望通频带要窄一些？

第七节　多级放大电路及其耦合方式

通常放大器的输入信号都很微弱，为推动负载工作，要将这微弱的信号放大到所需的程度，往往需要很高的电压放大倍数，而单级放大电路的电压放大倍数一般只能达几十到几百，为此，常常要把若干个基本放大电路连接起来，组成多级放大电路。

一、级间耦合方式

在多级放大电路中，每两个单级放大电路之间的连接方式称为耦合。耦合电路必须满足两个基本要求：①保证各级静态工作点的正常设置；②能有效地传递信号，减小信号损失，避免信号失真。耦合方式常见的有阻容耦合和直接耦合两种。

1. 阻容耦合（*RC* 耦合）

图 2-22 是典型的阻容耦合放大电路。在这个电路中，通过电容 C_1 与信号源相连，通过电容 C_2 连接第一级和第二级，通过电容 C_3 连接至负载，考虑输入电阻，则每一个电容都与电阻相连，故这种连接称为阻容耦合。

由于耦合电容具有隔直通交的作用，所以各级放大电路静态工作点互不影响；同时只要电容值足够大，就能几乎不衰减地传递交流信号。所以它只能放大交流信号，不能放大直流信号与缓慢变化的信号（因容抗很大）。另外，由于大容量电容在集成电路中难以制造，所以，阻容耦合在集成电路中无法被采用，它只能应用在分立元件组成的放大电路中。

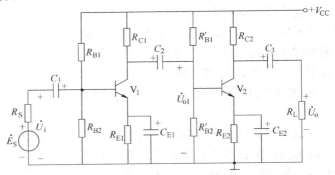

图 2-22　阻容耦合放大电路

2. 直接耦合

级与级之间直接连接，无须另外的耦合元件，如图 2-23 所示。这种耦合电路既能放大直流信号，也能放大交流信号，但各级静态工作点互相影响。因不需要耦合电容，故常用于集成放大器中。

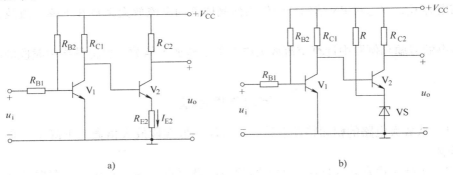

a)　　　　　　　　　　　　b)

图 2-23　直接耦合放大电路
a) 串接射极电阻　b) 串接稳压管

二、放大电路分析

1. 静态分析

对于阻容耦合方式，由于各级放大电路静态工作点互不影响，所以，可以分别进行计算。直接耦合放大电路存在的主要问题：①前级与后级静态工作点互相影响；②零点漂移。

（1）前级与后级静态工作点的相互影响　由图 2-23 可见，前级的集电极电位恒等于后级的基极电位，而且前级的集电极电阻 R_C 同时又是后级的偏流电阻，前级与后级静态工作点互相影响互相牵制。为保证放大电路能有效地传递信号，又能使每一级有合适的静态工作点，应提高后级的发射极电位。在图 2-23a 中，用电阻 R_{E2} 提高 V_2 管发射极的电位。但由于 R_{E2} 引入负反馈（在下一节介绍），使该级的放大倍数下降，对于直流或缓慢变化信号，旁路电容容抗很大，也不能消除这种负反馈。图 2-23b 用稳压管 VS 提高 V_2 管发射极的电位，稳压管不会引入负反馈，效果更好。

（2）零点漂移　对放大电路，当输入信号为零时，其输出电压应保持不变（不一定是零）。如果输出电压在缓慢地、无规则地变化着，这种现象就称为零点漂移，简称零漂。

引起零点漂移的原因很多，如晶体管参数随温度的变化，电源电压的波动，电路元器件参数的变化等，其中温度的影响是最严重的。多级放大电路的零漂大小主要取决于第一级的零漂和放大电路的放大倍数（第一级的零漂经过后面各级放大，再到输出端），通常把对应于温度每变化1℃时，在放大电路输出端引起的漂移电压折算到输入端的等效漂移电压作为衡量放大电路零漂的指标，即

$$\Delta u_\mathrm{i} = \frac{\Delta u_\mathrm{o}}{|A_\mathrm{u}|\,\Delta T} \tag{2-24}$$

式中，Δu_i 为输入端等效漂移电压（μV/℃）；A_u 为电压放大倍数；Δu_o 为输出端漂移电压。

2. 动态分析

（1）电压放大倍数　从图 2-22 所示的两级阻容耦合放大电路图可以看出，前级放大电路的输出电压是后一级放大电路的输入电压，即 $\dot U_\mathrm{o1} = \dot U_\mathrm{i2}$，两级放大电路的电压放大倍数为

$$A_\mathrm{u} = \frac{\dot U_\mathrm{o}}{\dot U_\mathrm{i}} = \frac{\dot U_\mathrm{o1}}{\dot U_\mathrm{i1}}\frac{\dot U_\mathrm{o2}}{\dot U_\mathrm{i2}} = A_\mathrm{u1}A_\mathrm{u2} \tag{2-25}$$

推广到多级放大电路中，可得多级放大电路的电压放大倍数等于各级电压放大倍数的乘积，即

$$A_\mathrm{u} = A_\mathrm{u1}A_\mathrm{u2}A_\mathrm{u3}\cdots A_\mathrm{un} \tag{2-26}$$

式中，A_u1、A_u2、A_u3、$\cdots$、A_un 分别是各级电压放大倍数。在计算各级的电压放大倍数时，必须注意后级的输入电阻是前级的负载电阻。

（2）输入电阻与输出电阻　一般来说，多级放大电路的输入电阻就是输入级（第一级）的输入电阻，而输出电阻就是输出级（最后一级）的输出电阻。具体计算时，可直接利用已有的公式，但要注意，有的电路形式，要考虑后级对输入电阻的影响、前一级对输出电阻的影响。

例 2-7　在图 2-22 的两级阻容耦合放大电路中，已知 $R_\mathrm{B1} = 30\mathrm{k}\Omega$，$R_\mathrm{B2} = 15\mathrm{k}\Omega$，$R_\mathrm{B1}' = 20\mathrm{k}\Omega$，$R_\mathrm{B2}' = 10\mathrm{k}\Omega$，$R_\mathrm{C1} = 3\mathrm{k}\Omega$，$R_\mathrm{C2} = 2.5\mathrm{k}\Omega$，$R_\mathrm{E1} = 3\mathrm{k}\Omega$，$R_\mathrm{E2} = 2\mathrm{k}\Omega$，$R_\mathrm{L} = 5\mathrm{k}\Omega$，$\beta_1 = \beta_2 = 40$，$V_\mathrm{CC} = 12\mathrm{V}$，$r_\mathrm{be1} = r_\mathrm{be2} = 1\mathrm{k}\Omega$，各电容值足够大，试求：（1）放大电路的电压放大倍数 A_u；（2）放大电路的输入电阻 r_i 与输出电阻 r_o。

解　（1）图 2-22 的微变等效电路如图 2-24 所示。

第二级输入电阻

$$r_\mathrm{i2} = R_\mathrm{B1}' \mathbin{/\mkern-5mu/} R_\mathrm{B2}' \mathbin{/\mkern-5mu/} r_\mathrm{be2} = 20 \mathbin{/\mkern-5mu/} 10 \mathbin{/\mkern-5mu/} 1\mathrm{k}\Omega \approx 0.87\mathrm{k}\Omega$$

第一级

$$R_\mathrm{L1}' = R_\mathrm{C1} \mathbin{/\mkern-5mu/} r_\mathrm{i2} = 3 \mathbin{/\mkern-5mu/} 0.87\mathrm{k}\Omega \approx 0.7\mathrm{k}\Omega$$

第二级

$$R_\mathrm{L2}' = R_\mathrm{C2} \mathbin{/\mkern-5mu/} R_\mathrm{L} = 2.5 \mathbin{/\mkern-5mu/} 5\mathrm{k}\Omega \approx 1.7\mathrm{k}\Omega$$

第一级电压放大倍数

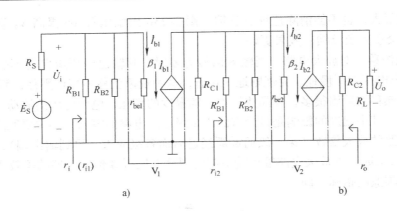

图 2-24 例 2-7 的图

$$A_{u1} = - \frac{\beta_1 R'_{L1}}{r_{be1}} = - \frac{40 \times 0.7}{1} \approx - 28$$

第二级电压放大倍数

$$A_{u2} = - \frac{\beta_2 R'_{L2}}{r_{be2}} = - \frac{40 \times 1.7}{1} \approx - 68$$

两级电压放大倍数

$$A_u = A_{u1} A_{u2} = (- 28) \times (- 68) = 1904$$

A_u 是一个正实数，这表明输入电压 $\dot{U}_i$ 与输出电压 $\dot{U}_o$ 同相。

（2）放大电路的输入电阻

$$r_i = r_{i1} = R_{B1} /\!/ R_{B2} /\!/ r_{be1} = (30 /\!/ 15 /\!/ 1) k\Omega \approx 0.9 k\Omega$$

放大电路的输出电阻

$$r_o = R_{C2} = 2.5 k\Omega$$

练习与思考题

2.7.1 多级放大电路中各级的要求有何不同？

2.7.2 阻容耦合多级放大电路中，各级直流工作状态之间互相有无影响？交流工作状态之间有无影响？在计算多级放大电路的动态性能指标时，如何体现后级对前级的影响？

2.7.3 已知两级共射放大电路由 NPN 型管组成，其输出电压波形产生底部失真，试说明产生失真所有可能的原因。

第八节 放大电路中的负反馈

所谓反馈，就是将放大电路输出信号（电压或电流）的一部分或全部，通过一定的电路送回到输入回路，与输入信号比较，以改善放大电路的某些性能。

一、反馈的类型

放大电路反馈的类型通常包含如下几个方面：

1．正反馈与负反馈

若引入的反馈信号使放大电路的净输入信号减小，这种反馈称为负反馈；反之，若引入的反馈信号使放大电路的净输入信号增加，这种反馈称为正反馈。尽管负反馈使放大电路放大倍数减小，但它可以改善放大电路的性能，因此在放大电路中广泛采用负反馈。正反馈易引起电路振荡，使电路性能不稳定，故在放大电路中很少采用，它主要用于振荡电路（在第四章介绍）。本节主要介绍负反馈问题。

2．直流反馈和交流反馈

若反馈信号只包含直流分量，则称为直流反馈。直流负反馈具有稳定静态工作点的作用；若反馈信号只包含交流分量，则称为交流反馈；有时反馈既有直流分量，又有交流分量，称之为交、直流反馈。

3．电压反馈和电流反馈

若反馈信号取自输出电压，则称为电压反馈；若反馈信号取自输出电流，则称为电流反馈。

4．串联反馈和并联反馈

反馈信号送回到输入回路，与输入信号比较。若反馈信号是以电压形式出现，则为串联反馈；若是以电流形式出现，则为并联反馈。

因此，由上述四个因素可以组合出 16 种反馈类型，如：直流电压串联正反馈、交流电流并联负反馈等。

二、反馈类型的判别

首先要判别电路是否存在反馈电路（或元件），反馈电路是连接在输出回路和输入回路之间的电路。有时，在一个放大电路中，同时存在几个反馈电路（或元件），构成不同的反馈类型，需要逐一分析。下面以图 2-25 为例进行讨论。

对于第一级，R_{E1} 既在输入回路，又在输出回路，则它是反馈元件，构成第一级的本级反馈。同理 R_{E2} 构成第二级的本级反馈。另外，R_F、C_F、R_{E1} 连在第一级的发射极和第二级的集电极之间，故为第一、第二级之间的级间反馈。下面介绍反馈类型的判别方法：

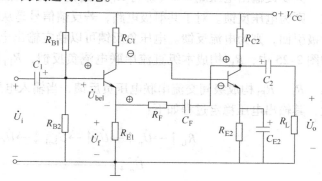

图 2-25　负反馈的判别

1．直流反馈与交流反馈的判别

判断交流与直流反馈就要看反馈元件是在交流通路中还是在直流通路中起作用。若某一反馈电路只存在于交流通路中，则它构成交流反馈（如 R_F、C_F、R_{E1}，因 C_F 直流开路）；若某一反馈电路只存在于直流通路中，则它构成直流反馈（如 R_{E2}，因交流被 C_{E2} 旁路）；若某一反馈电路在交、直流通路中都存在，则它构成交、直流反馈（如 R_{E1}）。

2．串联反馈和并联反馈的判别

若反馈信号与输入信号在同一个节点比较，则为并联反馈；若反馈信号与输入信号在不同节点比较，则为串联反馈。对于共射电路和共集电路，其输入端都为基极。若反馈信号引回到基极，则为并联反馈；否则为串联反馈。如图 2-25 中 C_F、R_F、R_{E1} 构成的为串联反馈。凡是串联反馈，不论反馈信号取自输出电压或者输出电流，它在放大电路的输入端总是以电压的形式出现（比较）。凡是并联反馈，反馈信号在放大电路的输入端总是以电流的形式出现（比较）。

　　3．正负反馈的判别

　　正负反馈的判别通常采用瞬时极性法。先假设放大电路输入端的信号在某一瞬时对地的极性为 $\oplus$ 或 $\ominus$，然后根据各级电路输出端与输入端信号的关系（同相或反相），标出电路各点的瞬时极性，再得到反馈端信号的极性，最后通过比较反馈端和输入端的极性来判断电路的净输入是增加还是减小。

　　从前面的分析可知，共射极电路的输出与输入信号极性相反，射极输出器的输出与输入信号极性相同；还要注意电阻电容不改变瞬时极性。如图 2-25 所示，假定第一级的基极为 $\oplus$，则集电极为 $\ominus$，即第二级的基极为 $\ominus$，则第二级集电极为 $\oplus$，送回到第一级发射极为 $\oplus$，故 $\dot{U}_f$ 与 $\dot{U}_i$ 同相，净输入

$$\dot{U}_{be1} = \dot{U}_i - \dot{U}_f$$
$$U_{be1} = U_i - U_f < U_i$$

引入反馈信号 U_f 后，使净输入 U_{be1} 减小，故为负反馈。

　　上述是依据定义判别的，从中可以得出：若反馈信号与输入信号在同一个节点比较，则两者的极性相同为正反馈；极性相反为负反馈。若反馈信号与输入信号在不同节点比较，则两者的极性相同为负反馈；极性相反为正反馈。

　　4．电压反馈和电流反馈的判别

　　只要设输出电压 $u_o = 0$（即将 R_L 短路），若反馈依然存在，则为电流反馈；若反馈不存在，则为电压反馈。对于共射极电路，若反馈信号是从集电极引回，则为电压反馈；若从发射极引回，则为电流反馈。电压负反馈可以稳定输出电压，电流负反馈可以稳定输出电流。如图 2-25 中，R_{E2} 构成本级直流串联电流负反馈，R_{E1} 构成本级交、直流串联电流负反馈。C_F、R_F、R_{E1} 构成级间交流串联电压负反馈，当输入电压 $\dot{U}_i$ 为一定值，如果负载电阻 R_L 增大，其输出电压稳定过程如下：

$$R_L \uparrow \rightarrow \dot{U}_o \uparrow \rightarrow \dot{U}_f \uparrow \rightarrow \dot{U}_{be1} \downarrow \rightarrow \dot{U}_{C1} \uparrow \rightarrow \dot{U}_{be2} \uparrow \rightarrow$$
$$\dot{U}_o \downarrow \leftarrow \underline{\hspace{6cm}}$$

相反的变化过程，限制了 $\dot{U}_o$ 的变化，即电路具有稳定输出电压的作用。

三、负反馈对放大电路性能的影响

　　直流负反馈的作用是稳定静态工作点。如本章第四节分压偏置式电路中 R_E 能够稳定静态工作电流 I_C，就是一个直流负反馈的应用。下面介绍交流负反馈对放大电路的动态性能的影响。

　　1．降低电压放大倍数

　　图 2-26 分别为无负反馈和带有负反馈的放大电路的框图。任何带有负反馈的放大电路都包含两部分：一是不带反馈的基本放大电路，它可以是单级或多级的；另一部分是反馈电

路。由图2-26a知，未引入反馈时基本放大电路的放大倍数（即开环放大倍数）为

$$A = \frac{\dot{X}_o}{\dot{X}_d} \tag{2-27}$$

反馈信号与输出信号之比称为反馈系数，即

$$F = \frac{\dot{X}_f}{\dot{X}_o} \tag{2-28}$$

故

$$\dot{X}_o = A\dot{X}_d = A(\dot{X}_i - \dot{X}_f) = A(\dot{X}_i - F\dot{X}_o)$$

$$\dot{X}_o = \frac{A}{1 + AF}\dot{X}_i$$

引入反馈以后的闭环放大倍数为

$$A_f = \frac{\dot{X}_o}{\dot{X}_i} = \frac{A}{1 + AF} \tag{2-29}$$

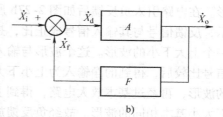

图2-26 放大电路框图
a）无负反馈 b）带有负反馈

由前述可知，对于负反馈，$\dot{X}_f$ 与 $\dot{X}_d$ 是同相的，且同是电压或电流，所以 AF 是正实数。由式（2-29）可知，$|A_f| < |A|$，也就是说，引入负反馈后放大倍数降低了。$|1 + AF|$ 称为反馈深度，其值越大，负反馈作用越强，A_f 也就越小。

2. 提高放大倍数的稳定性

当外界条件变化时，即使输入信号不变，仍会引起输出信号的变化，即引起放大倍数的变化，其相对变化量为 $\frac{d|A|}{|A|}$；引入负反馈后，放大倍数的相对变化量为 $\frac{d|A_f|}{|A_f|}$。由于 A、F 都为实数，故式（2-29）可写成

$$|A_f| = \frac{|A|}{1 + |AF|}$$

对上式求导得

$$\frac{d|A_f|}{d|A|} = \frac{1}{1 + |AF|} - \frac{|AF|}{(1 + |AF|)^2} = \frac{1}{(1 + |AF|)^2}$$

$$= \frac{|A_f|}{|A|} \frac{1}{1 + |AF|}$$

即

$$\frac{d|A_f|}{|A_f|} = \frac{d|A|}{|A|} \frac{1}{1 + |AF|} \tag{2-30}$$

式（2-30）表明，放大电路的闭环放大倍数的相对变化量只有开环放大倍数相对变化量的 $\frac{1}{1 + |AF|}$，也就是说，放大倍数的稳定性提高了 $(1 + |AF|)$ 倍。

在深度负反馈时，即 $|AF| \gg 1$，由式（2-29）得

$$A_f = \frac{1}{F} \tag{2-31}$$

式（2-31）说明闭环放大倍数只与反馈系数 F（反馈电路的电阻、电容）有关，与晶

体管的特性无关，基本不受外界因素变化的影响，这时放大电路的工作相当稳定。

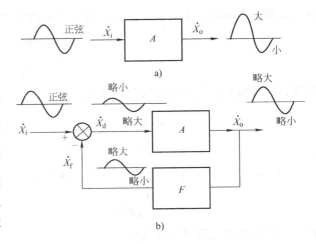

3. 改善波形失真

图 2-27a 是无反馈的基本放大电路的框图。设当输入为正弦波时，由于非线性失真会出现一个上大下小的失真波形。在电路引入负反馈后如图 2-27b 所示，反馈信号与其输入信号成正比，是一个上大下小的波形。这个波形与输入信号比较后，得到的净输入为上小下大的波形，再经过基本放大电路，得到上下大小基本相同的波形。故经负反馈放

图 2-27 负反馈改善波形失真

大电路后，可在很大程度上减少失真。从本质上说，负反馈是利用失真了的波形来改善波形的失真，因此只能减小失真，不能完全消除失真。

4. 扩展通频带

在中频段，开环放大倍数 $|A|$ 较高，反馈信号也较高，因而使闭环放大倍数 $|A_f|$ 降低得较多；而在低频段和高频段，$|A|$ 较低，反馈信号也较低，因而使 $|A_f|$ 降低得较少。这样，就将放大电路的通频带展宽了。

例 2-8   在图 2-28 中，已知 $|A_0| = 10^4$，$F = 0.001$，试说明引入负反馈后展宽了通频带。

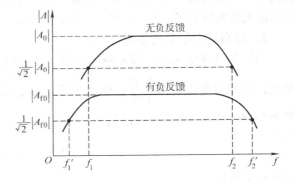

图 2-28 负反馈扩展通频带

解   引入负反馈后中频段的放大倍数为

$$|A_{f0}| = \frac{|A_0|}{1 + |A_0 F|} = \frac{10^4}{1 + 10^4 \times 0.001} = 909$$

引入负反馈后在 f_1 处的放大倍数为

$$|A_{f1}| = \frac{\frac{1}{\sqrt{2}}|A_0|}{1 + \frac{1}{\sqrt{2}}|A_0 F|} = \frac{0.707 \times 10^4}{1 + 0.707 \times 10^4 \times 0.001} = 876$$

引入负反馈后在下限频率 f_1' 处的放大倍数为

$$\frac{1}{\sqrt{2}}|A_{f0}| = 0.707 \times 909 = 642.7 < |A_{f1}|$$

可见通频带展宽了，即 $(f_2' - f_1') > (f_2 - f_1)$。

5. 对输入电阻的影响

（1）串联负反馈使输入电阻增加　串联负反馈框图如图 2-29a 所示，基本放大电路的输入电阻

$$r_{i} = \frac{u_{id}}{i_{i}}$$

引入串联负反馈后的输入电阻

$$r_{if} = \frac{u_{i}}{i_{i}} = \frac{u_{id} + u_{f}}{i_{i}} = \frac{u_{id} + AFu_{id}}{i_{i}} = (1 + AF)r_{i} \qquad (2-32)$$

式（2-32）表明，引入了串联负反馈，输入电阻增大（$1 + AF$）倍，在深度负反馈条件下 $r_{if} \to \infty$。

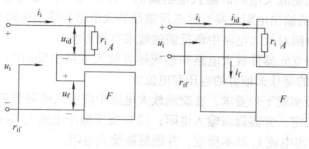

图 2-29　负反馈对输入电阻的影响

a）串联负反馈框图　b）并联负反馈框图

（2）并联负反馈使输入电阻减少

并联负反馈框图如图 2-29b 所示，基本放大电路的输入电阻

$$r_{i} = \frac{u_{i}}{i_{id}}$$

引入并联负反馈后的输入电阻

$$r_{if} = \frac{u_{i}}{i_{id}} = \frac{u_{i}}{i_{id} + i_{f}} = \frac{u_{i}}{i_{id} + AFi_{id}} = \frac{1}{(1 + AF)}r_{i} \qquad (2-33)$$

式（2-33）表明，引入了并联负反馈，输入电阻减小（$1 + AF$）倍，在深度负反馈条件下 $r_{if} \to 0$。

6. 对输出电阻的影响

（1）电压负反馈使输出电阻减小　电压负反馈框图如图 2-30a 所示，由于电压负反馈具有稳定输出电压的作用，即负载改变时，输出电压 u_{o} 基本不变，相当于内阻很小的电压源，故电压负反馈使输出电阻减小。可以证明：$r_{of} = \frac{1}{(1 + AF)}r_{o}$，在深度负反馈条件下 $r_{of} \to 0$。

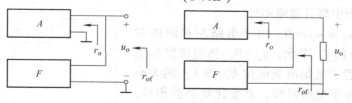

图 2-30　负反馈对输出电阻的影响

a）电压负反馈框图　b）电流负反馈框图

（2）电流负反馈可使输出电阻增大 电流负反馈框图如图2-30b所示，由于电流负反馈具有稳定输出电流的作用，即负载改变时，输出电流i_o基本不变，相当于内阻很大的电流源，故电流负反馈可使输出电阻增大。可以证明：$r_{of} = (1 + AF)r_o$，在深度负反馈条件下$r_{of} \rightarrow \infty$。

练习与思考题

2.8.1 为稳定放大电路的静态工作点，需引入什么反馈？为改善放大电路的交流性能需引入什么反馈？

2.8.2 什么反馈使放大电路的输入电阻提高？什么反馈使放大电路的输入电阻降低？什么反馈使放大电路的输出电阻提高？什么反馈使放大电路的输出电阻降低？

2.8.3 信号源内阻对放大电路中负反馈的效果有何影响？

2.8.4 在分析分立元器件放大电路和集成运算放大电路中反馈的性质时，净输入电压和净输入电流分别指的是什么地方的电压和电流？

2.8.5 如果需要实现下列要求，在交流放大电路中应引入哪种类型的负反馈？（1）要求输出电压u_o基本稳定，并能提高输入电阻；（2）要求输出电流i_o基本稳定，并能减小输入电阻；（3）要求输出电流i_o基本稳定，并能提高输入电阻。

2.8.6 如果输入信号本身已是一个失真的正弦量，试问引入负反馈后能否改善失真，为什么？

第九节 差动放大电路

直接耦合多级放大电路存在一个比较突出的问题，就是零点漂移。克服零点漂移最有效的办法是在多级放大电路的输入级采用差动放大电路（也称差分放大电路）。

一、差动放大电路的工作原理

1. 电路结构及对零点漂移的抑制

图2-31是一典型的差动放大电路。该电路的特点是左、右两边电路完全对称，即晶体管V_1、V_2的特性完全相同，电路中的对应电阻相等。电路有两个输入电压u_{i1}、u_{i2}，输出电压u_o则取自两晶体管的集电极之间。这种输入、输出方式称为双端输入、双端输出方式。

由于实际电路中左、右两边电路不可能完全对称，因此，常在V_1、V_2的发射极串接一个阻值不大的电阻R_P，静态时调节R_P以使$u_o = 0$。由于R_P的阻值较小，在后面的分析中将其忽略不计。

在静态时，$u_{i1} = u_{i2} = 0$，由于电路左右两边对称，必然有$U_{C1} = U_{C2}$，因此，$u_o = 0$。当温度发生变化时，虽然每个管子的集电极电位U_{C1}和U_{C2}的大小会发生变化，但由于电路对称，其变化量必然相等，因此u_o仍然等于零，即零点漂移完全被抑制了。差动放大电路对两管所产生的同向漂移（不管是什么原因引起的）都具有抑制作用，这是它的突出优点。

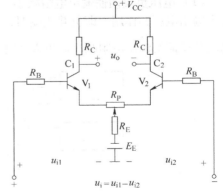

图2-31 典型差动放大电路

上述分析中，假定电路是完全对称的，实际上，完全对称的电路是不存在的，所以 u_o 仍然会产生零漂。为了从根本上消除零漂，在电路中引入射极电阻 R_E（又称共模反馈电阻），通过它在电路中引入直流负反馈，稳定电路的静态工作点，即减小了 U_{C1} 和 U_{C2} 本身的零漂，这样即使电路不完全对称也能有效地抑制 u_o 的零漂。R_E 抑制零漂的过程如下：

$$I_{C1}\downarrow \longleftarrow$$

$$温度\uparrow \Bigg\langle \begin{matrix} I_{C1}\uparrow \\ I_{C2}\uparrow \end{matrix} \Bigg\rangle \longrightarrow I_E\uparrow \longrightarrow U_{R_E}\uparrow \Bigg\langle \begin{matrix} U_{BE1}\downarrow \longrightarrow I_{B1}\downarrow \\ U_{BE2}\downarrow \longrightarrow I_{B2}\downarrow \end{matrix}$$

$$I_{C2}\downarrow \longleftarrow$$

稳定了 I_{C1} 和 I_{C2}，也就稳定了 U_{C1} 和 U_{C2}。

R_E 中流过的电流是 V_1、V_2 两管射极电流之和，且 $I_{E1} = I_{E2}$，所以对每一个管子来讲，其等效发射极电阻为 $2R_E$。R_E 愈大，V_1、V_2 的工作点愈稳定，输出电压 u_o 的零漂愈小。但是，在 U_{CC} 和 I_B 偏流一定时，过大的 R_E 会使晶体管的静态集射极电压 U_{CE} 减小，因而使放大电路的动态范围减小，甚至进入饱和区。为此，在电路中接入负电源 E_E 来补偿 R_E 两端的直流压降，以使电路获得合适的静态工作点。

2. 输入信号

动态时，差动放大电路两输入端电压 u_{i1}、u_{i2}，可分为以下三种情况。

（1）共模输入信号　两个输入信号电压的大小相等，极性相同，即 $u_{i1} = u_{i2}$，这样的输入信号称为共模信号。

完全对称的差动放大电路，在共模输入信号作用下，V_1、V_2 两管的集电极电位变化相同，因而输出电压 $u_o = 0$，即它对共模信号的放大倍数为零。实际上，差动放大电路对零点漂移的抑制就是该电路抑制共模输入信号的一个特例。所以，差动电路抑制共模输入信号能力的大小，也反映出它对零点漂移的抑制水平。

（2）差模输入信号　两个输入信号电压的大小相等，极性相反，即 $u_{i1} = -u_{i2}$，这样的输入信号称为差模输入信号。

设 $u_{i1} > 0$，$u_{i2} < 0$，则 u_{i1} 使 V_1 的集电极电流增大，集电极电位因而降低了 ΔU_{C1}（负值）；而 u_{i2} 使 V_2 的集电极电流减小，集电极电位因而升高了 ΔU_{C2}（正值）。其输出电压为

$$u_o = \Delta U_{C1} - \Delta U_{C2} = 2\Delta U_{C1}$$

可见，在差模输入信号的作用下，差动放大电路的双端输出电压为两管各自输出电压变化量的两倍。

（3）比较输入信号　两个输入信号电压既非共模，又非差模，它们的大小和相对极性是任意的，这种输入信号称为比较输入信号，这种信号在自动控制系统中是常见的。例如炉温自控系统，u_{i1}、u_{i2} 分别为给定信号电压、反馈信号电压，两者比较后的差值电压经放大器放大后，输出电压为

$$u_o = A_u(u_{i1} - u_{i2})$$

其值仅与偏差值有关，而不需要反映两个信号本身的大小。不仅输出电压的大小与偏差值有关，而且它的极性与偏差值也有关系。

在分析和处理比较输入信号时，可以将它分解为共模分量和差模分量，再把差模分量和共模分量分别作用于差动放大电路，其结果根据叠加原理就可得出比较输入信号作用下的输

出电压。为此，可将任意输入信号写成如下形式：

$$u_{i1} = u_{ic1} + u_{id1} \tag{2-34}$$

$$u_{i2} = u_{ic2} + u_{id2} \tag{2-35}$$

其中，$u_{ic1} = u_{ic2}$ 为共模分量，$u_{id1} = -u_{id2}$ 为差模分量，则可推出

$$u_{ic1} = u_{ic2} = \frac{1}{2}(u_{i1} + u_{i2}) \tag{2-36}$$

$$u_{id1} = -u_{id2} = \frac{1}{2}(u_{i1} - u_{i2}) \tag{2-37}$$

例如 $u_{i1} = 10\text{mV}$，$u_{i2} = 6\text{mV}$，根据上述式子可分解为共模分量 8mV、差模分量 2mV。即 $u_{i1} = 8\text{mV} + 2\text{mV}$，$u_{i2} = 8\text{mV} - 2\text{mV}$。

二、静态分析

由于电路对称，计算一个管子的静态值即可。图 2-32 是图 2-31 电路的单管直流通路，因为 R_P 的阻值很小，故在图中略去。

静态时，设 $I_{B1} = I_{B2} = I_B$，$I_{C1} = I_{C2} = I_C$，则由基极电路可列出：

$$R_B I_B + U_{BE} + 2R_E I_E = E_E$$

一般 $E_E \gg U_{BE}$，$2R_E \gg \dfrac{R_B}{1+\beta}$，则集电极电流为

$$I_C \approx I_E = \frac{E_E - U_{BE}}{\dfrac{R_B}{1+\beta} + 2R_E} \approx \frac{E_E}{2R_E} \tag{2-38}$$

由式（2-38）可知，I_C 取决于 E_E 和 R_E，几乎不受温度影响，从而提高了静态工作点的稳定性。

基极电流为

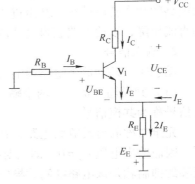

图 2-32　单管 V_1 直流通路

$$I_B \approx \frac{I_C}{\beta} \approx \frac{E_E}{2\beta R_E} \tag{2-39}$$

静态时，发射极电位 $V_E \approx 0$，则集射极电压为

$$U_{CE} = V_{CC} - I_C R_C \approx U_{CC} - \frac{E_E R_C}{2R_E} \tag{2-40}$$

三、动态分析

如果在差动放大电路的两输入端加入差模输入信号，即 $u_{i1} = -u_{i2} = \dfrac{1}{2}u_i$，在图 2-31 中电阻 R_E 的电流变化量 $\Delta I_{RE} = \Delta I_{E1} + \Delta I_{E2} = 0$，所以晶体管发射极 E 的电位变化量 $\Delta U_E = R_E \Delta I_{RE} = 0$，即发射极 E 相当于交流接地。由此可以看出，$R_E$ 对差模信号没有负反馈作用。由于两晶体管 V_1、V_2 集电极对"地"输出电压变化量大小相等，极性相反，所以负载电阻 R_L 的中点相当于交流接地。则可画出图 2-31 电路在差模信号输入时的交流微变等效电路如图 2-33 所示。

1. 双端输入—双端输出的差动放大电路

由图 2-33 可得出单管差模电压放大倍数：

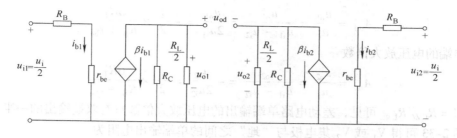

图 2-33 差模信号输入时的微变等效电路

$$A_{ud1} = \frac{u_{o1}}{u_{i1}} = -\frac{\beta R'_L}{R_B + r_{be}} \qquad (2-41)$$

$$A_{ud2} = \frac{u_{o2}}{u_{i2}} = -\frac{\beta R'_L}{R_B + r_{be}} \qquad (2-42)$$

式中，$R'_L = R_C \; // \; \left(\dfrac{1}{2}R_L\right)$。

双端输出电压放大倍数为

$$A_{ud} = \frac{u_o}{u_i} = \frac{u_{o1} - u_{o2}}{u_{i1} - u_{i2}} = \frac{u_{o1}}{u_{i1}} = -\frac{\beta R'_L}{R_B + r_{be}} \qquad (2-43)$$

与单管放大电路的电压放大倍数相等。

由图 2-33 可得出两输入端之间的差模输入电阻为

$$r_i = 2(R_B + r_{be}) \qquad (2-44)$$

两集电极之间的差模输出电阻为

$$r_o = 2R_C \qquad (2-45)$$

例 2-9 在图 2-31 所示的双端输入—双端输出的差动放大电路中，已知 $V_{CC} = 12V$，$E_E = 12V, \beta = 50$，$R_C = 10k\Omega$，$R_E = 10k\Omega$，$R_B = 20k\Omega$，$R_P = 100\Omega$，并在输出端接负载电阻 $R_L = 20k\Omega$，试求电路的静态值和差模电压放大倍数。

解 由式（2-38）、式（2-39）、式（2-40）、式（2-43）得

$$I_C \approx \frac{E_E}{2R_E} = \frac{12}{2 \times 10}\text{mA} = 0.6\text{mA}$$

$$I_B \approx \frac{I_C}{\beta} = \frac{0.6}{50}\text{mA} = 0.012\text{mA} = 12\mu\text{A}$$

$$U_{CE} = V_{CC} - I_C R_C = (12 - 10 \times 0.6)\text{V} = 6\text{V}$$

$$r_{be} = \left[300 + (1 + \beta)\frac{26\text{mV}}{I_E}\right]\Omega = \left[300 + 51 \times \frac{26}{0.6}\right]\Omega = 2510\Omega = 2.51\text{k}\Omega$$

$$A_{ud} = -\frac{\beta R'_L}{R_B + r_{be}} = -\frac{50 \times 5}{20 + 2.51} \approx -11.1$$

式中，$R'_L = R_C \; // \; \left(\dfrac{1}{2}R_L\right) = 10 \; // \; 10\text{k}\Omega = 5\text{k}\Omega$。

2. 双端输入—单端输出的差动电路

输出信号从图 2-31 中 V_1 或 V_2 的集电极单端取出，即 R_L 接在 V_1 或 V_2 的集电极与公共地之间，则反相输出端的电压放大倍数

$$A_{\mathrm{ud}} = \frac{u_{\mathrm{o1}}}{u_{\mathrm{i}}} = \frac{u_{\mathrm{o1}}}{u_{\mathrm{i1}} - u_{\mathrm{i2}}} = \frac{u_{\mathrm{o1}}}{2u_{\mathrm{i1}}} = -\frac{1}{2} \times \frac{\beta R_{\mathrm{L}}'}{R_{\mathrm{B}} + r_{\mathrm{be}}} \qquad (2\text{-}46)$$

同相输出端的电压放大倍数

$$A_{\mathrm{ud}} = \frac{u_{\mathrm{o2}}}{u_{\mathrm{i}}} = \frac{u_{\mathrm{o2}}}{u_{\mathrm{i1}} - u_{\mathrm{i2}}} = -\frac{u_{\mathrm{o2}}}{2u_{\mathrm{i2}}} = \frac{1}{2} \times \frac{\beta R_{\mathrm{L}}'}{R_{\mathrm{B}} + r_{\mathrm{be}}} \qquad (2\text{-}47)$$

式中，$R_{\mathrm{L}}' = R_{\mathrm{C}} /\!/ R_{\mathrm{L}}$。可见，差动电路单端输出的电压放大倍数只有双端输出的一半。

由图 2-33 可得 V_1 或 V_2 集电极与 "地" 之间的单端输出电阻为

$$r_{\mathrm{o}} = R_{\mathrm{C}}$$

3. 单端输入的差动放大电路

图 2-34 是单端输入的差动放大电路，它也可以双端输出或单端输出。

当输入电压 $u_{\mathrm{i1}} > 0$，V_1 的集电极电流增大 ΔI_{C1}（正值），流过 R_{E} 的电流也增大，因而发射极电位升高，使 V_2 的基射极电压减小 ΔU_{BE2}，V_2 的集电极电流减小 ΔI_{C2}（负值），即通过 R_{E} 把 V_1 的输入信号耦合到 V_2 的输入回路。因为发射极电位的增量

$$\Delta U_{\mathrm{E}} = R_{\mathrm{E}}(\Delta I_{\mathrm{E1}} + \Delta I_{\mathrm{E2}})$$
$$\approx R_{\mathrm{E}}(\Delta I_{\mathrm{C1}} + \Delta I_{\mathrm{C2}})$$

是一有限值，当 R_{E} 足够大时，$(\Delta I_{\mathrm{C1}} + \Delta I_{\mathrm{C2}}) \approx 0$，对信号来讲，$R_{\mathrm{E}}$ 电路可

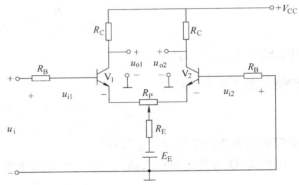

图 2-34　单端输入差动放大电路

认为是开路。由于电路对称，R_{P} 很小可以忽略不计，从图可以得出：

$$u_{\mathrm{i1}} = -u_{\mathrm{i2}} = \frac{1}{2}u_{\mathrm{i}}$$

可见在单端输入的差动放大电路中，只要共模反馈电阻 R_{E} 足够大时，两管所取得的信号就可以认为是一对差模信号。

根据上面的分析，4 种差动放大电路的动态参数比较见表 2-1。

表 2-1　4 种差动放大电路

输入方式	双　　端		单　　端	
输出方式	双端	单端	双端	单端
差模放大倍数 A_{ud}	$-\dfrac{\beta R_{\mathrm{C}}}{R_{\mathrm{B}} + r_{\mathrm{be}}}$	$\pm\dfrac{\beta R_{\mathrm{C}}}{2\,(R_{\mathrm{B}} + r_{\mathrm{be}})}$	$-\dfrac{\beta R_{\mathrm{C}}}{R_{\mathrm{B}} + r_{\mathrm{be}}}$	$\pm\dfrac{\beta R_{\mathrm{C}}}{2\,(R_{\mathrm{B}} + r_{\mathrm{be}})}$
差模输入电阻 r_{i}	$2\,(R_{\mathrm{B}} + r_{\mathrm{be}})$		$2\,(R_{\mathrm{B}} + r_{\mathrm{be}})$	
差模输出电阻 r_{o}	$2R_{\mathrm{C}}$	R_{C}	$2R_{\mathrm{C}}$	R_{C}

四、共模抑制比

对差动放大电路来说，差模信号是有用信号，要求对它有较大的放大倍数；而共模信号是需要抑制的，对它的放大倍数要越小越好。为了衡量差动放大电路对差模信号的放大能力

和对共模信号的抑制能力，引入共模抑制比 K_{CMRR}。其定义为差模放大倍数 A_{ud} 与共模放大倍数 A_{uc} 之比，即

$$K_{\overline{CMRR}} = \frac{A_{ud}}{A_{uc}} \qquad (2\text{-}48)$$

或用对数形式表示：

$$K_{CMR} = 20\lg\frac{A_{ud}}{A_{uc}} \quad (dB)$$

显然，共模抑制比越大，差动放大电路分辨所需要的差模信号的能力越强，而受共模信号的影响越小。

对于双端输出差动放大电路提高共模抑制比的途径是：一方面要使电路参数尽量对称，另一方面尽可能加大共模反馈电阻 R_E；对于单端输出差动放大电路提高共模抑制比的主要手段只能加大共模反馈电阻 R_E。

练习与思考题

2.9.1 差动放大电路在结构上有何特点？

2.9.2 什么是共模信号和差模信号？差动放大电路对这两种输入信号是如何区别对待的？

2.9.3 双端输入—双端输出差动放大电路为什么能抑制零点漂移？

2.9.4 为什么共模抑制电阻 R_E 能提高抑制零点漂移的效果？是不是 R_E 越大越好？为什么 R_E 不影响差模信号的放大效果？

第十节 互补对称功率放大电路

前面讨论的电压放大电路只能输出足够大的电压，而其输出电流一般都很小，不能直接驱动大负载工作。因此，多级放大电路的末级或末前级一般都是功率放大级，以将前置电压放大级送来的信号进行功率放大。

一、对功率放大电路的基本要求

功率放大电路与电压放大电路在工作原理上并无本质区别，只是两者的侧重点不同。电压放大电路的目的是将信号电压进行不失真的放大，晶体管工作在小信号状态。而功率放大电路要求输出的功率大，即要有较高的输出电压和较大的输出电流，晶体管通常工作在大信号状态，同时要求非线性失真尽可能小，效率要高。

效率、失真和输出功率这三者之间互有影响，首先讨论提高效率的问题。在电压放大电路中，静态工作点 Q 通常设置在交流负载线的中点附近，如图2-35a 所示，这种工作状态称为甲类工作状态。在甲类工作状态，不论有无输入信号，电源供给的功率 $P_E = V_{CC}I_C$ 总是不变的。当无信号输入时，电源功率全部消耗在晶体管和电阻上。当有信号输入时，其中一部分转换为有用的输出功率 P_o，信号越大，输出功率也越大。可以证明，在理想的情况下，甲类功率放大电路的最高效率 $\left(\dfrac{P_o}{P_E}\right)$ 也只能达到 50%。

由上述分析可见，静态电流过大是造成甲类功率放大电路效率低的主要原因，如果把静

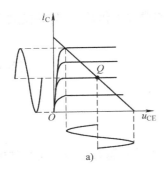 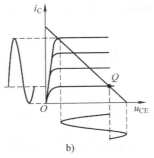 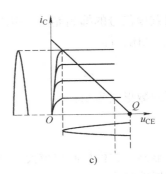

图 2-35　放大电路的工作状态

a) 甲类　b) 甲乙类　c) 乙类

态工作点 Q 沿交流负载线下移，如图 2-35b 所示，这种工作状态称为甲乙类工作状态。若将静态工作点 Q 下移到 $I_C \approx 0$ 处，如图 2-35c 所示，这种工作状态称为乙类工作状态。在甲乙类和乙类工作状态，电源供给的功率应为 $P_E = V_{CC} I_{C(av)}$，其中 $I_{C(av)}$ 为集电极电流 i_C 的平均值。

由图 2-35 可见，当放大电路处于乙类或甲乙类工作状态时，虽然提高了效率，但集电极电流波形发生了严重的失真，这是不能允许的。为此，下面介绍工作于甲乙类或乙类状态的互补对称放大电路。它既能提高效率，又能减小信号波形的失真。

传统的功率放大电路采用输出变压器与负载连接，由于变压器的体积大无法集成，而且高、低频特性均较差，所以互补对称放大电路没有采用输出变压器。互补对称电路通过电容器与负载连接时，称为无输出变压器电路，简称 OTL（Output Transformer Less）电路。如果互补对称电路直接与负载相连，就称为无输出电容电路，简称 OCL（Output Capacitor Less）电路。

二、无输出变压器（OTL）的互补对称放大电路

图 2-36 是无输出变压器（OTL）的互补对称放大电路的原理图，V_1 和 V_2 是两个不同类型的晶体管，两管特性相同。在静态时，调节 R_3，使 A 点的电位为 $\frac{1}{2} V_{CC}$，则输出电容 C_L 两端电压也等于 $\frac{1}{2} V_{CC}$。R_1 和 VD_1、VD_2 正向串联产生合适的直流电压 U_{B1B2}，使 V_1、V_2 工作在甲乙类状态。同时 VD_1、VD_2 与 V_1、V_2 发射结的特性基本相同，具有温度补偿作用。

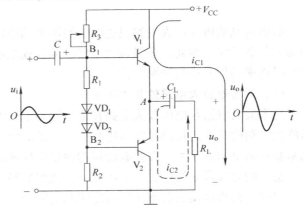

图 2-36　OTL 互补对称放大电路

在输入信号 u_i 的正半周，V_1 导通，V_2 截止，电流 i_{C1} 的通路如图中实线所示，在 R_L 上产生正半周的输出电压 u_o；在 u_i 的负半周，V_1 截止，V_2 导通，电容 C_L 放电，电流 i_{C2} 通路如图中虚线所示，在 R_L 上产生负半周的输出电压 u_o，即在负载 R_L 上得一个交流电压 u_o。

为保证输出电压 u_o 波形对称，即 $i_{C1} = i_{C2}$，必须保持 C_L 上的电压为 $\frac{1}{2} V_{CC}$ 基本不变（充

电、放电过程），因此 C_L 的电容值必须足够大。

此外，由于二极管的动态电阻很小，R_1 的阻值也不大，所以 V_1 和 V_2 的基极交流电位基本上相等，否则将会造成输出波形正、负半周不对称的现象。

由于放大电路静态电流很小，功率损耗也很小，因而提高了效率。可以证明，在理论上效率可达 78.5%。

上述互补对称放大电路要求 NPN 型管和 PNP 型管的特性相同，一般小功率晶体管可以选配，但大功率晶体管的配对就非常困难，因此采用复合管。

在图 2-37 中举出了两种类型的复合管。从图中可以看出，复合管的类型与第一个晶体管（V_1）相同，而与后接晶体管（V_2）无关。并且复合管的电流放大系数近似为两管电流放大系数的乘积，下面以图 2-37a 的复合管为例证明如下：

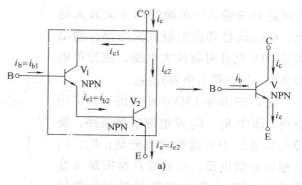

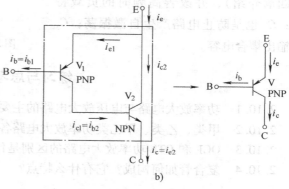

图 2-37　复合管

$$i_c = i_{c1} + i_{c2} = \beta_1 i_{b1} + \beta_2 i_{b2} = \beta_1 i_{b1} + \beta_2 i_{e1}$$
$$= \beta_1 i_{b1} + \beta_2 (1 + \beta_1) i_{b1} = (\beta_1 + \beta_2 + \beta_1 \beta_2) i_{b1}$$
$$\approx \beta_1 \beta_2 i_{b1} \approx \beta i_{b1} = \beta i_b$$

即复合管的电流放大系数 $\beta \approx \beta_1 \beta_2$，近似为两管电流放大系数的乘积。

三、无输出电容（OCL）的互补对称放大电路

在 OTL 互补对称放大电路中，采用大容量的耦合电容器 C_L，因而不能放大低频信号，也不能实现集成化。为此，可采用 OCL 电路，如图 2-38 所示。但 OCL 电路需用正、负电源。

由于 R_1 和 VD_1、VD_2 正向串联产生合适的直流电压 U_{B1B2}，使 V_1、V_2 电路工作于甲乙类状态。由于电路对称，静态时两管的电流相等，负载电阻 R_L 无电流通过，A 点电位为 0V。

在输入电压 u_i 的正半周，晶体管 V_1 导通，V_2 截止，有电流流过负载电阻 R_L；在 u_i 的负半周，V_2 导通，V_1 截止，R_L 上的电流反向，即在负载 R_L 上得一个交流电压 u_o。

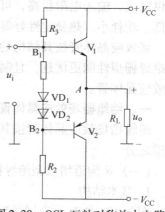

图 2-38　OCL 互补对称放大电路

四、集成功率放大电路

集成功率放大电路在使用时只需外接少许元件，装配维修十分方便，因此在电子产品中获得广泛地应用。集成功率放大电路的种类和型号繁多，今以 LM386 为例作简单介绍。输

入级是双端输入—单端输出差动放大电路；中间级是共发射极放大电路；输出级是 OTL 互补对称放大电路，故为单电源供电。输出耦合电容外接。

图 2-39 是由 LM386 组成的一种应用电路。图中 R_2、C_4 是电源去耦电路，滤掉电源电压中的高频交流分量；R_3、C_3 是相位补偿电路，以消除自激振荡（在第四章介绍），并改善高频时的负载特性；C_2 也是防止电路产生自激振荡；C_5 是输出耦合电容。

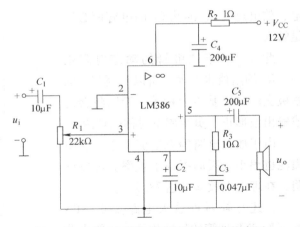

图 2-39　LM386 型集成功率放大电路的应用

练习与思考题

2.10.1　功率放大电路与电压放大电路的主要区别是什么？

2.10.2　甲类、乙类、甲乙类功率放大电路各有何特点？何为交越失真？如何克服？

2.10.3　OCL 和 OTL 功率放大电路的区别是什么？

2.10.4　复合管如何构成？它有什么特点？

第十一节　场效应晶体管及其放大电路

场效应晶体管的外形与普通晶体管相似，但两者的控制特性却截然不同。普通晶体管是电流控制元件，工作时必须从信号源取用一定的电流，输入电阻较低，约 $10^2 \sim 10^4\,\Omega$。场效应晶体管则是电压控制元件，它的输出电流决定于输入端电压的大小，基本上不需要信号源提供电流，输入电阻很高，可达 $10^{14}\,\Omega$，这是它的突出优点。此外，场效应晶体管还具有噪声低、功耗小、热稳定性好等特点，目前已广泛地应用于各种电子电路中。

场效应晶体管按其结构的不同，可分为结型场效应晶体管和绝缘栅型场效应晶体管。由于绝缘栅型性能更优越，且制造工艺简单，便于集成，应用更为广泛。本书只介绍绝缘栅型场效应晶体管。

一、绝缘栅场效应晶体管

绝缘栅场效应晶体管按其工作状态可以分为增强型与耗尽型两类，每类又有 N 沟道和 P 沟道之分。

（一）N 沟道增强型绝缘栅场效应晶体管

1. 基本结构

图 2-40a 是 N 沟道增强型绝缘栅场效应晶体管的结构示意图。在一块杂质浓度较低的 P 型硅片上扩散两个相距很近的高掺杂 N^+ 型区，并在硅片表面生成一层薄薄的二氧化硅绝缘层。再从两个 N^+ 型区之间的二氧化硅的表面及两个 N^+ 型区的表面分别引出三个电极，分别称为栅极 G、源极 S、漏极 D。栅极和其他电极之间是绝缘的，故称为绝缘栅场效应晶体管，或称为金属—氧化物—半导体场效应晶体管，简称 MOS（Metal Oxide Semiconductor）

管。由于栅极是绝缘的，栅极电流几乎为零，所以输入电阻（栅源电阻）R_{GS}很高。

图 2-40b 是 N 沟道增强型绝缘栅场效应晶体管的图形符号。箭头方向表示电流由漏极 D 流向源极 S 的实际方向。

2. 工作原理

当栅、源极间电压 $U_{GS} = 0$ 时，因漏极、源极之间是两个背靠背的 PN 结，不管漏极、源极间所加电压 U_{DS} 的极性如何，总有一个 PN 结是反向偏置而处于截止状态，漏极电流 $I_D \approx 0$。

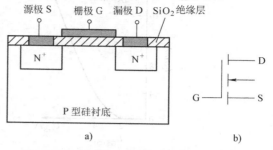

图 2-40　N 沟道增强型绝缘栅场效应晶体管

a) 结构示意图　b) 图形符号

如果在栅极、源极间加正向电压 U_{GS}，由于二氧化硅绝缘层很薄，在 U_{GS} 的作用下，便产生一个很强的垂直于衬底表面的电场，在 P 型衬底和二氧化硅绝缘层的界面，感应出电子层。U_{GS} 较小时，感应出的电子数量不多，这些少量的电子将被衬底中的空穴所复合。当栅、源极间电压 U_{GS} 增大到某一数值时，产生的强电场将感应出更多的电子，除部分电子与 P 型硅衬底中的空穴复合外，剩余的电子便堆积在 P 型衬底的表面，形成一个 N 型层，如图 2-41 所示，通常称之为反型层。它就是沟通源区和漏区的 N 型导电沟道。这时在漏、源极间加一正向电压，便会出现漏极电流 I_D，如图 2-42 所示。通常把在一定的漏、源极间电压 U_{DS} 作用下，使场效应晶体管由不导通转为导通的临界栅、源极间电压称为开启电压，用 $U_{GS(th)}$ 表示。改变 U_{GS} 的大小，就可以改变 N 型层的厚度，从而有效地控制漏极电流 I_D 的大小。由于这种场效应晶体管必须依靠外加电压才能形成导电沟道，故称为增强型。

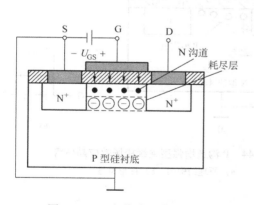

图 2-41　N 沟道增强型场效应
晶体管导电沟道的形成

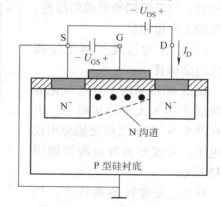

图 2-42　N 沟道增强型场效应
晶体管的导通

3. 特性曲线

（1）转移特性曲线　在 U_{DS} 为常数时，漏极电流 I_D 与栅、源极间电压 U_{GS} 之间的关系 $I_D = f(U_{GS})$ 的曲线，称为转移特性曲线。N 沟道增强型绝缘栅场效应晶体管的转移特性如图 2-43a 所示。当 $U_{GS} < U_{GS(th)}$ 时，$I_D = 0$；当 $U_{GS} \geqslant U_{GS(th)}$ 时，有 I_D 产生，且 U_{GS} 增大时，I_D 也增大。

（2）输出特性曲线　在 U_{GS} 为常数时，漏极电流 I_D 与漏源电压 U_{DS} 之间的关系 $I_D =$

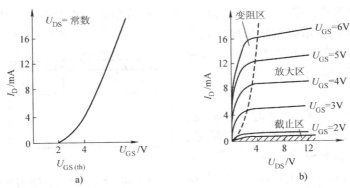

图2-43 N沟道增强型绝缘栅场效应晶体管的特性曲线

a）转移特性 b）输出特性曲线

$f(U_{DS})$的曲线，称为输出特性曲线。N沟道增强型绝缘栅场效应晶体管的输出特性曲线如图2-43b所示。输出特性曲线有三个工作区：变阻区、放大区和截止区。放大区的特点是：I_D几乎不随U_{DS}的增大而变化，但在一定的U_{DS}下，I_D随U_{GS}增加而增大，呈现恒流特性。变阻区的特点是U_{DS}较小，对导电沟道影响不大，在U_{GS}一定时，导电沟道电阻一定，故I_D与U_{DS}近似线性关系。改变U_{GS}的值，可以改变沟道电阻大小，故称为可变电阻区。截止区在$U_{GS} < U_{GS(th)}$时，漏、源极间无导电沟道，此时$I_D = 0$，MOS管截止。

图2-44是P沟道增强型绝缘栅场效应晶体管的原理结构图和图形符号。它的工作原理与N沟道相似，只是要调换电源的极性，电流的方向也相反。

（二）N沟道耗尽型绝缘栅场效应晶体管

制造MOS管时，在二氧化硅绝缘层中掺入大量的正离子，因而在两个N^+型区之间便感应出较多电子，形成原始导电沟道如图2-45所示。

在U_{DS}为常数的条件下，当$U_{GS} = 0$时，漏、源极间已可导通，流过的是原始导电沟道的漏极电流I_{DSS}。当$U_{GS} > 0$时，在N沟道内感应出更多的电子，使沟道变宽，所以I_D随U_{GS}的增大而增大。当$U_{GS} < 0$，即加反向电压时，在沟道内感应出一些正电荷与电子复合，使沟道变窄，I_D减小；U_{GS}负值愈高，沟道愈窄，I_D也就愈

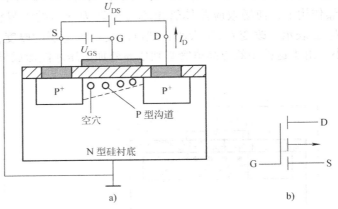

图2-44 P沟道增强型绝缘栅场效应晶体管

a）原理结构图 b）图形符号

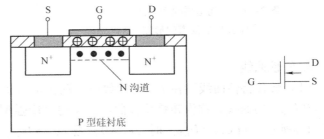

图2-45 N沟道耗尽型绝缘栅场效应晶体管的
结构及其图形符号

小。当 U_{GS} 达到某一定负值时，导电沟道内的载流子（电子）因复合而耗尽，沟道被夹断，$I_D \approx 0$，这时的 U_{GS} 称为夹断电压用 $U_{GS(off)}$ 表示。图 2-46 是 N 沟道耗尽型管的转移特性曲线和输出特性曲线。可见，耗尽型绝缘栅场效应晶体管不论栅源电压 U_{GS} 是正是负或是零，都有控制漏极电流 I_D 的作用，但通常工作在负栅、源电压状态。

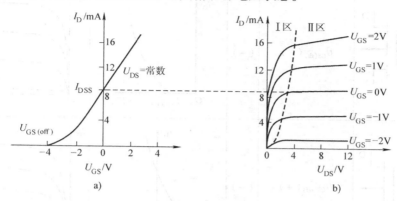

图 2-46　N 沟道耗尽型管的特性曲线

a）转移特性曲线　b）输出特性曲线

实验表明，在 $U_{GS(off)} \leqslant U_{GS} \leqslant 0$ 的范围内，耗尽型场效应晶体管的转移特性可近似用下式表示：

$$I_D = I_{DSS}\left(1 - \frac{U_{GS}}{U_{GS(off)}}\right)^2 \tag{2-49}$$

实际上，P 沟道绝缘栅场效应晶体管也有增强型和耗尽型之分。为了便于学习和比较，表 2-2 中列出了 4 种绝缘栅场效应晶体管的图形符号、工作电压和特性曲线。

表 2-2　绝缘栅场效应晶体管的特性比较

结构种类	工作方式	符号	电压极性		转移特性 $I_D = f(U_{GS})\vert_{U_{DS}=常数}$	输出特性 $I_D = f(U_{DS})\vert_{U_{CS}=常数}$	型号举例
			$U_{GS(th)}$ 或 $U_{GS(off)}$	U_{DS}			
N 型沟道	增强型		$U_{GS(th)}$（+）	（+）		+6V +5V +4V +3V $U_{GS}=U_{GS(th)}$	3D06
	耗尽型		$U_{GS(off)}$（−）	（+）		+3V +2V +1V 0 $U_{GS}=U_{GS(off)}$	3D01 ~ 3D04

（续）

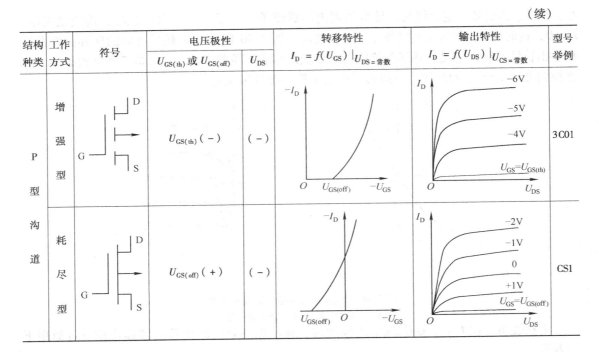

结构种类	工作方式	符号	电压极性		转移特性 $I_D = f(U_{GS})\big|_{U_{DS}=常数}$	输出特性 $I_D = f(U_{DS})\big|_{U_{CS}=常数}$	型号举例
			$U_{GS(th)}$ 或 $U_{GS(off)}$	U_{DS}			
P型沟道	增强型		$U_{GS(th)}$ (-)	(-)			3C01
	耗尽型		$U_{GS(off)}$ (+)	(-)			CS1

（三）主要参数

绝缘栅场效应晶体管常用的参数见附录 B，其中主要参数有下面几个：

1. 跨导 g_m

g_m 是指 U_{DS} 为某一固定值时，栅、源极电压对漏极电流的控制能力的参数，定义为

$$g_m = \frac{\Delta I_D}{\Delta U_{GS}}\bigg|_{U_{DS}=常数} \tag{2-50}$$

g_m 的单位为 mA/V。从转移特性曲线上看，跨导就是工作点处切线的斜率。

2. 直流输入电阻 R_{GS}

栅源电压与栅极电流的比值称为直流输入电阻。其值一般大于 $10^9 \Omega$。

3. 漏极饱和电流 I_{DSS}

当栅源电压 $U_{GS} = 0$，漏、源极间加上规定电压值时，所产生的漏极电流称为漏极饱和电流。此参数只对耗尽型 MOS 管才有意义。

4. 漏极最大耗散功率 P_{DM}

P_{DM} 是漏极耗散功率 $P_D = U_{DS}I_D$ 的最大允许值，是从发热角度对场效应晶体管提出的限制条件。

场效应晶体管与晶体管的导电原理不同。晶体管中电子和空穴两种载流子参与导电。在场效应晶体管中，只有一种载流子参与导电，NMOS 管是电子，PMOS 管是空穴。因此又将晶体管称作双极型晶体管，场效应晶体管称为单极型晶体管。

由于绝缘栅场效应晶体管的输入电阻很高，因静电感应等原因，在栅极上积存的电荷很难泄放掉，容易造成栅极电压升高将绝缘层击穿。因此任何时候都不能将栅极悬空，存放时应将各电极短接在一起；在电路中应有固定电阻或稳压管并联，以保证有一定的直流通道；焊接时电烙铁的外壳必须可靠接地。

*二、场效应晶体管放大电路

与双极型晶体管比较，场效应晶体管的源极、漏极、栅极相当于它的发射极、集电极、基极。两者的放大电路也类似，场效应晶体管也有共源极放大电路和源极输出器等；场效应晶体管放大电路也必须设置合适的工作点。场效应晶体管放大电路常用的偏置形式有分压偏置式和自给偏压式两种。

（一）静态分析

1. 分压偏置共源极放大电路

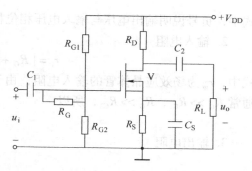

图 2-47 分压偏置电路

分压偏置共源极放大电路如图 2-47 所示。图中 R_G 为提高电路的输入电阻而设置，由于栅极电流为零，所以栅极电位为

$$V_G = \frac{R_{G2}}{R_{G1} + R_{G2}} V_{DD}$$

则栅、源极间电压

$$U_{GS} = V_G - V_S = \frac{R_{G2}}{R_{G1} + R_{G2}} V_{DD} - I_D R_S \qquad (2-51)$$

对 N 沟道耗尽型场效应晶体管，通常工作在 $U_{GS} < 0$ 的区域，即加负偏压；对 N 沟道增强型场效应晶体管，应使 $U_{GS} > U_{GS(th)}$，必须加正偏压。

2. 自给偏压共源极放大电路

自给偏压共源极放大电路如图 2-48 所示。静态时栅极电流为零，R_G 上的压降值等于 0。则栅、源极间电压

$$U_{GS} = V_G - V_S = -I_D R_S \qquad (2-52)$$

由于栅、源极间电压是由场效应晶体管自身电流 I_D 产生的，故称自给偏压。它只适用于耗尽型场效应晶体管组成的放大电路。

（二）动态分析

图 2-49 是图 2-47 所示分压偏置共源极放大电路的交流通路，设输入信号为正弦量。

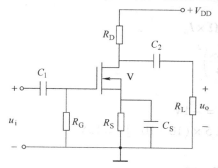

图 2-48 自给偏压偏置电路

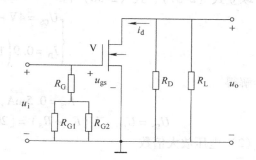

图 2-49 图 2-47 电路的交流通路

1. 电压放大倍数

由图 2-49 得出

$$\dot{U}_o = -\dot{I}_d R'_L = -g_m \dot{U}_{gs} R'_L$$

式中，$R_L' = R_D // R_L$。

$$\dot{U}_i = \dot{U}_{gs}$$

则电压放大倍数

$$A_u = \frac{\dot{U}_o}{\dot{U}_i} = -g_m R_L' \qquad (2-53)$$

式中，负号说明输出电压与输入电压相位相反。

2. 输入电阻

$$r_i = [R_G + (R_{G1} // R_{G2})] // r_{gs} \qquad (2-54)$$

式中，r_{gs} 为场效应晶体管的输入电阻，由于场效应晶体管栅、源极间近似开路，r_{gs} 非常大；通常 $R_G \gg R_{G1}$，$R_G \gg R_{G2}$，所以

$$r_i \approx R_G \qquad (2-55)$$

3. 输出电阻

$$r_o = R_D \qquad (2-56)$$

例 2-10 在图 2-47 所示放大电路中，已知 $V_{DD} = 20V$，$R_D = 10k\Omega$，$R_{G1} = 200k\Omega$，$R_{G2} = 51k\Omega$，$R_G = 1M\Omega$，$R_S = 10k\Omega$，在输出端接一负载电阻 $R_L = 10k\Omega$。场效应晶体管为 N 沟道耗尽型，其参数 $I_{DSS} = 0.9mA$，$U_{GS(off)} = -4V$，$g_m = 1.5mA/V$。试求静态工作点及电压放大倍数。

解 （1）静态工作点

$$V_G = \frac{R_{G2}}{R_{G1} + R_{G2}} V_{DD} = \frac{51}{200 + 51} \times 20V = 4V$$

$$U_{GS} = V_G - I_D R_S = 4V - 10k\Omega \times I_D \qquad (2-57)$$

在 $U_{GS(off)} \leqslant U_{GS} \leqslant 0$ 的范围内，耗尽型场效应晶体管的转移特性可近似用下式表示：

$$I_D = I_{DSS} \left(1 - \frac{U_{GS}}{U_{GS(off)}}\right)^2 mA \qquad (2-58)$$

联立式（2-57）、式（2-58）得

$$\begin{cases} U_{GS} = 4V - 10k\Omega \times I_D \\ I_D = 0.9 \left(1 + \dfrac{U_{GS}}{4}\right)^2 \end{cases}$$

解得

$$I_{DS} = 0.5mA, \ U_{GS} = -1V$$

$$U_{DS} = U_{DD} - I_D(R_D + R_S) = [20 - 0.5 \times (10 + 10)]V = 10V$$

（2）电压放大倍数

$$A_u = -g_m R_L' = -1.5 \times \frac{10 \times 10}{10 + 10} = -7.5$$

* 三、扩音机前置放大电路

1. 放大电路介绍

图 2-50 所示的是扩音机使用的扬声器的前置放大电路，由两级放大电路构成。V_1 为共源极放大器，R_1 为外接驻极体扬声器提供直流偏置。扬声器音频信号经 C_1 隔直耦合进入 V_1

栅极，C_{14} 为高频干扰滤波电容。音频信号经过放大后从 V_1 漏极输出，经 C_3 隔直耦合到 V_2、V_3 构成的差分放大电路再放大后经 C_4 隔直耦合输出，经过电位器 RP 进行音量调节后送给后级电路。C_{16} 为 V_3 基极提供交流信号通路，R_8、C_5 和 R_3、C_2 构成 RC 电源滤波电路，其截止频率 $f_C = \dfrac{1}{2\pi RC} = 15.92\text{Hz}$，能够有效滤除电源中混入的其他干扰频率，特别是市电工频 50Hz 干扰，减少了电源噪声。

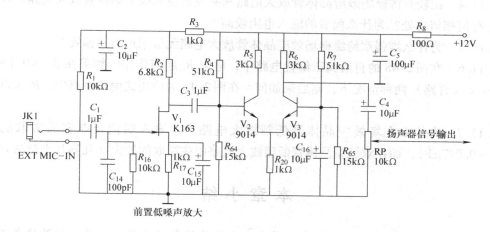

图 2-50　扩音机前置放大器

2. 放大电路参数计算

（1）差分放大器输入电阻　R_4、R_{64} 和 R_7、R_{65} 构成分压式直流偏置电路，V_2、V_3 晶体管静态工作点估算如下：

$$\text{基极电位 } V_B = \frac{R_{64}}{R_{64} + R_4} V_{CC} \approx 2.7\text{V}$$

$$\text{发射极电位 } V_E = V_B - 0.7\text{V} = 2\text{V}$$

$$\text{发射极电流 } I_E = \frac{1}{2} I_{R20} = 1\text{mA}$$

如图 2-50 所示，已知 9014 晶体管的直流电流放大倍数 $\beta = 300$，小信号下则

$$r_{be} = 300\Omega + (1 + \beta)\frac{26\text{mV}}{I_E} = 8.13\text{k}\Omega$$

差分放大器输入电阻

$$r_{id} = 2r_{be} = 16.28\text{k}\Omega$$

（2）场效应晶体管放大电路的放大倍数（已知 K163 的 $g_m = 2.5\text{mS}$）

$$A_{u1} = -g_m\,(R_2 /\!/ R_{id}) = -11.32$$

（3）差分放大电路的放大倍数

$$A_{u2} = \frac{\beta(R_6 /\!/ R_{RP})}{2r_{be}} = \frac{300\dfrac{3 \times 10}{3 + 10}}{16.26} = 42.58$$

（4）扩音机前置放大器的最大电压放大倍数（当电位器 RP 的滑动端在最上端时）

$$A_u = A_{u1}A_{u2} = -482$$

练习与思考题

2.11.1　场效应晶体管和双极型晶体管比较有何特点？

2.11.2　说明场效应晶体管的夹断电压 $U_{GS(off)}$ 和开启电压 $U_{GS(th)}$ 的意义。

2.11.3　绝缘栅场效应晶体管的栅极为什么不能开路？

2.11.4　比较共源极场效应晶体管放大电路和共发射极双极型晶体管放大电路，在电路结构上有何相似之处？为什么前者的输入电阻较高？

2.11.5　为什么增强型绝缘栅场效应晶体管放大电路无法采用自给偏置？

2.11.6　在图2-48的自给偏压偏置电路中，电阻 R_G 起何作用？如果在 $R_G = 0$（短路）和 $R_G = \infty$（开路）两种情况下，则后果如何？在图2-47的分压式偏置电路中，R_G 又起何作用？

2.11.7　为什么在场效应晶体管低频放大电路中，输入端耦合电容通常取的较小（$0.01 \sim 0.047\mu F$），而在双极型晶体管低频放大电路中往往取的较大（几到几十微法）？

本 章 小 结

1. 放大电路必须设置合适的静态工作点，以使晶体管工作在放大区。如果静态工作点设置过高或过低，将有可能引起输出信号发生饱和失真或截止失真。

2. 放大电路的分析包括静态和动态两个方面。静态分析通常采用直流通路估算法计算静态值（I_B、I_C、U_{CE}）；动态分析通常采用微变等效电路法计算动态指标（电压放大倍数 A_u、输入电阻 r_i 和输出电阻 r_o）。

放大电路分析的图解法可以形象地、直观地看出电路参数对静态工作点的影响以及非线性失真与静态工作点的关系。但无法用图解法确定某些动态指标，如输入电阻、输出电阻，对于较复杂的放大电路、反馈放大电路也无法用图解法分析。

3. 放大电路静态工作点不稳定的主要原因是温度变化，引入直流负反馈具有稳定放大电路静态工作点的作用。

4. 共射极放大电路的特点是电压放大倍数大、输入电阻小、输出电阻大。射极输出器的特点是输入电阻大、输出电阻小、电压放大倍数小于等于1。

5. 多级放大电路，阻容耦合方式各级静态工作点互不影响，但它只能放大交流信号，不能放大直流信号与缓慢变化的信号；直接耦合方式既能放大直流信号，也能放大交流信号，但存在各级静态工作点互相影响、零漂等问题。

6. 尽管负反馈使放大电路放大倍数减小，但它可以改善放大电路的性能，如：稳定放大倍数，展宽通频带，改善非线性失真，改变输入电阻和输出电阻的值。

7. 差动放大电路能有效地抑制零点漂移。射极电阻 R_E 对共模信号的负反馈使每个管子本身的零漂减小，提高共模抑制比。

8. 互补对称放大电路既能提高效率，又能减小信号波形的失真，为了克服交越失真，应使晶体管工作在甲乙类状态。

习 题 二

2-1 分析图 2-51 所示各电路有无电压放大作用,并说明原因?

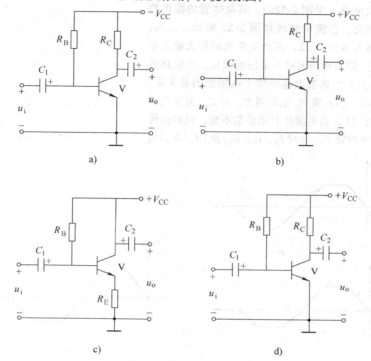

a) b)

c) d)

图 2-51 习题 2-1 的图

2-2 晶体管放大电路如图 2-52a 所示,已知 $V_{CC}=12V$, $R_C=3k\Omega$, $R_B=240k\Omega$, $\beta=40$。(1)试用直流通路估算各静态值 I_B、I_C、U_{CE};(2)晶体管的输出特性曲线如图 2-52b 所示,试用图解法作出放大电路的静态工作点;(3)在静态时 C_1、C_2 上的电压各为多少?并标出极性。

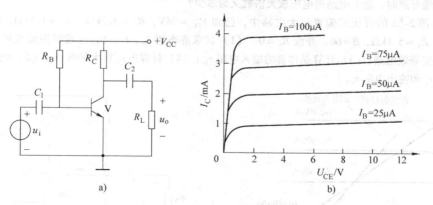

a) b)

图 2-52 习题 2-2 的图

2-3 在上题中,如改变 R_B,使 $U_{CE}=3V$,试用直流通路求 R_B 的大小;如改变 R_B,使 $I_C=1.5mA$,R_B 等于多少?并分别用图解法作出静态工作点。

2-4 图 2-53 是集电极—基极偏置放大电路。设 $V_{CC}=20V$, $R_C=10k\Omega$, $R_B=330k\Omega$, $\beta=50$。试求其静态值 I_B、I_C、U_{CE}。

2-5　放大电路如图 2-54a 所示，其输出电压的波形如图 2-55 所示，试分析各输出波形属于何种类型的失真？各应采取怎样的措施才能减小失真？

2-6　有一放大电路（见图 2-52a），其晶体管的输出特性以及放大电路的交、直流负载线如图 2-55 所示。试问：（1）R_B、R_C、R_L 各为多少？（2）不产生失真的最大输入电压 U_{iM} 为多少？（3）若不断加大输入电压的幅值，该电路首先出现何种性质的失真？调节电路中哪个电阻能消除失真，将阻值调大还是调小？（4）将 R_L 电阻调大，对交、直流负载线会产生什么影响？（5）若电路中其他参数不变，只将晶体管换一个 β 值小一半的管子，这时 I_B、I_C、U_{CE} 及 $|A_u|$ 将如何

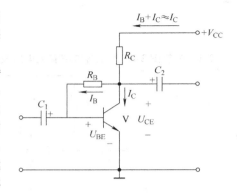

图 2-53　习题 2-4 的图

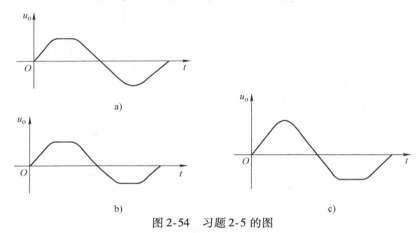

a)

b)

c)

图 2-54　习题 2-5 的图

变化？

2-7　放大电路见图 2-52a，已知 $V_{CC}=12V$，$R_C=3k\Omega$，$R_B=240k\Omega$，$R_L=3k\Omega$，$r_{be}=0.86k\Omega$，$\beta=40$。（1）试画出放大电路的微变等效电路图；（2）计算出放大电路的电压放大倍数、输入电阻、输出电阻；（3）当输出端开路时，放大电路的电压放大倍数又为多少？

2-8　在图 2-56 的分压式偏置放大电路中，已知 $V_{CC}=24V$，$R_C=3.3k\Omega$，$R_E=1.5k\Omega$，$R_{B1}=33k\Omega$，$R_{B2}=10k\Omega$，$R_L=5.1k\Omega$，$\beta=66$，并设 $R_S=0$。（1）试求静态值 I_B、I_C、U_{CE}（建议用戴维南定理计算）；（2）画出微变等效电路；（3）计算晶体管的输入电阻 r_{be}；（4）计算电压放大倍数 A_u；（5）估算放大电路的输入电阻 r_i 和输出电阻 r_o。

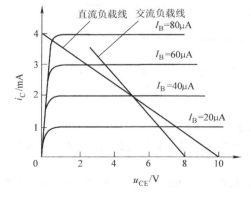

图 2-55　习题 2-6 的图

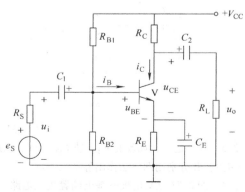

图 2-56　习题 2-8 的图

2-9 在上题中，设 $R_S = 1\text{k}\Omega$，试计算电压放大倍数 $A_u = \dfrac{\dot{U}_o}{\dot{U}_i}$ 和 $A_{uS} = \dfrac{\dot{U}_o}{\dot{E}_S}$，并说明信号源内阻 R_S 对电压放大倍数的影响。

2-10 在图 2-57 放电电路中，已知 $R_{B1} = 120\text{k}\Omega$，$R_{B2} = 39\text{k}\Omega$，$V_{CC} = 12\text{V}$，$\beta = 60$，$R'_E = 2\text{k}\Omega$，$R''_E = 100\Omega$，$R_C = 3.9\text{k}\Omega$，$R_L = 1\text{k}\Omega$。（1）画微变等效电路图；（2）计算 A_u、r_i、r_o。

2-11 在图 2-58 中，$V_{CC} = 12\text{V}$，$R_C = 2\text{k}\Omega$，$R_E = 2\text{k}\Omega$，$R_B = 300\text{k}\Omega$，$\beta = 50$，电路有两个输出端。试求：（1）电压放大倍数 $A_{u1} = \dfrac{\dot{U}_{o1}}{\dot{U}_i}$ 和 $A_{u2} = \dfrac{\dot{U}_{o2}}{\dot{U}_i}$；（2）输出电阻 r_{o1} 和 r_{o2}

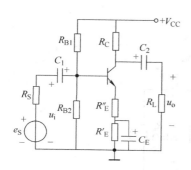

图 2-57 习题 2-10 的图

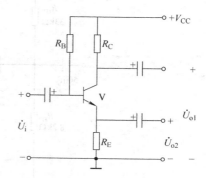

图 2-58 习题 2-11 的图

2-12 如图 2-59 所示的射极输出器中，已知 $R_S = 50\Omega$，$R_{B1} = 100\text{k}\Omega$，$R_{B2} = 30\text{k}\Omega$，$R_E = 1\text{k}\Omega$，$\beta = 50$，$r_{be} = 1\text{k}\Omega$。试求 A_u、r_i、r_o。

2-13 两级阻容耦合放大电路如图 2-60 所示，已知 $R_{B1} = 100\text{k}\Omega$，$R_{B2} = 30\text{k}\Omega$，$R_{C1} = 15\text{k}\Omega$，$R_{E1} = 5.6\text{k}\Omega$，$R_{B3} = 39\text{k}\Omega$，$R_{B4} = 7.5\text{k}\Omega$，$R_{C2} = 6\text{k}\Omega$，$R_{E2} = 2\text{k}\Omega$，$R_L = 3\text{k}\Omega$，$\beta_1 = 100$，$\beta_2 = 60$，$r_{be1} = r_{be2} = 1\text{k}\Omega$。（1）求放大电路的电压放大倍数 A_u、输入电阻 r_i 和输出电阻 r_o；（2）设 $R_S = 1\text{k}\Omega$，$U_S = 10\mu\text{V}$，试求放大电路的电压 U_o。

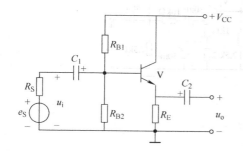

图 2-59 习题 2-12 的图

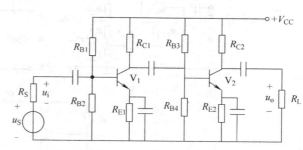

图 2-60 习题 2-13 的图

2-14 放大电路如图 2-61 所示，已知 $\beta_1 = 40$，$\beta_2 = 50$，$r_{be1} = 1.7\text{k}\Omega$，$r_{be2} = 1.1\text{k}\Omega$，$R_{B1} = 56\text{k}\Omega$，$R_{B2} = 20\text{k}\Omega$，$R_{B3} = 10\text{k}\Omega$，$R_C = 3\text{k}\Omega$，$R_{E1} = 5.6\text{k}\Omega$，$R_{E2} = 1.5\text{k}\Omega$。求放大电路的电压放大倍数 A_u、输入电阻 r_i 和输出电阻 r_o。

2-15 放大电路及各元件的参数如图 2-62 所示，设 $\beta_1 = \beta_2 = 40$，$r_{be1} = 1.37\text{k}\Omega$，$r_{be2} = 0.89\text{k}\Omega$，试求电压放大倍数 A_u、输入电阻 r_i 和输出电阻 r_o。

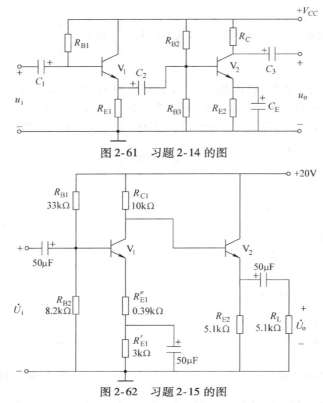

图 2-61 习题 2-14 的图

图 2-62 习题 2-15 的图

2-16 图 2-53 是集电极—基极偏置放大电路。试说明其稳定静态工作点的物理过程。

2-17 试分析图 2-63 各放大电路中引入级间反馈的支路，并判别反馈的类型；分析各放大电路中引入本级反馈的元件，并判别反馈的类型。

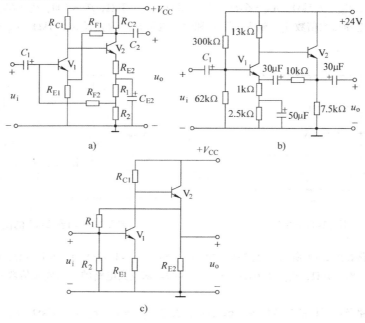

图 2-63 习题 2-17 的图

2-18　为了实现下述要求，在图2-64中应引入何种类型的负反馈，反馈电阻 R_F 应从何处引出从何处接入？（1）减小输入电阻，增大输出电阻；（2）稳定输出电压，此时输入电阻增大否？（3）稳定输出电流，并减小输入电阻。

2-19　有一负反馈放大电路，已知 $A = 300$，$F = 0.01$。试问：（1）闭环电压放大倍数 A_f 为多少？（2）如果 A 发生 $\pm 20\%$ 的变化，则 A_f 的相对变化为多少？

2-20　在典型差动放大电器中，已知 $u_{i1} = 8\text{mV}$，$u_{i2} = 10\text{mV}$，试求电路的差模输入信号 u_{id} 及共模输入信号 u_{ic}。

2-21　在例2-9中，（1）当 $R_E = 5\text{k}\Omega$ 时，估算静态值；（2）当 $E_E = 6\text{V}$ 时，估算静态值；（3）当 $V_{CC} = 9\text{V}$ 时，估算静态值。并说明电路的静态值与 R_E、E_E 和 V_{CC} 的关系。

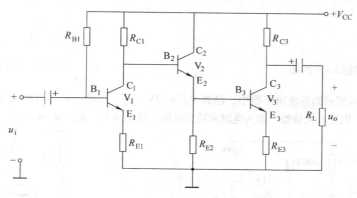

图 2-64　习题 2-18 的图

2-22　在图2-65所示的差动放大电器中，已知 $V_{CC} = V_{EE} = 12\text{V}$，$R_C = R_E = 4\text{k}\Omega$，$\beta = 50$，$r_{be1} = 1.6\text{k}\Omega$，$V_{BE} = 0.7\text{V}$。求（1）静态工作点；（2）$u_i = 10\text{mV}$，输出端不接负载时，求放大电路的电压 u_o。（3）$u_i = 10\text{mV}$，当输出端接负载 $R_L = 8\text{k}\Omega$ 时，求放大电路的电压 u_o。

2-23　在图2-31的差动放大电路中，$u_{i1} = u_{i2} = u_{ie}$ 是共模输入信号。试证明两管集电极中任一个对"地"的共模输出电压与共模输入电压之比，即单端输出共模电压放大倍数

$$A_{uc} = \frac{u_{oc1}}{u_{ic}} = \frac{u_{oc2}}{u_{ic}} = -\frac{\beta R_C}{R_B + r_{be} + 2(1+\beta)R_E} \approx -\frac{R_C}{2R_E}$$

R_P 较小可忽略不计，并在一般情况下，$R_B + r_{be} \ll 2(1+\beta)R_E$。

2-24　在图2-66所示的是单端输入—双端输出差动放大电路，已知 $\beta = 50$，$U_{BE} = 0.7\text{V}$。试计算电压放大倍数 $A_{ud} = u_o/u_i$。

2-25　图2-67是什么电路？V_4 和 V_5 是如何连接的，起什么作用？在静态时，$V_A = 0$，这时 V_3 的集电极电位 U_{C3} 应调到多少？设各管的发射结电压为0.7V。

2-26　试证明图2-37b复合管电流放大系数近似为两管电流放大系数的乘积。

2-27　电路如图2-68所示，场效应晶体管的输入电阻 $r_{gs} = 10\text{k}\Omega$，$g_m = 2\text{mA/V}$，试计算放大电路的电压放大倍数 A_u、输入电阻 r_i 和输出电阻 r_o。

2-28　在图2-69所示的场效应晶体管放大电路中，已知 $R_L = 30\text{k}\Omega$，$R_{G1} = 2\text{M}\Omega$，$R_{G2} = 47\text{k}\Omega$，$R_G = 10\text{M}\Omega$，$R_D = 30\text{k}\Omega$，$R_S = 2\text{k}\Omega$，$U_{DD} = 18\text{V}$，$C_1 = C_2 = 0.01\mu\text{F}$，$C_S = 10\mu\text{F}$，管子为3D01。试计算：（1）静态值 I_D 和 U_{DS}；（2）电压放大倍数 A_u、输入电阻 r_i 和输出电阻 r_o；（3）如将旁路电容 C_S 除去，计算 A_{uf}。设静态值 $U_{GS} = -0.2\text{V}$，$g_m = 1.2\text{mA/V}$；$r_{ds} \gg R_D$。

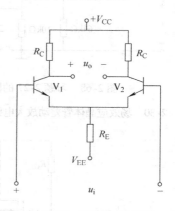

图 2-65　习题 2-22 的图

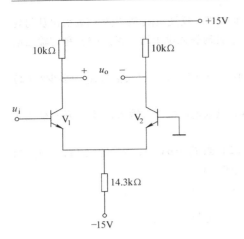

图 2-66 习题 2-24 的图

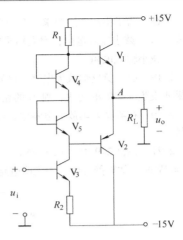

图 2-67 习题 2-25 的图

2-29 在图 2-70 所示的源极输出器中，已知 $V_{DD} = 12V$，$R_S = 12k\Omega$，$R_{G1} = 1M\Omega$，$R_{G2} = 500k\Omega$，$R_G = 1M\Omega$。试求静态值、电压放大倍数、输入电阻和输出电阻。设 $V_S \approx V_G$，$g_m = 0.9mA/V$。

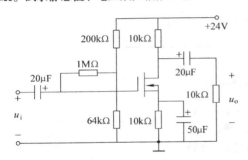

图 2-68 习题 2-27 的图

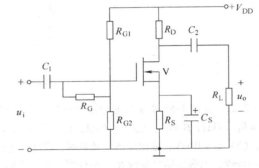

图 2-69 习题 2-28 的图

2-30 场效应晶体管差动放大电路如图 2-71 所示，已知 $g_m = 1.5mA/V$，求电压放大倍数 $A_u = u_o/u_i$。

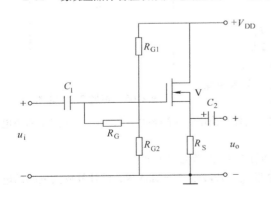

图 2-70 习题 2-29 的图

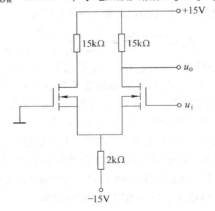

图 2-71 习题 2-30 的图

第三章　集成运算放大器

集成电路是 20 世纪 60 年代发展起来的一种新型电子器件。它把整个电路中的元器件制作在一块半导体芯片上，构成特定功能的电子电路，称为集成电路。与分立元件电路相比，集成电路具有密度高，引线短，外部焊点少，可靠性高等优点。集成电路按其功能分，有数字集成电路和模拟集成电路。模拟集成电路种类很多，有运算放大器、功率放大器、模数和数模转换器、稳压电源等。其中集成运算放大器是通用性最强，应用最为广泛的一种。本章重点介绍集成运算放大器在信号运算、信号处理、信号放大等方面的应用。

第一节　集成运算放大器简介

一、集成运算放大器电路特点

集成运算放大器通常由输入级、中间级、输出级和偏置电路 4 个部分组成。输入级采用差动放大电路，以提高输入电阻，减小零点漂移和抑制干扰信号。中间级主要进行电压放大，一般由共发射极放大电路构成，集电极电阻常采用晶体管恒流源代替，以提高电压放大倍数。输出级采用互补对称功率放大电路或射极输出器，以便输出足够大的电流和功率，并降低输出电阻，提高带负载能力。偏置电路一般是由恒流源电路组成，为以上三部分电路提供稳定和合适的静态工作点。

由于制造工艺限制，必须使用电感元件、电容值大于 200pF 的电容、高阻值直流电阻的场合，通常采用外接。

二、集成运算放大器的符号、引脚

集成运放的实际符号如图 3-1a 所示。框中等腰三角形的方向为信号传输的方向，A_{u0} 为运放的差模电压放大倍数，它有两个输入端，标"－"号为反相输入端，当信号由此端与地之间输入时，输出信号与输入信号相位相反。标"＋"号为同相输入端，当信号由此端与地之间输入时，输出信号与输入信号相位相同。

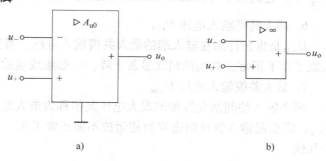

图 3-1　集成运放的实际符号

"地"端子可以是实际的运放接地端子，也可能是电源的公共端，在不造成概念混淆的情况下，地端子可以省略，简化符号如图 3-1b 所示，理想运算放大器 $A_{u0} \rightarrow \infty$。

图 3-2a 是 F741 的外引线排列图，引脚都是按从顶面看逆时针方向排列的。2 是反相输入端；3 是同相输入端；6 是输出端；7 是正电源端；4 是负电源端；1、5、4 是外接调零电位器的端子，如图 3-2b 所示，通过调整电位器，补偿运放内部差动输入级的不对称性，实现输入为零时输出亦为零；8 是空端子。

三、集成运算放大器的主要参数

1. 开环差模电压放大倍数 A_{u0}

A_{u0} 是指集成运放在没有外接反馈电路时的差模电压放大倍数，也称开环电压增益。由于集成运放的 A_{u0} 非常大，所以常用 dB（分贝）表示，即

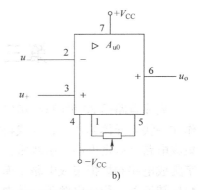

$$A_{u0} = 20\lg \frac{U_o}{U_i} \qquad (3\text{-}1)$$

A_{u0} 一般在 80 ~ 140dB，即 $10^4 ~ 10^7$。

图 3-2　集成运放 F741 外形图

2. 最大输出电压 U_{OPP}

U_{OPP} 是指集成运放在额定电源电压和额定负载下，不出现明显非线性失真的最大输出电压峰值。它与集成运放的电源电压有关。

3. 输入失调电压 U_{IO}

当输入电压为零（即把两输入端同时接地）时输出电压应为零，但由于元件参数的不对称性等原因，输出并不为零，这一输出电压折合到输入的值称为输入失调电压。也可以反过来说，如果要使输出电压为零，必须在输入端加一个很小的补偿电压，它就是输入失调电压，一般为几毫伏，理想集成运放的 U_{IO} 为零。

4. 输入失调电流 I_{IO}

指输入信号为零时，流入集成运放两输入端静态基极电流之差，一般在零点零几微安级，I_{IO} 越小越好。

5. 输入偏置电流 I_{IB}

输入信号为零时，两个输入端静态基极电流的平均值，称为输入偏置电流，即 $I_{IB} = \frac{I_{B1} + I_{B2}}{2}$。它的大小与集成运放的输入电阻有关，这个电流越小越好，一般在零点几微安级。

6. 最大共模输入电压 U_{ICM}

U_{ICM} 是指允许加在输入端的最大共模输入电压。当实际的共模信号大于 U_{ICM} 时，将使输入级工作不正常，共模抑制比显著下降。一般集成运放的 U_{ICM} 为几伏至二十几伏。

7. 最大差模输入电压 U_{IDM}

两个输入端间所允许加的最大电压差值称为最大差模输入电压。如果差模输入信号超过 U_{IDM}，将引起输入管反向击穿而使运放不能正常工作。目前运放的 U_{IDM} 可以达到十几伏至三十几伏。

8. 共模抑制比 K_{CMR}

主要取决于输入级差动电路的共模抑制比，通常用 dB（分贝）表示。一般为 80dB 以上，理想运放的 $K_{CMR} \to \infty$。

集成运放还有其他参数，使用时可查阅有关手册。

四、理想运算放大器及其分析依据

1. 理想运算放大器的概念

在分析运算放大器时，一般可将它看成是一个理想运算放大器。理想化的条件主要是：开环差模电压放大倍数无穷大，即 $A_{u0} \to \infty$。

差模输入电阻无穷大，即 $r_{id} \to \infty$。

开环输出电阻为零，即 $r_o = 0$。

共模抑制比 K_{CMR} 无穷大，即 $K_{CMR} \to \infty$。

目前实际运算放大器都很接近理想运放，因此在分析运放电路时将它视为理想运放。

2. 运算放大器传输特性与基本工作方式

运算放大器的传输特性是其输出电压与输入电压之间关系的特性曲线，如图 3-3 所示。运算放大器可工作在线性区，也可工作在饱和区，但分析方法不一样。

当运算放大器工作在线性区时，输出电压与输入电压之间的关系为

$$u_o = A_{u0}(u_+ - u_-) \tag{3-2}$$

由于运算放大器的开环差模电压放大倍数 A_{u0} 很大，所以运算放大器开环工作时的线性区很窄，即输入信号很小（毫伏级以下），就可以使输出电压饱和。另外，由于干扰，使其工作难以稳定。为了扩大线性工作区，必须引入深度负反馈。

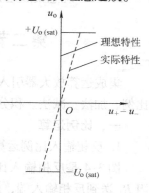

图 3-3 运算放大器
的传输特性

运算放大器工作在线性区时，有两条分析依据：

1）由于 $A_{u0} \to \infty$，而输出电压是一个有限的数值，依式（3-2）可得

$$u_+ - u_- = \frac{u_o}{A_{u0}} \approx 0$$

即

$$u_+ \approx u_- \tag{3-3}$$

式（3-3）表明，同相输入端和反相输入端电位相等，两个输入端之间相当于短路，但不是真正的短路，所以称为"虚短"。

2）由于 $r_{id} \to \infty$，且 $u_+ - u_- \approx 0$，故可认为两输入端的输入电流为零，即 $i_+ = i_- \approx 0$，该支路相当于断路，但不是真正的断开，所以常称之为"虚断"。

运算放大器工作在饱和区时，输出电压 u_o 只有两个饱和值 $+U_{o(sat)}$ 或 $-U_{o(sat)}$，$U_{o(sat)}$ 是运算放大器所能输出的最大值，约比电源电压低 2V。这时式（3-2）不能满足，u_+ 与 u_- 通常不相等。当 $u_+ > u_-$ 时，$u_o = +U_{o(sat)}$；当 $u_+ < u_-$ 时，$u_o = -U_{o(sat)}$。

例 3-1 F741 运算放大器的正、负电源电压为 ±15V，开环差模电压放大倍数 $A_{u0} = 2 \times 10^5$，输出饱和电压 $\pm U_{o(sat)} = \pm 13V$。现在图 3-2b 中分别加下列输入电压，求输出电压及其极性：（1）$u_+ = 15\mu V$，$u_- = -10\mu V$；（2）$u_+ = -5\mu V$，$u_- = 10\mu V$；（3）$u_+ = 0V$，$u_- = 5mV$；（4）$u_+ = 5mV$，$u_- = 0V$。

解 由式（3-2）得

$$u_+ - u_- = \frac{u_o}{A_{u0}} = \frac{\pm 13}{2 \times 10^5}V = \pm 65\mu V$$

可见，只要两个输入端之间的电压绝对值超过 $65\mu V$，输出电压就达到正或负的饱和值。

（1）$u_o = 2 \times 10^5 \times (15 + 10) \times 10^{-6}V = 5V$

（2）$u_o = 2 \times 10^5 \times (-5 - 10) \times 10^{-6}V = -3V$

（3）$u_o = -13V$

（4）$u_o = 13V$

练习与思考题

3.1.1　集成运算放大器理想化的条件是什么？

3.1.2　理想集成运算放大器工作在线性区与饱和区各有何特点？分析方法有何不同？

第二节　集成运算放大器在运算方面的应用

集成运算放大器引入适当的反馈，可以使输出和输入之间具有某种特定的函数关系，如比例、加法、减法、积分、微分、对数与反对数、乘除等运算。

一、比例运算

1. 反相输入比例运算电路

图 3-4 是反相输入比例运算电路。输入信号 u_i 经外接电阻 R_1 送到反相输入端，反馈电阻 R_F 接在输出端和反相输入端之间，构成并联电压负反馈，使集成运放工作在线性区。同相端接平衡电阻 $R_2 = R_1 /\!/ R_F$，使同相端与反相端外接电阻相等，以保证运放输入级处于平衡对称的工作状态，从而减小零点漂移和抑制干扰信号。

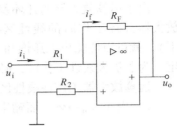

图 3-4　反相输入比例运算电路

图 3-4 运算放大器工作在线性区，则有 $u_+ \approx u_- = 0$，$i_+ = i_- \approx 0$，得出

$$i_i = i_f$$

又因为

$$i_i = \frac{u_i - u_-}{R_1} = \frac{u_i}{R_1}$$

$$i_f = \frac{u_- - u_o}{R_F} = -\frac{u_o}{R_F}$$

所以

$$\frac{u_i}{R_1} = -\frac{u_o}{R_F}$$

由此得出

$$u_o = -\frac{R_F}{R_1} u_i \tag{3-4}$$

则闭环电压放大倍数为

$$A_{uf} = \frac{u_o}{u_i} = -\frac{R_F}{R_1} \tag{3-5}$$

式（3-5）表明，输出电压与输入电压成比例运算关系，式中负号表示 u_o 与 u_i 反相。

当 $R_1 = R_F$ 时，则 $u_o = -u_i$，输出电压与输入电压大小相等，相位相反，称之为反相器。

例 3-2　电路如图 3-5 所示，试分别计算开关 S 断开和闭合时的电压放大倍数 A_{uf}。

解　（1）当 S 断开时

$$A_{uf} = -\frac{10}{1+1} = -5$$

（2）当 S 闭合时，因 $u_+ \approx u_- = 0$，故两个 $1k\Omega$ 电阻可看作并联关系。于是得

$$i_i = \frac{u_i}{\left[1 + \frac{1}{2}\right]k\Omega} = \frac{2u_i}{3k\Omega}$$

$$i_i' = \frac{1}{2}i_i = \frac{u_i}{3k\Omega}$$

$$i_f = \frac{u_- - u_o}{10k\Omega} = -\frac{u_o}{10k\Omega}$$

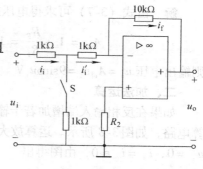

图 3-5　例 3-2 电路

因 $i_1' = i_f$，故

$$\frac{u_i}{3} = -\frac{u_o}{10}$$

$$A_{uf} = \frac{u_o}{u_i} = -\frac{10}{3} = -3.3$$

2. 同相输入比例运算电路

图 3-6 是同相输入比例运算电路。输入信号 u_i 经外接电阻 R_2 送到同相输入端，反馈电阻 R_F 接在输出端和反相输入端之间，构成串联电压负反馈，使运放工作在线性区，则 $u_+ \approx u_- = u_i$；$i_i = i_f$，由图得出

$$i_i = \frac{0 - u_-}{R_1} = -\frac{u_i}{R_1}$$

$$i_f = \frac{u_- - u_o}{R_F} = \frac{u_i - u_o}{R_F}$$

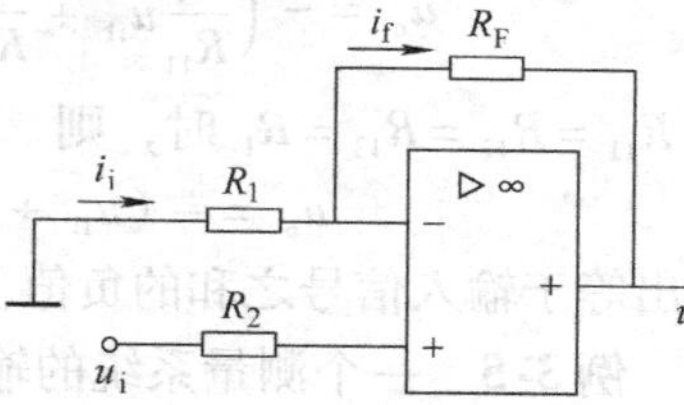

由此得出

$$u_o = \left(1 + \frac{R_F}{R_1}\right)u_i = \left(1 + \frac{R_F}{R_1}\right)u_+ \qquad (3-6)$$

图 3-6　同相比例运算电路

则闭环电压放大倍数为

$$A_{uf} = \frac{u_o}{u_i} = 1 + \frac{R_F}{R_1} \qquad (3-7)$$

可见 u_o 与 u_i 之间的关系为同相比例运算关系，A_{uf} 为正值，且总是大于或等于 1。

当 $R_F = 0$ 或 $R_1 \to \infty$ （断开）时，$u_o = u_i$，输出电压与输入电压大小相等，相位相同，称之为电压跟随器。

例 3-3　试计算图 3-7 中 u_o 的大小。

解　因为 $i_+ = i_- \approx 0$，得出 $u_+ \approx u_- = u_o = \frac{1}{2} \times 15V = 7.5V$

u_o 只与电源电压和分压电阻有关，而与负载电阻大小和运放的参数无关，因此 u_o 的精度和稳定性很高。

例 3-4　如图 3-6 所示电路，已知 $R_F = 100k\Omega$，$R_1 = 50k\Omega$，输入电压 $u_i = 3\sin\omega t$ V，求电压放大倍数和输出电压 u_o。

解　由式（3-7）可求得电压放大倍数

$$A_{uf} = 1 + \frac{R_F}{R_1} = 1 + \frac{100}{50} = 3$$

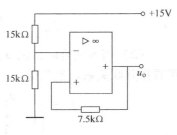

图 3-7　例 3-3 的图

则输出电压 $u_o = A_{uf}u_i = 9\sin\omega t$ V

二、加法运算

如果在反相输入端增加若干输入电路，则构成反相加法运算电路，如图 3-8 所示。运算放大器工作在线性区，则有 $u_+ \approx u_- = 0$，$i_+ = i_- \approx 0$，由图得出

$$i_{i1} = \frac{u_{i1}}{R_{11}}$$

$$i_{i2} = \frac{u_{i2}}{R_{12}}$$

$$i_{i3} = \frac{u_{i3}}{R_{13}}$$

$$i_f = i_{i1} + i_{i2} + i_{i3}$$

$$i_f = -\frac{u_o}{R_F}$$

由此得出

$$u_o = -\left(\frac{R_F}{R_{11}}u_{i1} + \frac{R_F}{R_{12}}u_{i2} + \frac{R_F}{R_{13}}u_{i3}\right) \qquad (3-8)$$

当 $R_{11} = R_{12} = R_{13} = R_F$ 时，则

$$u_o = -(u_{i1} + u_{i2} + u_{i3}) \qquad (3-9)$$

输出等于输入信号之和的负值。

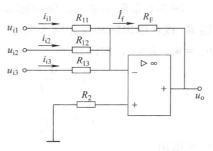

图 3-8　反相加法运算电路

例 3-5　一个测量系统的输出电压和某些输入信号的关系为 $u_o = -(4u_{i1} + 2u_{i2} + 0.5u_{i3})$，试选择图 3-8 中各输入电路的电阻和平衡电阻 R_2。设 $R_F = 100\text{k}\Omega$。

解　由式（3-8）可得

$$R_{11} = \frac{R_F}{4} = \frac{100 \times 10^3}{4}\Omega = 25 \times 10^3\Omega = 25\text{k}\Omega$$

$$R_{12} = \frac{R_F}{2} = \frac{100 \times 10^3}{2}\Omega = 50 \times 10^3\Omega = 50\text{k}\Omega$$

$$R_{13} = \frac{R_F}{0.5} = \frac{100 \times 10^3}{0.5}\Omega = 200 \times 10^3\Omega = 200\text{k}\Omega$$

$$R_2 = R_{11} /\!/ R_{12} /\!/ R_{13} /\!/ R_F \approx 13.3\text{k}\Omega$$

三、减法运算

如果两个输入端都有信号输入，则为差动输入，如图 3-9 所示。由叠加原理可以得到输出电压与输入电压的关系。

u_{i1} 单独作用时，为反相输入比例运算

$$u_{o1} = -\frac{R_F}{R_1}u_{i1}$$

u_{i2} 单独作用时，为同相输入比例运算

$$u_{o2} = \left(1 + \frac{R_F}{R_1}\right)u_+ = \left(1 + \frac{R_F}{R_1}\right)\frac{R_3}{R_2 + R_3}u_{i2}$$

u_{i1}、u_{i2} 共同作用时

$$u_o = \left(1 + \frac{R_F}{R_1}\right)u_+ - \frac{R_F}{R_1}u_{i1} = \left(1 + \frac{R_F}{R_1}\right)\frac{R_3}{R_2 + R_3}u_{i2} - \frac{R_F}{R_1}u_{i1} \tag{3-10}$$

当 $R_1 = R_2$ 和 $R_3 = R_F$ 时，则

$$u_o = \frac{R_F}{R_1}(u_{i2} - u_{i1}) \tag{3-11}$$

当 $R_1 = R_2 = R_3 = R_F$ 时，则得

$$u_o = u_{i2} - u_{i1} \tag{3-12}$$

输出电压等于两个输入电压之差，即进行减法运算。

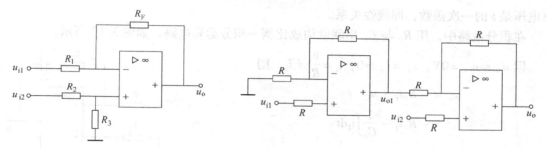

图 3-9　差动减法运算电路　　　　　图 3-10　例 3-6 的电路

例 3-6　在图 3-10 电路中，已知 $u_{i1} = 2\text{V}$，$u_{i2} = 1\text{V}$，求输出电压 u_o。

解　根据式（3-6）和式（3-10）可写出

$$u_{o1} = \left(1 + \frac{R}{R}\right)u_{i1} = 2u_{i1}$$

$$u_o = \left(1 + \frac{R}{R}\right)u_{i2} - \frac{R}{R}u_{o1} = 2u_{i2} - 2u_{i1} = 2(u_{i2} - u_{i1}) = -2\text{V}$$

四、积分运算

与反相比例运算电路比较，用 C_F 代替 R_F 作为反馈元件，就成为积分运算电路，如图 3-11 所示。

因 $u_+ \approx u_- = 0\text{V}$，$i_+ = i_- \approx 0$，故

$$i_i = \frac{u_i}{R_1} = i_f = -C_F\frac{du_o}{dt}$$

则

$$u_o = -u_C = -\frac{1}{C_F}\int i_f dt = -\frac{1}{R_1 C_F}\int u_i dt \tag{3-13}$$

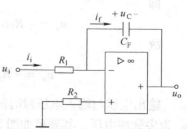

图 3-11　积分运算电路

输出电压与输入电压对时间的积分成比例。若 u_i 为阶跃电压 U 时，如图 3-12a 所示，则

$$u_o = -\frac{U}{R_1 C_F}t \tag{3-14}$$

输出电压与时间 t 成比例，波形如图3-12b所示，最后达到负饱和值 $-U_{o(sat)}$。

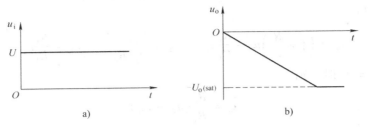

a)　　　　　　　　　　　　b)

图3-12　积分电路的阶跃响应

集成运算放大器组成的积分电路，由于充电电流 $\left(i_f = i_1 = \dfrac{u_i}{R_1}\right)$ 基本上是恒定的，所以输出电压是 t 的一次函数，即线性关系。

在积分电路中，用 R_F 与 C_F 串联就构成比例—积分运算电路，如图3-13所示。

因 $u_+ \approx u_- = 0V$，$i_+ = i_- \approx 0$，$i_i = \dfrac{u_i}{R_1} = i_f$，则

$$u_o = -R_F i_f - u_C$$

$$= -R_F i_f - \frac{1}{C_F}\int i_f dt$$

$$= -\left(\frac{R_F}{R_1}u_i + \frac{1}{R_1 C_F}\int u_i dt\right) \tag{3-15}$$

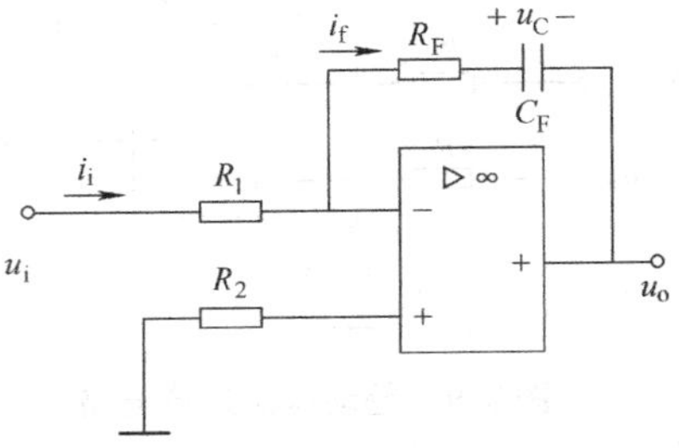

输出电压是输入电压的比例运算与积分运算之和，该电路也称为比例—积分调节器（简称 PI 调节器），在控制系统中广泛应用。

图3-13　比例—积分运算电路

五、微分运算

微分运算是积分运算的逆运算，只需将反相输入端的电阻和反馈电容调换位置，就成为微分运算电路，如图3-14所示。

因 $u_+ \approx u_- = 0V$，$i_+ = i_- \approx 0$，则

$$i_i = C_1 \frac{du_i}{dt} = i_f = -\frac{u_o}{R_F}$$

即

$$u_o = -R_F i_f = -R_F i_i$$

故

$$u_o = -R_F C_1 \frac{du_i}{dt} \tag{3-16}$$

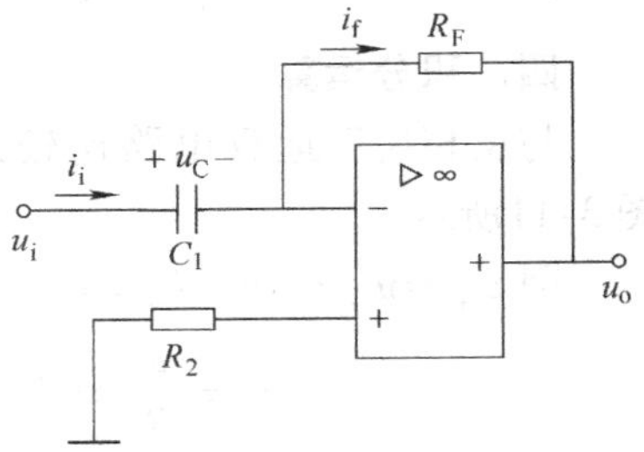

图3-14　微分运算电路

输出电压与输入电压对时间的一次微分成正比。当 u_i 为阶跃电压时，如图3-15a所示，u_o 为尖脉冲电压，其波形如图3-15b所示。

由于微分运算电路工作时稳定性不高，实际很少应用。

*六、对数运算

利用晶体管 PN 结的指数型伏安特性，可以实现对数运算，电路如图3-16所示。晶体

管 V 接在电路反馈环中，其基极接地，输入信号由反相输入端加入，因 $u_+ \approx$ $u_- = 0V$，晶体管C、B间存在虚短，所以晶体管相当于只使用发射结，因此也可用二极管代替晶体管。

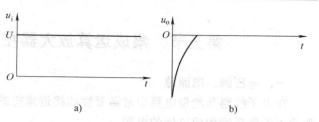

图 3-15 微分电路的阶跃响应

若满足 $u_{CB} \geqslant 0$（接近零），$u_{BE} > 0$，则在一个相当宽的范围内，集电极电流 i_C 与 u_{BE} 间具有较为精确的对数关系，即

$$i_C \approx I_{SR}\left[\exp\frac{u_{BE}}{U_T}\right]$$

$$i_C = i_i = \frac{u_i}{R_1}$$

$$u_o = -u_{BE}$$

联立上述各式解得

$$u_o = -U_T\ln\left(\frac{u_i}{I_{SR}R_1}\right) \tag{3-17}$$

式中，U_T 为温度电压当量，在室温 27℃ 时，$U_T = 26mV$；I_{SR} 为晶体管发射结反向饱和电流。

式（3-17）表明，电路输出电压 u_o 与输入电压 u_i 的对数呈线性关系。必须注意，只有当 $u_i > 0$ 时，图 3-16所示电路才能正常工作。

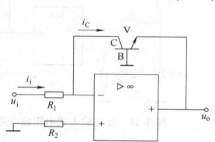

图 3-16 对数运算电路

*七、指数运算

对数运算与指数运算互为逆运算，把对数运算电路中的 R_1 和晶体管互换位置就构成了指数运算电路，如图 3-17 所示。

利用晶体管 i_C 与 u_{BE} 的关系，可得

$$u_o = -i_t R_F = -I_{SR}R_F\exp\left(\frac{u_i}{U_T}\right) \tag{3-18}$$

输出电压与输入电压成指数关系。必须注意，只有当 $u_i > 0$ 时，图 3-17 所示指数运算电路才能正常工作。

对数、指数运算电路与加法、减法等电路相结合，可以实现乘、除、开方等运算。

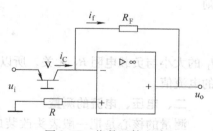

图 3-17 指数运算电路

练习与思考题

3.2.1 什么是"虚地"？在什么情况下存在"虚地"概念？

3.2.2 试分析反相比例运算电路、同相比例运算电路的反馈类型。

3.2.3 在图 3-11 的积分运算电路和图 3-14 的微分运算电路中，若输入电压是一周期性正、负交变的矩形波电压，试分别画出输出电压的波形。

第三节　集成运算放大器在测量技术中的应用

一、电压源、电流源

在电子线路和测量电路中常需要性能接近理想的电压源和电流源，可以利用运算放大器和适当的负反馈构成这样的电源。

图 3-18 为反相输入式电压源电路图。输出电压 U_o 为

$$U_o = -\frac{R_F}{R_1}U_Z \qquad (3\text{-}19)$$

由于该电路为并联电压负反馈放大电路，其输出电阻很小，输出电压可以认为是恒压源。改变反馈电阻 R_F 的大小，可以改变输出电压 U_o 的大小。

图 3-19 为同相式电流源电路图。反馈电阻 R_F 构成电流负反馈。

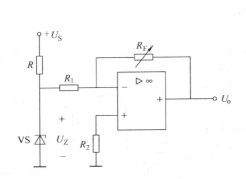

图 3-18　反相输入式电压源电路图

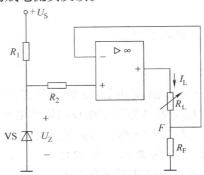

图 3-19　同相式电流源电路图

由图 3-19 可列出

$$U_+ = U_Z = U_- = U_F = I_L R_F$$

则

$$I_L = \frac{U_Z}{R_F} \qquad (3\text{-}20)$$

I_L 的大小与负载电阻 R_L 无关，所以该电路构成电流源电路，改变 R_F 的大小可以改变电流源的电流值。

二、电压、电流的测量

测量的核心是把一般表头改装成一块灵敏度较高，输入电阻又较大的毫伏表。图 3-20 是一直流毫伏表的典型电路图。由图可见，这是同相式电流源电路，即

$$I_P = \frac{U_X}{R_F}$$

式中，I_P 为流过表头的电流；U_X 为被测直流电压，如果表头是一块 $100\mu A$ 的直流微安表，反馈电阻 R_F 取 10Ω，则可测量的满偏电压 $U_X = I_P R_F = 1mV$。

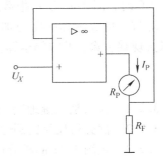

图 3-20　直流毫伏表的典型电路图

由于输出采用电流负反馈，所以满偏电压不受表头内阻 R_P 的影响，只要是 $100\mu A$ 的表头，不论内阻大小，换用后电压量程不变。这种毫伏表能测量 $1mV$ 左右电压的高灵敏度，并具有高输入电阻、高稳定性能等优点是一般电工仪表达不到的。

以上述直流毫伏表为基础，加上分压器或分流器就可以构成多量程的直流电压表或电流表。如果将表头改接到一个桥式整流电路中，就可以测量交流电压和交流电流。

*三、测量放大器

在工业测量和控制中，通常是用传感器将一些物理量如温度、压力、流量等转换为电信号（电压或电流），这些电信号一般是很微弱的，需要进行放大和处理。

由于传感器所处的工作环境都比较恶劣，经常受到较强的干扰，干扰信号和传感器输出的电信号叠加在一起。此外，传感器输出的电信号往往需要远距离传输，在电缆的屏蔽层上也会接收到一些干扰信号，如图 3-21 所示。这些干扰信号对后面连接的放大器，一般构成共模信号输入。由于它们相对于有用的

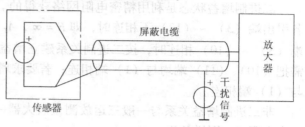

图 3-21　测量信号的传输

电信号往往比较强大，一般的放大器对它们不能有效地抑制，只有采用专用的测量放大器（或称仪用放大器）才能有效地消除这些干扰信号的影响。

典型的测量放大器由三个集成运算放大器构成，电路如图 3-22 所示。输入级是两个完全对称的同相放大器，因而具有很高的输入电阻，输出级为差动放大器，由于通常选取 $R_3 = R_4 = R_5 = R_6$，故具有跟随特性，且输出电阻很小。u_i 为有效的输入信号，u_C 为共模信号，即前述干扰信号。

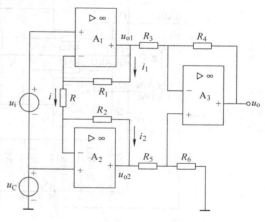

A_1、A_2、A_3 可视为理想运算放大器，故

$$u_{1-} = u_{1+} = u_i + u_C$$

$$u_{2-} = u_{2+} = u_C$$

$$i = \frac{u_{1-} - u_{2-}}{R} = \frac{u_i}{R}$$

$$i_1 = i_2 = i$$

图 3-22　测量放大器

$$u_{o1} = i_1 R_1 + u_{1-} = \frac{R_1}{R} u_i + u_i + u_C$$

$$u_{o2} = -i_2 R_2 + u_{2-} = -\frac{R_2}{R} u_i + u_C$$

由差动放大电路得到测量放大器的输出电压

$$u_o = -\frac{R_4}{R_3} u_{o1} + \left(1 + \frac{R_4}{R_3}\right)\frac{R_6}{R_5 + R_6} u_{o2} \qquad (3-21)$$

严格匹配电阻，使 $R_3 = R_4 = R_5 = R_6$，则

$$u_{\text{o}} = -u_{\text{o1}} + u_{\text{o2}}$$

将 u_{o1}、u_{o2} 代入整理得

$$u_{\text{o}} = -\left(1 + \frac{R_1 + R_2}{R}\right)u_{\text{i}} \tag{3-22}$$

与共模信号 u_{C} 无关，这表明图 3-22 所示测量放大器具有很强的共模抑制能力。

常用的集成测量放大器如美国 Analog Devices 公司生产的 AD612、AD624。其内部电路结构如图 3-23 所示。用户可很方便地连接这些网络的引脚，获得 1～1024 倍二进制关系的增益，并有两种增益状态：一种是二进制；一种是非二进制。

二进制增益状态是利用精密电阻网络获得的。当 A_1 的反相端（1）和精密电阻网络的各引出端（3）～（12）不相连时，即 $R = \infty$，$A_f = 1$；当（1）端分别和精密电阻网络引出端（3）～（10）相连时，按二进制关系建立增益，其范围为 $2^1 \sim 2^8$；当要求增益为 2^9 时，需把（10）、（11）端均与（1）端相连；若要求增益为 2^{10}，需把（10）、（11）、（12）端均与（1）端相连。

非二进制增益关系与一般三运放测量放大器一样，只要在（1）端和（2）端之间外接一个电阻 R，则增益为

$$A_{\text{f}} = 1 + \frac{80\text{k}\Omega}{R} \tag{3-23}$$

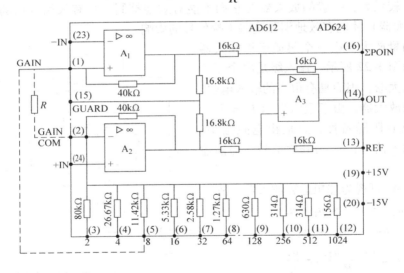

图 3-23　AD612、AD624 测量放大器内部电路

* 四、电流电压转换

电流电压转换器通常应用在放大电路与传感器的连接处。

1. 电流 – 电压转换

电流 – 电压转换电路如图 3-24 所示，输入信号为电流源电流 i_{S}，输出信号为电压 u_{o}，可得

$$u_{\text{o}} = -i_{\text{S}}R_{\text{f}} \tag{3-24}$$

输出电压 u_{o} 与输入电流 i_{S} 成比例，实现电流电压转换。

2. 电压－电流转换

电压－电流转换电路如图 3-25 所示，输入信号为电压 u_I，输出信号为电流 i_O。可得

$$i_\mathrm{O} = \frac{u_\mathrm{I}}{R} \tag{3-25}$$

负载上的电流 i_O 与输入电压 u_I 成比例，实现电压电流转换。

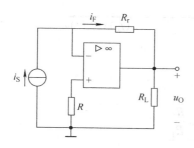

图 3-24　电流－电压转换电路

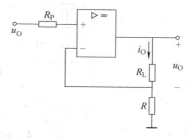

图 3-25　电压－电流转换电路

练习与思考题

3.3.1　试分析图 3-19 电路的反馈类型。

3.3.2　图 3-22 所示，由三个集成运算放大器构成的测量放大器主要作用是什么？

3.3.3　电流电压转换的用途是什么？

第四节　集成运算放大器在信号处理方面的应用

在信号处理方面常见的有信号滤波、信号采样保持及信号比较等，下面作简单介绍。

＊ 一、有源滤波器

所谓滤波器，就是一种选频电路。它让一定频段的信号通过（衰减很小），而抑制其余频段的信号（衰减很大）。滤波器通常分为低通、高通、带通及带阻等。只由 RC 电路组成的滤波器称为无源滤波器，而由 RC 电路和运算放大器组成的滤波器称为有源滤波器。有源滤波器具有体积小、效率高、频率特性好等优点，因而得到广泛应用。

1. 有源低通滤波器

图 3-26a 是有源低通滤波器的电路，RC 电路接到运算放大器的同相输入端。由 RC 电路得出

$$\dot{U}_+ = \dot{U}_\mathrm{C} = \frac{\dfrac{1}{\mathrm{j}\omega C}}{R + \dfrac{1}{\mathrm{j}\omega C}} \dot{U}_\mathrm{i} = \frac{\dot{U}_\mathrm{i}}{1 + \mathrm{j}\omega RC}$$

同相比例运算电路的输出

$$\dot{U}_\mathrm{o} = \left(1 + \frac{R_\mathrm{F}}{R_1}\right)\dot{U}_+$$

则

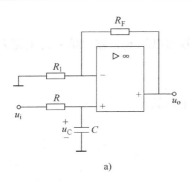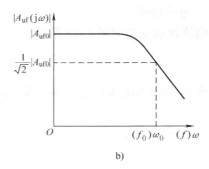

a) b)

图 3-26　有源低通滤波器

a) 电路　b) 幅频特性

$$A_{uf} = \frac{\dot{U}_o}{\dot{U}_i} = \frac{1 + \dfrac{R_F}{R_1}}{1 + j\omega RC} = \frac{1 + \dfrac{R_F}{R_1}}{1 + j\dfrac{\omega}{\omega_0}}$$

式中，$\omega_0 = \dfrac{1}{RC}$称为截止角频率。若以频率 ω 为变量，上式为

$$A_{uf}(j\omega) = \frac{\dot{U}_o(j\omega)}{\dot{U}_i(j\omega)} = \frac{1 + \dfrac{R_F}{R_1}}{1 + j\dfrac{\omega}{\omega_0}} = \frac{A_{uf0}}{1 + j\dfrac{\omega}{\omega_0}} \tag{3-26}$$

式中，$A_{uf0} = 1 + \dfrac{R_F}{R_1}$为通频带放大倍数，其幅频函数为

$$\left| A_{uf}(j\omega) \right| = \frac{\left| A_{uf0} \right|}{\sqrt{1 + \left(\dfrac{\omega}{\omega_0}\right)^2}} \tag{3-27}$$

相频函数为

$$\varphi(\omega) = -\arctan\frac{\omega}{\omega_0} \tag{3-28}$$

当 $\omega = 0$ 时，$\left| A_{uf}(j\omega) \right| = \left| A_{uf0} \right|$；

当 $\omega = \omega_0$ 时，$\left| A_{uf}(j\omega) \right| = \dfrac{\left| A_{uf0} \right|}{\sqrt{2}}$；

当 $\omega = \infty$ 时，$\left| A_{uf}(j\omega) \right| = 0$。

有源低通滤波器的幅频特性如图 3-26b 所示。表明频率在 $0 \sim f_0$ 段的信号可以通过，而频率大于 f_0 的信号被阻止。为了使 $f > f_0$ 时信号衰减得快些，通常将两阶 RC 电路串接起来，如图 3-27a 所示，称之为二阶有源低通滤波器。其幅频特性如图 3-27b 所示。

2. 有源高通滤波器

将图 3-26a 中的有源低通滤波器 R 和 C 对调，则成为有源高通滤波器，如图 3-28a 所示。

由电路图得出

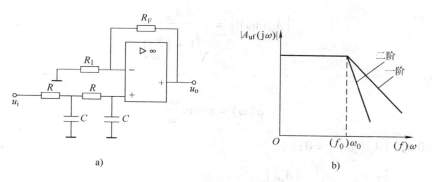

图 3-27　二阶有源低通滤波器
a）电路　b）幅频特性

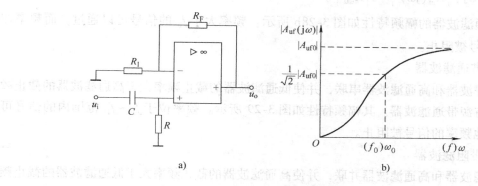

图 3-28　有源高通滤波器
a）电路　b）幅频特性

$$\dot{U}_+ = \frac{R}{R + \dfrac{1}{j\omega C}} \dot{U}_i = \frac{\dot{U}_i}{1 + \dfrac{1}{j\omega RC}}$$

$$\dot{U}_o = \left(1 + \frac{R_F}{R_1}\right)\dot{U}_+$$

则
$$A_{uf} = \frac{\dot{U}_o}{\dot{U}_i} = \frac{1 + \dfrac{R_F}{R_1}}{1 + \dfrac{1}{j\omega RC}} = \frac{1 + \dfrac{R_F}{R_1}}{1 - j\dfrac{\omega_0}{\omega}}$$

式中，$\omega_0 = \dfrac{1}{RC}$ 称为截止角频率，若以频率 ω 为变量，上式为

$$A_{uf}(j\omega) = \frac{\dot{U}_o(j\omega)}{\dot{U}_i(j\omega)} = \frac{1 + \dfrac{R_F}{R_1}}{1 - j\dfrac{\omega_0}{\omega}} = \frac{A_{uf0}}{1 - j\dfrac{\omega_0}{\omega}} \tag{3-29}$$

式中，$A_{uf0} = 1 + \dfrac{R_F}{R_1}$ 为通频带放大倍数，其幅频函数为

$$\left| A_{uf}(j\omega) \right| = \frac{\left| A_{uf0} \right|}{\sqrt{1 + \left(\dfrac{\omega_0}{\omega} \right)^2}} \tag{3-30}$$

相频函数为

$$\varphi(\omega) = \arctan \frac{\omega_0}{\omega} \tag{3-31}$$

当 $\omega = 0$ 时，$\left| A_{uf}(j\omega) \right| = 0$；

当 $\omega = \omega_0$ 时，$\left| A_{uf}(j\omega) \right| = \dfrac{\left| A_{uf0} \right|}{\sqrt{2}}$；

当 $\omega = \infty$ 时，$\left| A_{uf}(j\omega) \right| = \left| A_{uf0} \right|$。

有源高通滤波器的幅频特性如图 3-28b 所示。频率大于 f_0 的信号可以通过，而频率在 $0 \sim f_0$ 段的信号被阻止。

3. 有源带通滤波器

将低通滤波器和高通滤波器串联，并使低通滤波器的截止频率大于高通滤波器的截止频率，则构成有源带通滤波器。其幅频特性如图 3-29 所示。频率位于 $f_L \sim f_H$ 范围内的信号可以通过，其他频率的信号被阻止。

4. 有源带阻滤波器

将低通滤波器和高通滤波器并联，并使高通滤波器的截止频率大于低通滤波器的截止频率，则构成有源带阻滤波器。其幅频特性如图 3-30 所示。频率位于 $f_L \sim f_H$ 的信号被阻止，其他频率的信号可以通过。

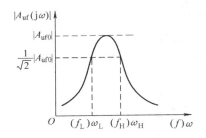

图 3-29　带通滤波器幅频特性

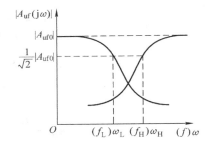

图 3-30　带阻滤波器幅频特性

5. 通用有源 *RC* 滤波器

前面介绍的有源 *RC* 滤波器的共同特点是每个滤波器只具有一种特定的滤波功能，而且滤波参数由外接电阻电容决定，这给设计制作滤波器带来很大的不便。美国 B－B 公司生产的通用有源滤波器 UAF42，可同时实现高通、低通、带通、带阻 4 种滤波功能，芯片内已集成了滤波电阻和电容，而且该公司还专门提供该滤波器的 CAD 软件 FILTER42。设计人员只要输入要求的滤波参数，该软件就可以计算出相应的外接元件值，并且可以仿真滤波器的输出效果。

* 二、采样保持电路

当输入信号变化较快时，要求输出信号能快速而准确地跟随输入信号的变化进行间隔采样，在两次采样之间保持上一次采样结束时的状态。图 3-31 是它的简单电路和输入输出信号波形。

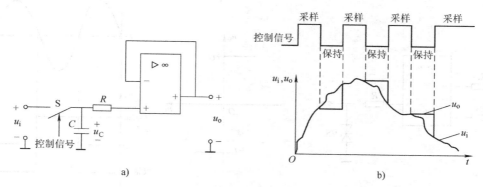

图 3-31　采样保持电路

a）电路　b）输入输出信号波形

图中 S 是一模拟开关，当控制信号为 1 时，开关 S 闭合，电路处于采样周期。这时 u_i 对电容 C 充电，$u_o = u_C = u_i$，即输出电压跟随输入电压的变化。当控制信号为 0 时，开关 S 断开，电路处于保持周期。因为电容无放电回路，故 $u_o = u_C$，将采样到的数值保持。该电路在数字电路、计算机及程序控制等装置中都得到应用。

三、电压比较器

电压比较器的作用是用来比较输入电压和参考电压，图 3-32a 是参考电压 U_R 加在同相输入端，输入电压 u_i 加在反相输入端。运算放大器工作于开环状态，由于开环电压放大倍数很高，即使输入端有一个微小的差值信号，也会使输出电压饱和。因此，用作比较器时，运算放大器工作在饱和区。当 $u_i < U_R$ 时，$u_o = + U_{o(sat)}$，当 $u_i > U_R$ 时，$u_o = - U_{o(sat)}$，图 3-32b 是电压比较器的传输特性。如果将 u_i 和 U_R 互换，此时输出电压的极性就倒过来了。可见，在比较器的输入端进行模拟信号大小的比较，在输出端则以高电平或低电平（即 1 或 0）来反映比较结果。

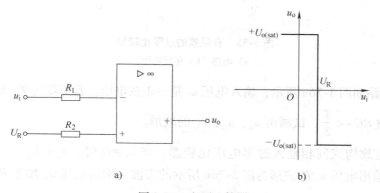

图 3-32　电压比较器

a）电路　b）传输特性

当 $U_R = 0$ 时，即输入电压和零电平比较，称为过零比较器，其电路和传输特性如图 3-33 所示。当 u_i 为正弦波电压时，则 u_o 为矩形波电压，如图 3-34 所示。

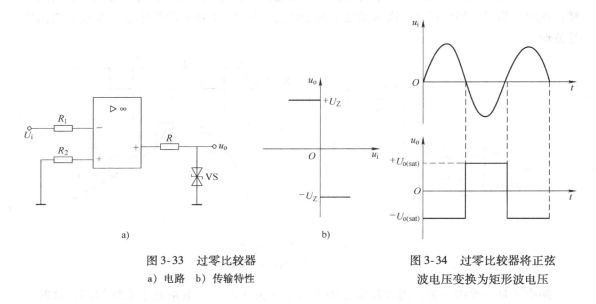

图 3-33　过零比较器
a）电路　b）传输特性

图 3-34　过零比较器将正弦
波电压变换为矩形波电压

有时为了将输出电压限制在某一特定值，可在比较器的输出端与"地"之间跨接一个双向稳压管 VS，作双向限幅用，电路和传输特性如图 3-35 所示。u_i 与零电平比较，输出电压 u_o 被限制在 $+U_Z$ 或 $-U_Z$。

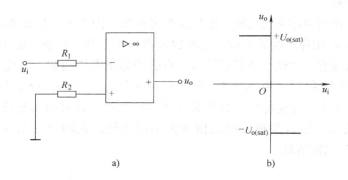

图 3-35　有限幅的过零比较器
a）电路　b）传输特性

例 3-7　电路如图 3-36a 所示，输入电压 u_i 是一正弦电压，其周期为 T，输出端外接 RC 电路的时间常数 $RC \ll \dfrac{T}{2}$，试画出 u_o、u_A、u_L 的波形。

解　图中运放构成同相输入过零电压比较器，当 $u_i \geqslant 0$ 时，$u_o = U_{o(sat)}$，当 $u_i \leqslant 0$ 时，$u_o = -U_{o(sat)}$。输出电压 u_o 的波形为图 3-36c 所示的方波。输出电压 u_o 加于 RC 电路，由于 $RC \ll \dfrac{T}{2}$，且 u_A、u_L 均由电阻上获得，故为微分电路。当 $u_o = U_{o(sat)}$ 时，二极管 VD 导通，

此时微分电路的时间常数 $\tau_1 = (R /\!/ R_L) C$；而当 $u_o = -U_{o(sat)}$ 时，二极管 VD 截止，电路的时间常数变为 $\tau_2 = RC$，故两次微分输出尖脉冲电压 u_A 宽度略不相同，如图 3-36d 所示。脉冲电压 u_A 经二极管 VD 加于负载电阻 R_L 上，由于二极管的单向导电性，u_L 的波形仅为正脉冲波，如图 3-36e 所示。

例 3-8 如图 3-37a 所示的电压比较器，试分析并画出其电压传输特性曲线。

解 由电路图中可以看出，当同相输入端 P 点电位为零时，电压比较器输出发生翻转，由叠加原理可求得

$$U_P = \frac{R_2}{R_1 + R_2}u_i + \frac{R_1}{R_1 + R_2}U_R = 0$$

即门限电平为 $u_i = -\dfrac{R_1}{R_2}U_R$。则输入输出关系为

$$u_o = \begin{cases} -U_{o(sat)} & u_i < -\dfrac{R_1}{R_2}U_R \\[2mm] +U_{o(sat)} & u_i > -\dfrac{R_1}{R_2}U_R \end{cases}$$

可见在 U_R 给定后尚可通过改变 R_1 或 R_2 调整比较电平。设 $U_R > 0$ 的某一电压，依上式可画出其电压传输特性曲线，如图 3-37b 所示。

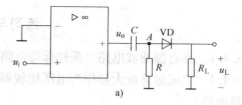

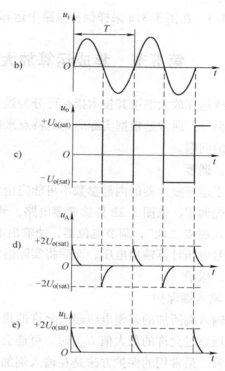

图 3-36 例 3-7 的图

a) 电路图 b) 输入波形 c) 输出电压 u_o 波形
d) A 点电压 u_A 波形 e) u_L 波形电路

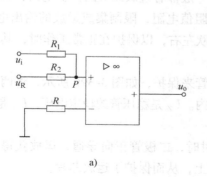

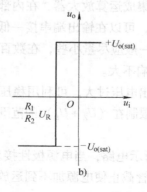

图 3-37 例 3-8 的图

a) 电路图 b) 电压传输特性

练习与思考题

3.4.1　在有源滤波电路、采样保持电路中运算放大器工作在什么区？

3.4.2　集成运算放大器作为电压比较器应用时，运算放大器工作在什么区？怎样分析比较器电路？

3.4.3　在图3-31a采样保持电路中运算放大器的作用是什么？

第五节　集成运算放大器实际使用中的一些问题

集成运算放大器按其技术指标可分为通用型、高速型、高阻型、低功耗型、大功率型、高精度型等，通常是根据实际应用的特点来选用运算放大器。下面介绍使用集成运算放大器中常见的问题。

一、调零

由于运算放大器的内部参数不可能完全对称，当输入信号为零时，输出信号不为零，应用时要先调零，依图3-2b外接调零电路，调零的方法有两种：一是在无输入时调零，即将两个输入端接"地"，调节电位器，使输出电压为零；另一种是在有输入时调零，即按已知输入信号电压计算输出电压，而后将实际值调整到计算值。

二、保护

1. 输入端保护

当输入端所加的差模电压超过允许的最大值 U_{IDM} 或共模电压超过允许的最大值 U_{ICM} 时，可能会损坏输入级的晶体管。最常用的保护方法是在输入端加反向并联的二极管，如图3-38所示，将输入电压限制在二极管的正向压降以内。

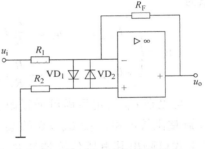

图 3-38　输入端保护电路

2. 输出端保护

目前生产的集成运算放大器，在内部一般都有过载或短路保护电路，如遇上一些旧的无保护的集成运放，可以在输出端串接一低阻值电阻，限制集成运放的输出电流，如图3-39a所示。R 的阻值一般应尽量小些，在数百欧左右，以保护在正常工作时，其电压降很小，对输出电压幅度影响不大。

为了防止输出电压过大，可利用稳压管来保护，如图3-39b所示，将两个稳压管反向串联，将输出电压限制在 $(U_Z + U_D)$ 的范围内。U_Z 是稳压管的稳定电压，U_D 是它的正向压降。

3. 电源保护

如图3-40所示电路，当电源极性接对时，二极管正向导通，运放获得电源。当电源极性接反时，二极管截止使电源加不到运放上，从而保护了运放芯片。

三、扩大输出电流

由于运算放大器的输出电流一般不大，如果负载需要较大的电流时，可在输出端加接一级互补对称电路，如图3-41所示。

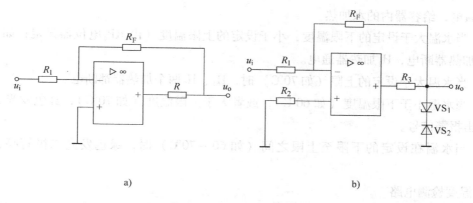

a)　　　　　　　　　　　　　　　　b)

图 3-39　输出端保护电路

a）输出端限电流保护电路　b）输出端限电压保护电路

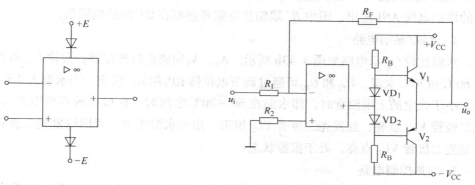

图 3-40　电源保护电路　　　　　　　　　图 3-41　扩大输出电流电路

*四、单电源供电

许多集成运放需要正负两组电源供电，才能正常工作，但有些场合为了方便希望采用单电源供电，因此可选用允许单电源工作的集成运放，如国产的 F124/224/324、XC348、F3104、F358 等。当特殊场合要求选用双电源运放而只有单电源供电的情况下，可采用如图 3-42 所示的电路，电路中采用电阻分压的办法，使得两个输入端 u_+、u_- 及输出端 u_o 的静态电位同为 $V_{CC}/2$，即工作电平被抬高到 $V_{CC}/2$，对于此电平来说，集成运放相当于加 $\pm V_{CC}/2$ 双电源。

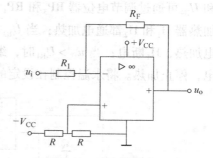

图 3-42　双电源集成运放单电源供电的交流放大电路

*第六节　集成运算放大器应用实例

由运算放大器构成的水温控制器电路如图 3-43 所示，由温度检测电路、比较/显示电路、加热控制电路三部分组成，其功能如下：

1）当水温小于设定的下限温度（由 RP$_3$ 电位器设定，如 60℃）时，H$_1$ 和 H$_2$ 两个加热器同时通电，给容器内的水加热。

2）当水温大于设定的下限温度，小于设定的上限温度（由 RP$_4$ 电位器设定；如 70℃）时，H$_1$ 加热器断电，H$_2$ 加热器通电。

3）当水温大于设定的上限（如 70℃）时，H$_1$、H$_2$ 两个加热器都断电。

4）当水温小于下限温度（如 60℃），或者大于上限温度（如 70℃），红色发光二极管亮，发出报警信号。

5）当水温在设定的下限至上限之间（如 60～70℃）时，绿色发光二极管亮，水温正常。

1. 温度检测电路

温度检测电路如图 3-43a 所示，A$_1$、A$_2$、A$_3$ 三个集成运算放大器构成典型的测量放大器。铂热电阻传感器 R 将温度信号转换成电压信号，经三运算放大器放大得到一个大小合适的模拟电压 ANI 输出，图中 R^* 取铂热电阻传感器在 0℃时的电阻值。

2. 比较/显示电路

水温比较/显示电路如图 3-43b 所示。A$_4$、A$_5$ 构成窗口比较器，假设 U_{R1} 和 U_{R2} 分别对应于 60℃和 70℃水温，U_{R1} 和 U_{R2} 可通过调节电位器 RP$_1$ 和 RP$_2$ 设定。当水温大于设定的下限温度，小于设定的上限温度时，即水温在 60～70℃之间时，窗口比较器输出为高电平，绿发光二极管 VL$_1$ 点亮，红发光二极管 VL$_2$ 熄灭，指示水温正常。否则绿发光二极管 VL$_1$ 熄灭，红发光二极管 VL$_2$ 点亮，处于报警状态。

3. 加热控制电路

水加热控制电路如图 3-43c 所示。假设 U_{R3} 和 U_{R4} 分别对应于 60℃和 70℃水温，则 U_{R3} 和 U_{R4} 可通过调节电位器 RP$_3$ 和 RP$_4$ 设定。当 $u_0 < U_{R3}$ 时，继电器 K$_1$ 和 K$_2$ 的常开触点闭合，加热器 H$_1$ 和 H$_2$ 都通电加热；当 $U_{R3} < u_0 < U_{R4}$ 时，继电器 K$_2$ 的常开触点闭合，加热器 H$_2$ 通电加热，H$_1$ 断电；当 $u_0 > U_{R4}$ 时，继电器 K$_1$ 和 K$_2$ 的常开触点都断开，加热器 H$_1$ 和 H$_2$ 都断电，停止加热。将水温控制在设定的下限至上限之间。

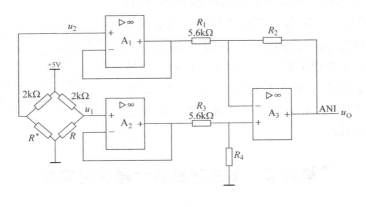

a)

图 3-43　由运算放大器构成的水温控制器电路

a）温度检测电路

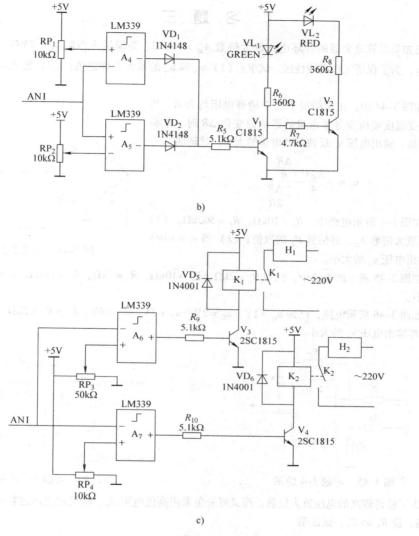

图 3-43　由运算放大器构成的水温控制器电路（续）

b）比较/显示电路　c）加热控制电路

本 章 小 结

1. 对运放施加深度负反馈，可使运放工作在线性区，输入与输出呈线性关系。工作在线性区的运放存在"虚短"与"虚断"现象。运放处于开环或正反馈状态时，工作在非线性区，输出状态只有正饱和值 $+U_{o(sat)}$ 与负饱和值 $-U_{o(sat)}$。工作在非线性区的运放始终存在"虚断"现象，但 $U_+ \neq U_-$。

2. 引入深度负反馈的集成运放模拟运算电路，可实现比例、加、减、积分、微分、对数与反对数等多种运算，此时运放工作在线性区。

3. 改变运算放大器外接反馈电路的形式和数值，可进行信号检测、信号比较等，此时运放工作在非线性区。

习 题 三

3-1　已知某运算放大器的开环电压放大倍数 $A_{u0} = 100\text{dB}$，差模输入电阻 $r_{id} = 2\text{M}\Omega$，最大输出电压 $U_{OPP} = \pm 13\text{V}$。为了保证工作在线性区，试求：（1）u_+ 和 u_- 的最大允许差值；（2）输入端电流的最大允许值。

3-2　在图3-44中，正常情况下4个桥臂电阻均为 R，当某个电阻因受温度或应变等非电量的影响而变化 ΔR 时，电桥平衡即遭破坏，输出电压 u_o 反映此非电量的大小。试证明

$$u_o = -\frac{A_{u0}U}{4} \cdot \frac{\dfrac{\Delta R}{R}}{1 + \dfrac{\Delta R}{2R}}$$

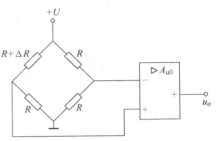

图 3-44　习题 3-2 的图

3-3　在图3-4所示电路中，$R_1 = 10\text{k}\Omega$，$R_F = 500\text{k}\Omega$。（1）试计算电压放大倍数 A_{uf}，并估算 R_2 的取值；（2）当 $u_i = 10\text{mV}$ 时，计算输出电压 u_o 的大小。

3-4　在图3-45所示的电路中，已知 $R_1 = 2\text{k}\Omega$，$R_F = 10\text{k}\Omega$，$R_2 = 2\text{k}\Omega$，$R_3 = 18\text{k}\Omega$，$u_i = 1\text{V}$，求输出电压 u_o 的大小。

3-5　如图3-46所示电路，已知 $u_{i1} = 1\text{V}$，$u_{i2} = 2\text{V}$，$u_{i3} = 3\text{V}$，$u_{i4} = 4\text{V}$，$R_1 = R_2 = 2\text{k}\Omega$，$R_3 = R_4 = R_F = 1\text{k}\Omega$，试计算输出电压 u_o 的大小。

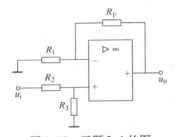

图 3-45　习题 3-4 的图

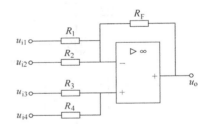

图 3-46　习题 3-5 的图

3-6　为了获得较高的电压放大倍数，而又可避免采用高值电阻 R_F，将反相比例运算电路改为图3-47所示的电路，设 $R_F \gg R_4$，试证明

$$A_{uf} = \frac{u_o}{u_i} = -\frac{R_F}{R_1}\left(1 + \frac{R_3}{R_4}\right)$$

3-7　如图3-48所示电路，求 u_o 与 u_i 的运算关系式。

3-8　如图3-49所示电路，已知输入电压 $u_{i1} = 30\text{mV}$，$u_{i2} = 50\text{mV}$，求输出电压 u_o 的大小。

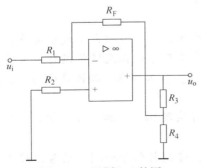

图 3-47　习题 3-6 的图

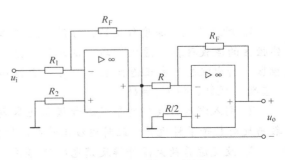

图 3-48　习题 3-7 的图

3-9　如图 3-50 所示电路，已知 $R_F = 2R_1$，$u_i = -2V$，试求输出电压 u_o。

3-10　图 3-51 是由两个运算放大器组成的具有较高输入电阻的差动放大电路。试求输出电压 u_o 与 u_{i1}、u_{i2} 的运算关系式。

3-11　如图 3-52 所示电路，试证明 $u_o = 2u_i$。

3-12　如图 3-53 所示电路，已知 $u_i = 0.5V$，$R_1 = R_2 = 10kΩ$，$R_3 = 2kΩ$，试计算输出电压 u_o 的大小。

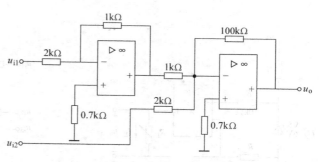

图 3-49　习题 3-8 的图

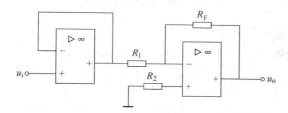

图 3-50　习题 3-9 的图

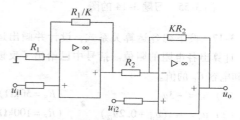

图 3-51　习题 3-10 的图

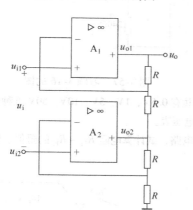

图 3-52　习题 3-11 的图

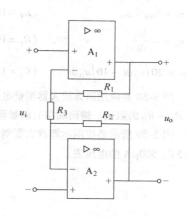

图 3-53　习题 3-12 的图

3-13　如图 3-54 所示电路，试证明 $i_L = \dfrac{u_i}{R_L}$。

3-14　如图 3-55 所示为恒流电路，已知稳压管工作在稳压状态，试求负载电阻中的电流。

3-15　在图 3-56 所示电路中，电阻 $R_1//R_2//R_F = R_3//R$，且 $t \leqslant 0$ 时，各输入信号都为零，输出电压也为零。试证明这个电路 u_o 与 u_i 的函数关系式为

$$u_o = \frac{1}{RC}\int\left(\frac{R_F}{R_1}u_{i1} + \frac{R_F}{R_2}u_{i2} - \frac{R_F}{R_3}u_{i3}\right)dt$$

3-16　图 3-57 是一基准电压电路，u_o 可作基准电压用，试计算 u_o 的调节范围。

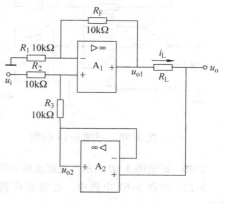

图 3-54　习题 3-13 的图

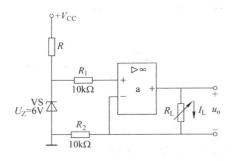

图 3-55 习题 3-14 的图

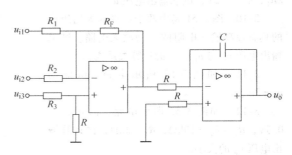

图 3-56 习题 3-15 的图

3-17 按下列各运算关系式，设计并画出运算电路，计算出各电阻的阻值。括号中已给出了反馈电阻 R_F 和电容 C_F 的值。

(1) $u_o = -3u_i$ ($R_F = 50\text{k}\Omega$)

(2) $u_o = -(u_{i1} + 0.2u_{i2})$ ($R_F = 100\text{k}\Omega$)

(3) $u_o = 5u_i$ ($R_F = 20\text{k}\Omega$)

(4) $u_o = 2u_{i1} - u_{i2}$ ($R_F = 10\text{k}\Omega$)

(5) $u_o = -\dfrac{\mathrm{d}u_i}{\mathrm{d}t}$ ($R_F = 100\text{k}\Omega$)

(6) $u = 20\int u_{i1}\mathrm{d}t - 10\int u_{i2}\mathrm{d}t$ ($C_F = 1\mu\text{F}$)

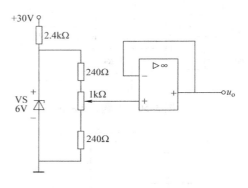

图 3-57 习题 3-16 的图

3-18 图 3-58 是应用运算放大器测量电压的原理电路，共有 0.5V，1V，5V，10V，50V 五种量程，试计算电阻 $R_{11} \sim R_{15}$ 的阻值。输出端接有满量程 5V、500μA 的电压表。

3-19 图 3-59 所示是应用运算放大器测量小电流的原理电路，试计算电阻 $R_{F1} \sim R_{F5}$ 的阻值。输出端接有满量程 5V、500μA 的电压表。

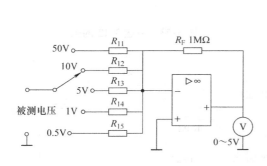

图 3-58 习题 3-18 的图

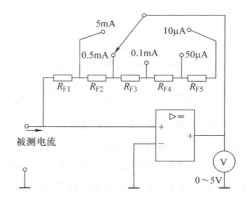

图 3-59 习题 3-19 的图

3-20 画出图 3-60 所示各电压比较器的传输特性。

3-21 在图 3-61 电路中，已知稳压管稳定电压 $U_Z = 6\text{V}$，正向导通电压 0.7V，试画出电压传输特性。

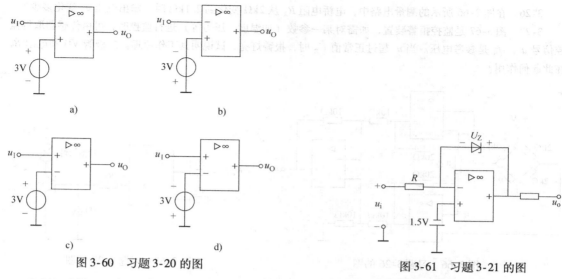

图 3-60 习题 3-20 的图　　　　　　　　　图 3-61 习题 3-21 的图

3-22　在图 3-62 中，运算放大器的最大输出电压 $U_{\text{opp}} = \pm 12\text{V}$，稳压管的稳定电压 $U_Z = 6\text{V}$，其正向压降 $U_D = 0.7\text{V}$，$u_i = 12\sin \omega t$ V。当参考电压 $U_R = 3\text{V}$ 和 $U_R = -3\text{V}$ 两种情况下，试画出传输特性和输出电压 u_o 的波形。

3-23　图 3-63 所示电路中，稳压管稳定电压 $U_Z = 6\text{V}$，$R_1 = 10\text{k}\Omega$，$R_F = 10\text{k}\Omega$，试求：调节 R_F 时，输出电压 U_o 的变化范围，并说明改变负载电阻 R_L 对 U_o 有无影响。

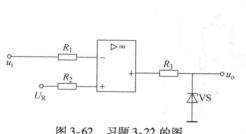

图 3-62　习题 3-22 的图

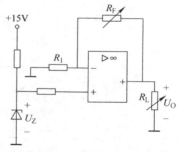

图 3-63　习题 3-23 的图

3-24　图 3-64 所示电路中，稳压管稳定电压 $U_Z = 6\text{V}$，$R_1 = 10\text{k}\Omega$，$R_F = 10\text{k}\Omega$，试求：调节 R_F 时，输出电压 U_o 的变化范围，并说明改变负载电阻 R_L 对 U_o 有无影响。

3-25　图 3-65 所示恒流电路中，试求输出电流 I_o 与输入电压 U 的关系。

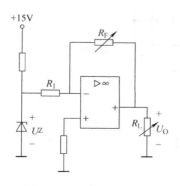

图 3-64　习题 3-24 的图

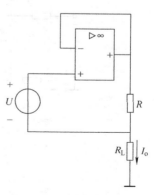

图 3-65　习题 3-25 的图

3-26　在图3-66所示的测量电路中，电桥电阻 R_x 从 $2k\Omega$ 变化到 $2.1k\Omega$ 时，输出电压 u_o 变化多少？

3-27　图3-67是监控报警装置，如需对某一参数（如温度、压力等）进行监控时，可由传感器取得监控信号 u_i，U_R 是参考电压。当 u_i 超过正常值 U_R 时，报警灯亮，试说明其工作原理。二极管 VD 和电阻 R_3 在此起何作用？

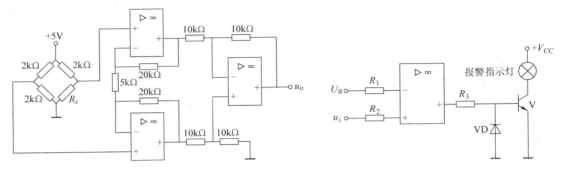

图 3-66　习题 3-26 的图　　　　　　　图 3-67　习题 3-27 的图

3-28　试分析图3-68所示各放大电路，判别 R_F 引入反馈的类型。

3-29　设计一个比例运算电路，要求输入电阻 $R_i = 40k\Omega$，比例系数 A_u 为 $+100$，写出设计过程，画出电路图并选择元器件参数。

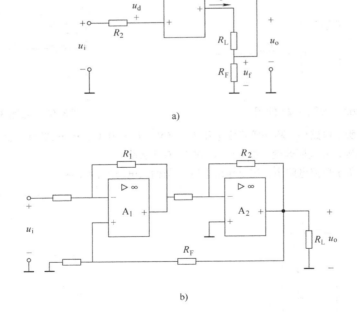

图 3-68　习题 3-28 的图

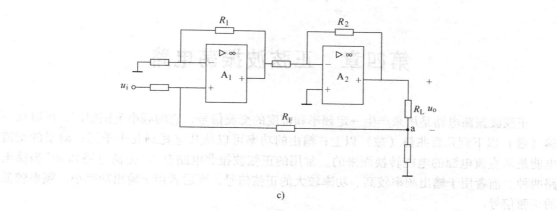

c)

图 3-68 习题 3-28 的图（续）

3-30 设计两个电压比较器，它们的输入、输出电压波形如图 3-69 所示。要求合理选择电路中各电阻的阻值，限定最大值为 50kΩ。

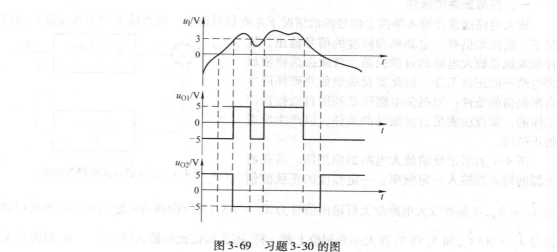

图 3-69 习题 3-30 的图

第四章　正弦波振荡电路

　　正弦波振荡电路是用来产生一定频率和幅度的交流信号，它的频率范围很广，可以从一赫（兹）以下到几百兆赫（兹）以上；输出的功率可以从几毫瓦到几十千瓦；输出的交流电能是从直流电源的电能转换而来的。常用的正弦波振荡电路有 LC 振荡电路和 RC 振荡电路两种。前者用于输出频率较高、功率较大的正弦信号，而后者用于输出功率小、频率较低的正弦信号。

第一节　自激振荡的基本原理

一、自激振荡的条件

　　放大电路通常在输入端接上信号源的情况下才有信号输出。如果输入端不外接信号的情况下，输出端仍有一定频率和幅度的信号输出，这种现象就是放大电路的自激振荡。自激振荡将使放大电路不能正常工作，因此要设法避免并破坏产生自激振荡的条件；但振荡电路则是利用自激振荡而工作的，要设法满足自激振荡的条件，以产生所需的正弦波。

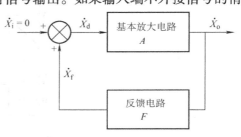

图 4-1　正反馈放大电路的框图

　　图 4-1 表示正反馈放大电路的原理图。若在放大器的输入端输入一定频率、一定幅度的正弦波信号 $\dot{X}_i = \dot{X}_d$，经基本放大电路放大后输出信号为 $\dot{X}_o = A\dot{X}_i$，在反馈网络的输出端则可得到反馈信号 $\dot{X}_f = AF\dot{X}_i$，如 $\dot{X}_f$ 和 $\dot{X}_i$ 在大小和相位上都一样，那么即使此时输入信号 $\dot{X}_i = 0$，而由于 $\dot{X}_f$ 的作用，则可在输出端继续维持原有的输出信号 $\dot{X}_o$。因此，产生自激振荡的条件为

$$AF = 1 \tag{4-1}$$

式中，$A = \left| A \right| \underline{/\varphi_A}$，$F = \left| F \right| \underline{/\varphi_F}$，则式（4-1）可写为

$$AF = \left| AF \right| \underline{/\varphi_A + \varphi_F} = 1$$

因此，自激振荡的条件是：

　　1. 相位条件

　　反馈信号 $\dot{X}_f$ 和输入信号 $\dot{X}_i$ 要同相，也就是说必须是正反馈。

　　2. 幅值条件

　　$\left| AF \right| = 1$，即反馈信号 X_f 的幅值应当等于输入信号 X_i 的幅值，在放大倍数 A 一定的条件下，应该有足够强的正反馈量（即 F 足够大）。

　　若 $\left| AF \right| > 1$，则振荡电路输出越来越大，称为增幅振荡。若 $\left| AF \right| < 1$，则振荡电路的

输出将越来越小，最后停振，称为减幅振荡。可见维持等幅振荡的唯一条件是 $\left|AF\right|=1$。

为了得到单一频率的正弦输出电压，只能有一个频率满足振荡的条件，这就要求振荡电路具有选频性，即应包含一个选频网络。

二、振荡的建立与稳定

实际上振荡电路毋须先有一输入信号，当接通电源时，在电路中激起一个微小的扰动信号，这就是起始信号。它是个非正弦量，含有一系列频率不同的正弦分量，经过选频网络的作用，只有一个频率的分量满足相位平衡的条件。此时，若 $\left|AF\right|>1$，则可形成增幅振荡，使输出电压逐渐变大，使得振荡建立起来。随着振幅的逐渐增大，放大器进入非线性区，使放大器的放大倍数 A 逐渐减小，最后满足 $\left|AF\right|=1$，振幅趋于稳定。

根据上述条件，正弦振荡器由 4 部分组成：

（1）放大器　对交流信号起放大作用。

（2）选频网络　选择出某一频率的信号产生谐振，从而输出特定频率的正弦波电压。

（3）反馈网络　引入正反馈，并与放大器共同满足振荡条件。

（4）稳幅环节　利用电路元件的非线性特性和负反馈网络，限制输出幅度增大，达到稳幅目的。

根据选频网络组成元件的不同，正弦振荡器通常分为 RC 振荡器和 LC 振荡器。

练习与思考题

4.1.1　自激振荡的条件是什么？判别能否产生自激振荡的方法是什么？

4.1.2　振荡的平衡条件是什么？简述自激振荡的建立过程。

4.1.3　振荡器由哪几部分组成？各部分有何作用？

第二节　RC 振荡电路

RC 振荡电路如图 4-2 所示。同相比例运算电路的电压放大倍数为

$$A_{\mathrm{uf}}=\frac{U_{\mathrm{o}}}{U_{\mathrm{i}}}=1+\frac{R_{\mathrm{F}}}{R_1}$$

选频电路由 RC 串并联电路构成，当

$$f=f_{\mathrm{o}}=\frac{1}{2\pi RC} \qquad (4\text{-}2)$$

时，反馈网络的反馈系数

$$F(\mathrm{j}\omega)=\frac{\dot{U}_{\mathrm{f}}}{\dot{U}_{\mathrm{o}}}=\frac{1}{3}\ \underline{/0^\circ} \qquad (4\text{-}3)$$

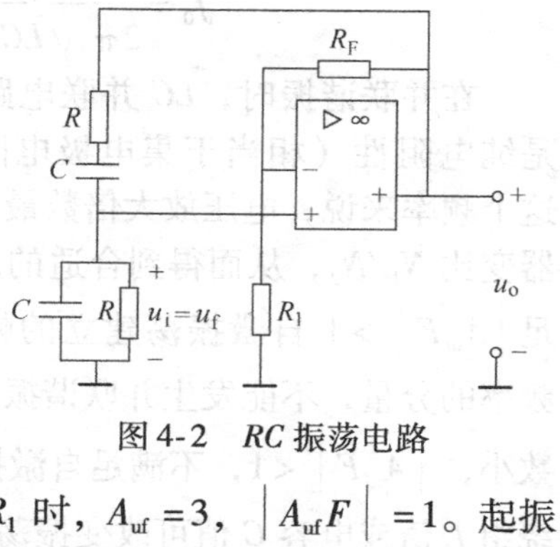

图 4-2　RC 振荡电路

可见，u_{o} 和 u_{i}（u_{f}）同相，即 RC 电路引入正反馈。当 $R_{\mathrm{F}}=2R_1$ 时，$A_{\mathrm{uf}}=3$，$\left|A_{\mathrm{uf}}F\right|=1$。起振时，使 $\left|A_{\mathrm{uf}}F\right|>1$，即 $A_{\mathrm{uf}}>3$，随着振荡幅度的增大，A_{uf} 应能自动减小，直到满足 $\left|A_{\mathrm{uf}}F\right|=1$ 时，振荡达到稳定。

为了能顺利起振并自动稳幅，在图 4-2 中，接入具有负温度系数热敏电阻 R_{F}。在起振时，由于 u_{o} 很小，流过 R_{F} 的电流也很小，于是发热少，其阻值高，使 $R_{\mathrm{F}}>2R_1$，即 $\left|A_{\mathrm{uf}}F\right|>1$。

随着 u_o 的幅度逐渐增大，流过 R_F 的电流随着增大，R_F 因受热其阻值减小，直到 $R_F = 2R_1$，即 $|A_{uf}F| = 1$ 时，振荡稳定。

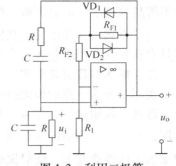

图 4-3 是利用二极管正向伏安特性的非线性实现自动稳幅。图中 R_F 由 R_{F1} 和 R_{F2} 组成。在起振时，由于 u_o 幅度很小，二极管截止，此时 $R_F = R_{F1} + R_{F2} > 2R_1$。而后，随着 u_o 的幅度逐渐增大，二极管正向导通，其正向阻值渐渐减小，直到 $R_F = 2R_1$ 时，振荡稳定。

改变电阻 R 值或电容 C 值可以改变电路的振荡频率，但集成运算放大器构成的 RC 振荡电路的振荡频率一般不超过 1MHz，如需要更高的频率，可采用 LC 振荡器。

图 4-3　利用二极管
自动稳幅的 RC 振荡电路

练习与思考题

4.2.1　RC 选频网络有什么特点？

4.2.2　RC 振荡电路有何特点？RC 振荡电路如何稳幅？

4.2.3　RC 振荡电路适合于什么情况下使用？

第三节　LC 振荡电路

LC 振荡电路是由 LC 并联回路作为选频网络的振荡电路，它能产生几十兆赫（兹）以上的正弦波信号。LC 振荡电路分为变压器反馈式、电感反馈式和电容反馈式三种，本节只介绍最常见的变压器反馈式振荡电路。

图 4-4 是变压器反馈式 LC 振荡电路。其中 w_1 为变压器的一次绕组，匝数为 N_1；二次绕组 w_2 为反馈绕组，匝数为 N_2；w_3 为输出绕组。变压器的一次绕组的电感 L 与电容 C 组成并联谐振回路，谐振频率

$$f_0 = \frac{1}{2\pi \sqrt{LC}} \qquad (4\text{-}4)$$

在并联谐振时，LC 并联电路的阻抗最大，并且是纯电阻性（相当于集电极电阻 R_C）。因此，对 f_0 这个频率来说，电压放大倍数最高，选择适当的变压器变比 N_1/N_2，从而得到合适的反馈系数 F，使之满足 $|A_{uf}F| > 1$ 自激振荡建立的幅值条件。对于其他频率的分量，不能发生并联谐振，对应的电压放大倍

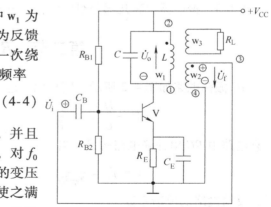

图 4-4　变压器反馈式振荡电路

数小，$|A_{uf}F| < 1$，不满足自激振荡的幅值条件，从而达到选频的目的，所以通过改变一次绕组 L 值或电容 C 值可改变振荡电路的振荡频率。

用瞬时极性法判断自激振荡的相位条件，即判断电路是否构成正反馈。首先设晶体管输入信号的瞬时极性为正，用 ⊕ 表示，由于 LC 并联谐振电路在谐振频率 f_0 时呈现纯电阻性，此时放大器的负载为电阻性负载，所以集电极的输出电压与输入电压反相，即变压器一次侧的①端为 ⊖。变压器二次绕组 w_2 的③端接放大器的输入端，它和一次绕组的①端为异名端，

它们的相位相反，则③端为⊕，即构成正反馈，满足相位条件。

由以上分析可见，当接通电源，在集电极回路激起一个微小的电流变化时，则由于 *LC* 并联谐振回路的选频作用，只有频率等于谐振频率 f_0 的分量可得到最大值，在变压器二次绕组 w_2 感应出一反馈电压，形成了正反馈，并且满足 $\left|A_{uf}F\right|>1$ 自激振荡的条件，从而建立起频率为 f_0 的振荡。输出电压 u_o 的幅值将不断增大，当增大到一定程度时，晶体管进入非线性区工作，它的电流放大系数 β 将逐渐减小，电压放大倍数 $\left|A_{uf}\right|$ 也随着降低，最后达到 $\left|A_{uf}F\right|=1$ 时，振荡幅度自动稳定。

RC 振荡电路都工作在运算放大器的线性区，而 *LC* 振荡器一般工作在晶体管的非线性区，虽然集电极电流的波形可能严重失真，但由于 *LC* 并联谐振电路具有良好的选频性，因此输出电压的波形一般失真不大，基本上还是正弦波。

练习与思考题

4.3.1 *LC* 并联谐振回路有什么特点？

4.3.2 *LC* 振荡电路有何特点？ *LC* 振荡电路如何稳幅？

4.3.3 *LC* 振荡电路适合于什么情况下使用？

* 第四节 集成函数发生器

一、ICL8038 集成函数发生器的电路结构

函数发生器可以产生正弦波、方波、三角波或锯齿波信号，常用集成电路来实现。ICL8038 就是一款性能优异的多用途集成波形发生器，其振荡频率可通过外加的直流电压进行调节，是一种压控信号发生器。其内部电路结构如图 4-5 所示，图中外接电容 *C* 的充、放电电流由两个电流源控制，分别为 I_{O1} 和 I_{O2}，而且 $I_{O1}=I$、$I_{O2}=2I$，两个电压比较器 A_1 和 A_2 的阈值分别为 $2/3V_{CC}$ 和 $1/3V_{CC}$，它们的输入电压等于电容 *C* 两端的电压 u_C，输出电压分别控制 RS 触发器的 S 端和 R 端；RS 触发器的 Q 控制开关 S 的通断，实现对电容 *C* 两端电压的充放电。

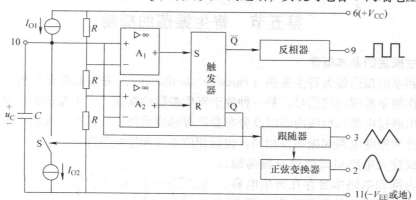

图 4-5 ICL8038 集成函数发生器内部电路结构

二、ICL8038 集成函数发生器的工作原理

当给函数发生器 ICL8038 通电时，电容 *C* 两端电压为 0，电压比较器 A_1 的输出电压为低电平，A_2 的输出电压为高电平；RS 触发器的 Q 为低电平，$\overline{Q}$ 为高电平；使开关 S 断开，

电流源 I_{O1} 对电容 C 充电，充电电流为 $I_{O1} = I$，因充电电流为恒流，所以电容 C 两端电压 u_C 的变化随时间的增长而线性上升，当 u_C 上升到 $2/3V_{CC}$，使电压比较器 A_1 的输出电压跃变为高电平时（此时 A_2 输出为低电平），Q 才为高电平（同时 $\overline{Q}$ 为低电平），导致开关 S 闭合，电容 C 开始放电，放电电流为 $I_{O2} - I_{O1} = I$，因放电电流为恒流，所以电容 C 两端电压 u_C 的变化随时间增加线性地减小，当减小到 $1/3V_{CC}$ 时，使电压比较器 A_2 的输出电压跃变为高电平（此时 A_1 输出为低电平），Q 才为低电平（同时 $\overline{Q}$ 为高电平），开关 S 断开，电容 C 又开始充电，重复以上过程，电路产生了自激振荡。由于放电电流与充电电流值相等，因而电容 C 上的电压为三角波，Q 和 $\overline{Q}$ 为方波，另外，ICL 8038 电路中含有正弦波变换器，可以直接将三角波变成正弦波输出。第 2 引脚输出正弦波，第 3 引脚输出三角波，第 9 引脚输出方波。

三、ICL8038 应用电路

图 4-6a 所示为 ICL8038 的引脚图，图 4-6b 为实际应用电路，调整 R_{P3}、R_{P4} 可以减小正弦波的失真度，调整 R_{P1} 可改变振荡频率。

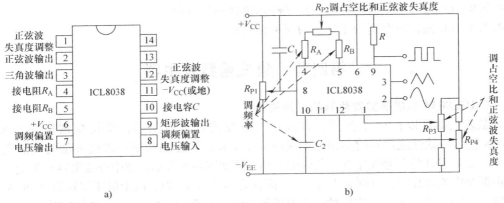

图 4-6　ICL8038 集成函数发生器应用电路

*第五节　寄生振荡的抑制

一、寄生振荡的基本概念

非工作频率的振荡称为寄生振荡（Parasitic Oscillation）。寄生振荡会产生与工作频率无关或不在工作频率范围内的信号，是一种源于寄生参数的振荡。寄生振荡的产生大都是由于放大器的输出通过电源和地线内阻以及分布参数等感应回路，反馈至输入端产生的。寄生振荡产生的条件和振荡电路起振条件相同，包括相位条件和振幅条件。

一些多级放大电路里即使没有振荡源，也会因元件内部和电路本身存在寄生电容、电感等形成反馈回路，从而产生寄生振荡。如图 4-7 中的两级放大器，若 A_1 和 A_2 都为反相放大器，放大器 A_2 的输出信号即使通过某种感应支路反馈到它本身的输入端，因两者相位差 $180°$，是负反馈，也不会引

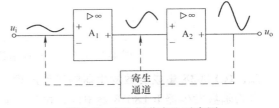

图 4-7　寄生振荡产生示意图

起振荡。若 A_2 的输出端反馈至 A_1 的输入端，则信号相位相同，形成正反馈，电路就有可能产生振荡。

二、寄生振荡产生的主要原因

1）放大电路放大倍数过大或增益过高。

2）电路的输入和输出端相距太近，或输入环路与输出环路交链面积太大，或平行布线等。

3）多级放大器中前级电路屏蔽不良或接地点选择不合理。

4）电路布线混乱，布线环路面积过大以及电路的部分引线过长导致布线电容和分布电感过大。

5）电路设计频带过宽以及采用了超过电路实际工作频率过多的有源器件。

6）多级放大电路共用同一个直流电源，且电源退耦不良。

7）负反馈电路反馈过深。

8）装配工艺不佳，导线及元器件固定不牢靠，电路易受到机械振动的影响。

三、寄生振荡的消除方法

电子电路中产生寄生振荡具有偶然性，要查明原因，找出振荡源，往往是一件非常麻烦的工作。即使找到了振荡源，要排除这种有害的寄生振荡也绝非易事。一旦电路产生寄生振荡，首先应判断是连续振荡、间歇振荡还是瞬间的衰减振荡。

为了消除寄生振荡，可以一方面吸收寄生振荡能量，另一方面破坏寄生振荡反馈的相位关系，从而抑制寄生振荡发生。当放大电路无输入信号时，电路输出端用示波器能观察到有一定频率和幅度的周期信号，这说明电路产生了寄生振荡。根据示波器观察到的波形，判断是低频振荡还是高频振荡。

低频振荡频率一般在音频范围内，它主要由各级之间公共电阻产生寄生反馈而引起，解决办法是采用去耦电路，如添加电源退耦等措施。去耦电路使信号电流不流过公共电阻，从而消除了这种寄生反馈。

高频振荡是由各级高频特性引起的。器件的高频特性和寄生电容的作用，使得电路在一定条件下满足了振荡条件，从而产生高频振荡。解决办法需调整相位补偿电路元件参数，或改变有关接线，减小寄生耦合。消除高频振荡有以下方法。

1. 电容超前补偿

这种方法实际上是进行极点校正。极点校正的实质，仍然是破坏电路的振荡条件。如图 4-8 所示，可以通过在负反馈电阻上并联一个较小的电容 C 来破坏高频自激的相位条件。

2. RC 相位滞后补偿

利用低通网络的相位滞后特性破坏相位条件，如图 4-9 所示。

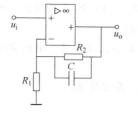

图 4-8 电容超前补偿电路

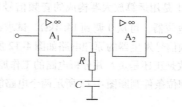

图 4-9 RC 相位滞后补偿电路

3. 密勒效应补偿

为了减小补偿电容的容量，可以利用密勒效应，将很小的补偿电容、补偿电阻跨接在放大电路的输入端和输出端，通过引入高频负反馈来破坏自激的条件，如图4-10所示。

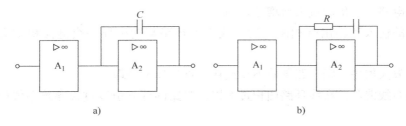

图4-10　密勒效应补偿电路

a）电容补偿　b）电阻和电容补偿

本 章 小 结

1. 正弦波振荡电路是由放大电路、选频网络、正反馈网络以及稳幅环节组成的。振荡条件为 $AF=1$，即必须同时满足幅值条件 $|AF|=1$ 和相位条件 $\varphi_A+\varphi_F=2n\pi$（$n$ 为整数），即正反馈，才能产生正弦波振荡。

2. 根据选频网络所用元器件不同，正弦波振荡电路分为 RC 和 LC 振荡电路两大类。RC 振荡电路用于产生低频正弦波信号，LC 振荡电路用于产生频率较高的正弦波信号。

3. RC 振荡电路常用 RC 串并联选频网络，当 $f_0=\dfrac{1}{2\pi RC}$ 时，它的 $|F|=\dfrac{1}{3}$，$\varphi_F=0$，只要满足 $A_{uf}\geqslant 3$、$\varphi_A=0$ 即可满足自激振荡的条件。另外还需专门的稳幅电路。

4. 集成函数发生器外接适当的电阻、电容，可以产生正弦波、方波、三角波和锯齿波信号。

5. 寄生振荡的产生大都是由于放大器的输出通过电源和地线内阻以及分布参数等感应回路，反馈至输入端产生的。

6. 低频振荡主要是由各级之间公共电阻产生寄生反馈而引起，解决办法是采用去耦电路，如添加电源退耦等措施。消除高频振荡的办法是调整相位补偿电路元器件参数，或改变有关接线，减小寄生耦合。常用的方法有：电容超前补偿、RC 相位滞后补偿、密勒效应补偿。

习 题 四

4-1　图4-11是用运算放大器构成的音频信号发生器的简化电路。（1）R_1 大致调到多大才能起振？（2）RP为双联电位器，可从0调到14.4kΩ，试求振荡频率的调节范围。

4-2　某音频信号发生器的原理电路如图4-12所示，$R_1=10$kΩ，$R_F=22$kΩ，若图中 R_1 换成热敏电阻，则 R_1 的温度系数是正还是负？并分析电路的工作原理。

4-3　试用相位条件判断图4-13所示两个电路能否产生自激振荡，并说明理由。

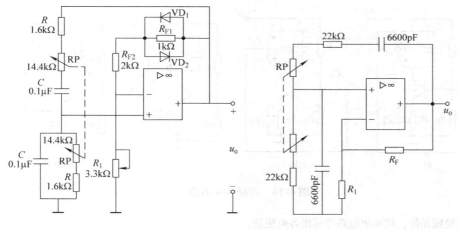

图 4-11　习题 4-1 的图　　　　　　　图 4-12　习题 4-2 的图

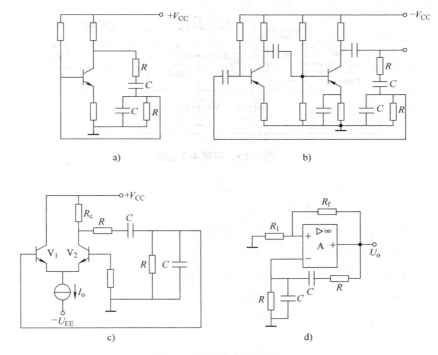

图 4-13　习题 4-3 的图

4-4　试用自激振荡的相位条件判断图 4-14 所示各电路能否产生自激振荡，哪一段产生反馈电压？

4-5　在调试图 4-4 所示电路时，试解释下列现象：

（1）对调反馈线圈 w_2 的两个接头后就能起振；（2）调整 R_{B1}、R_{B2} 或 R_E 的阻值后就能起振；（3）改用 β 较大的晶体管后就能起振；（4）适当增加反馈线圈 w_2 的匝数后就能起振；（5）适当增大 L 值或减小 C 值后就能起振；（6）反馈太强，波形变坏；（7）调整 R_{B1}、R_{B2} 或 R_E 的阻值后可使波形变好；（8）负载太大不仅影响输出波形，有时甚至不能起振。

4-6　设计一个频率为 500Hz 的 RC 桥式振荡电路，已知 $C = 0.047\mu F$，并用一个负温度系数为 20kΩ 的

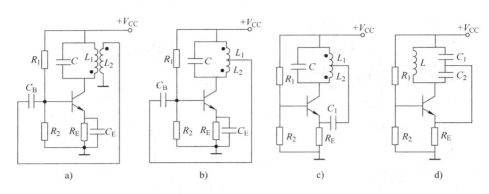

图 4-14　习题 4-4 的图

热敏电阻作为稳幅元件,试画出电路并标出各电阻值。

4-7　方波和三角波发生器电路如图 4-15 所示。(1)分析电路的工作原理;(2)如输出波形出现失真,分析原因,提出改进方案;

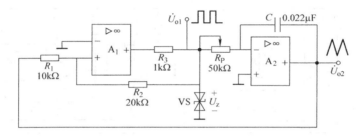

图 4-15　习题 4-7 的图

第五章 直流稳压电源

在生产和科学实验中，除了广泛使用交流电之外，某些场合（如蓄电池的充电、直流电动机、电子仪器等）需要稳定的直流电。直流电的获取通常采用具有单向导电性的电子元件将交流电变换为直流，直流电源一般由电源变压器、整流电路、滤波电路和稳压电路等4部分组成，其结构框图如图5-1所示。

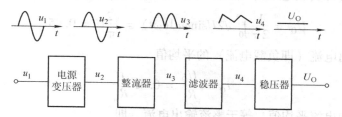

图5-1　直流稳压电源结构框图

变压器把交流电源电压变为整流所需要的电压，再利用整流元器件的单向导电特性，将交流电压变成单向脉动的直流电压，然后经过滤波和稳压电路，把脉动直流电压变为稳定的直流电压。

第一节　整 流 电 路

一、单相半波整流电路

单相半波整流电路如图5-2所示。图中 T 是整流变压器，VD 是整流二极管，R_L 是负载电阻。设变压器二次电压为 $u = \sqrt{2}U\sin\omega t$，其波形如图5-3a所示。

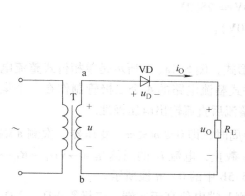

图5-2　单相半波整流电路

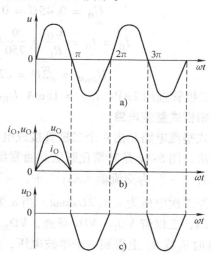

图5-3　单相半波整流电路的电压与电流波形

当 u 为正半周时，即 $0 \leqslant \omega t \leqslant \pi$，变压器二次侧 a 端电位高于 b 端，二极管 VD 承受正向电压而导通。电流 i_O 自电源 a 端→VD→R_L→b 端，从而在 R_L 上形成电压降 u_O，其波形如图 5-3b 所示。因二极管导通时的正向压降很小，可以忽略不计，则认为这半周 $u_O = u$。当 u 为负半周时，即 $\pi \leqslant \omega t \leqslant 2\pi$，变压器二次侧 b 端电位高于 a 端，二极管承受反向电压而截止，电路电流 $i_O = 0$，R_L 上的电压 u_O 也为零。这时变压器二次电压 u 全部加在二极管 VD 上，二极管承受反向电压，u_D 的波形如图 5-3c 所示。

当电压 u 第二个周期到来时，电路将重复上述过程，这样就把交流电压转变成了负载上的单向脉动电压。由于输出电压仅为输入正弦交流电压的半个波，故称为半波整流。单相半波整流输出电压（即负载电压），常用一个周期的平均值 U_O 表示。其值为

$$U_O = \frac{1}{2\pi} \int_0^\pi \sqrt{2}U\sin\omega t \mathrm{d}(\omega t) = \frac{\sqrt{2}}{\pi}U = 0.45U \tag{5-1}$$

由此得出整流输出电流（即负载电流）的平均值

$$I_O = \frac{U_O}{R_L} = 0.45\frac{U}{R_L} \tag{5-2}$$

流过二极管的正向电流平均值，等于整流输出电流，即

$$I_D = I_O \tag{5-3}$$

二极管截止时所承受的最大反向电压 U_{DRM} 就是变压器二次电压的最大值，即

$$U_{DRM} = \sqrt{2}U \tag{5-4}$$

在选择整流二极管时，为了工作可靠，应使二极管的最大整流电流 $I_{OM} > I_D$，二极管的反向工作峰值电压 $U_{RM} = (1.5 \sim 2)U_{DRM}$。

单相半波整流电路结构简单，但是只利用了电源的半个周期，输出电压脉动大，一般仅适用于整流电流较小或脉动要求不严格的直流设备。

例 5-1　单相半波整流电路如图 5-2 所示，已知负载电阻 $R_L = 750\Omega$，变压器二次电压 $U = 20V$，试求 U_O、I_O 及 U_{DRM}，并选用二极管。

解　依式（5-1）～式（5-4）可得

$$U_O = 0.45U = 0.45 \times 20V = 9V$$

$$I_D = I_O = \frac{U_O}{R_L} = \frac{9}{750}A = 0.012A = 12mA$$

$$U_{DRM} = \sqrt{2}U = \sqrt{2} \times 20V = 28.2V$$

查附录 B，二极管选用 2AP4（$I_{OM} = 16mA, U_{RM} = 50V$）。

二、单相桥式整流电路

单相桥式整流电路是由 4 个二极管接成电桥的形式，图 5-4a、b 所示是单相桥式整流电路的不同画法，图 5-4c 是其简化画法。通常组成桥式整流电路的 4 个二极管制作在一个集成块内，标有 "～" 为交流输入端；"＋、－" 为整流后直流输出电压极性。

设变压器二次电压为 $u = \sqrt{2}U\sin\omega t$。当 u 为正半周时，即 $0 \leqslant \omega t \leqslant \pi$，变压器二次侧 a 端电位高于 b 端，二极管 VD_1、VD_3 导通，VD_2、VD_4 截止，电流 i_1 的通路是 a→VD_1→R_L→VD_3→b。这时负载 R_L 上得到一个半波电压，如图 5-5b 中的 $0 \sim \pi$ 段所示。

当 u 为负半周时，即 $\pi \leqslant \omega t \leqslant 2\pi$，变压器二次侧 b 端电位高于 a 端，二极管 VD_1、VD_3

截止，VD_2、VD_4 导通，电流 i_2 的通路是 b→VD_2→R_L→VD_4→a。在负载 R_L 上得到另一个半波电压，如图 5-5b 中的 $\pi \sim 2\pi$ 段所示。

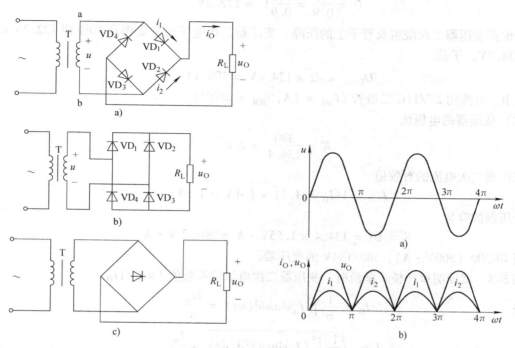

图 5-4　单相桥式整流电路　　　图 5-5　单相桥式整流电路电压与电流的波形

显然，单相桥式整流电路输出电压的平均值 U_O 比半波整流时增加了 1 倍，即

$$U_O = 2 \times 0.45U = 0.9U \tag{5-5}$$

输出电流（即负载电流）的平均值也比半波整流时增加了 1 倍，即

$$I_O = \frac{U_O}{R_L} = 0.9 \frac{U}{R_L} \tag{5-6}$$

流过二极管的平均电流为输出电流的一半，即

$$I_D = \frac{1}{2} I_O \tag{5-7}$$

二极管截止时所承受的最大反向电压为变压器二次电压的最大值，即

$$U_{DRM} = \sqrt{2}U \tag{5-8}$$

例 5-2　已知负载电阻 $R_L = 80\Omega$，直流工作电压为 110V。今采用单相桥式整流电路，交流电源电压为 380V。（1）选用二极管；（2）求整流变压器的电压比（也称变比）及容量。

解　（1）整流输出电流

$$I_O = \frac{U_O}{R_L} = \frac{110}{80}A = 1.4A$$

流过二极管的平均电流

$$I_D = \frac{1}{2} I_O = 0.7A$$

变压器二次电压的有效值

$$U = \frac{U_O}{0.9} = \frac{110}{0.9}\text{V} = 122.2\text{V}$$

考虑到变压器二次绕组及管子上的压降，变压器二次电压通常要提高 10% 即 122.2V × 1.1 = 134.4V。于是

$$U_{DRM} = \sqrt{2} \times 134.4\text{V} = 190.1\text{V}$$

查附录 B，可选用 2CZ11C 二极管（$I_{OM} = 1\text{A}, U_{RM} = 300\text{V}$）。

（2）变压器的电压比

$$K = \frac{380}{134.4} = 2.8$$

变压器二次电流的有效值

$$I = 1.11I_O = 1.11 \times 1.4\text{A} = 1.55\text{A}$$

变压器的容量

$$S = UI = 134.4 \times 1.55\text{V} \cdot \text{A} = 208.3 \text{ V} \cdot \text{A}$$

可选用 BK300（300V·A），380/134V 的变压器。

例 5-3 试证明单相桥式整流时，变压器二次电流的有效值 $I = 1.11I_O$。

证

$$I_O = \frac{1}{\pi}\int_0^\pi I_m\sin\omega t\,\mathrm{d}(\omega t) = \frac{2I_m}{\pi}$$

$$I = \sqrt{\frac{1}{\pi}\int_0^\pi (I_m\sin\omega t)^2\mathrm{d}(\omega t)} = \frac{I_m}{\sqrt{2}}$$

则有

$$I = \frac{\pi}{2\sqrt{2}}I_O = 1.11I_O$$

* 三、三相桥式整流电路

单相桥式整流一般用于小功率场合，而在大功率的整流设备中，为避免造成三相电网负载不平衡，影响供电质量，广泛采用三相桥式整流电路，如图 5-6 所示。6 个二极管接成桥式，VD_1、VD_3、VD_5 为共阴极组，工作时其中阳极电位最高者导通；VD_2、VD_4、VD_6 为共阳极组，工作时其中阴极电位最低者导通。同一时间，每组中各有一个二极管导通。

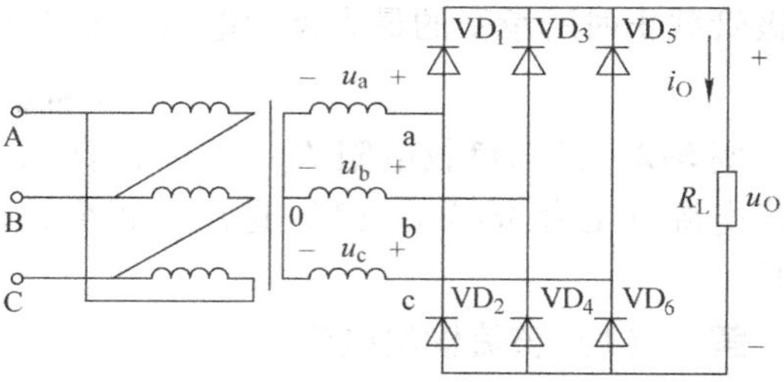

设变压器二次绕组的三相电压 u_a、u_b、u_c 的波形如图 5-7a 所示。在 $0 \sim t_1$ 期间，c 相电压为正且最高，VD_5 导通，VD_1、VD_3 则因反偏而截止；同时，b 相电压为负且最低，VD_4 导通，VD_2、VD_6 则因反偏而截止。此时，电流通路为 c→VD_5→R_L→VD_4→b，整流输出电压为线电压 u_{cb}。

在 $t_1 \sim t_2$ 期间，a 相电压为正且最高，

图 5-6 三相桥式整流电路

VD_1 导通，VD_3、VD_5 则因反偏而截止；同时，b 相电压为负且最低，VD_4 导通，VD_2、VD_6 则因反偏而截止。此时，电流通路为 a→VD_1→R_L→VD_4→b，整流输出电压为线电压 u_{ab}。

同理，在 $t_2 \sim t_3$ 期间，a 相电压最高，c 相电压最低，VD_1、VD_6 导通，电流通路为 a→

$VD_1 \rightarrow R_L \rightarrow VD_6 \rightarrow c$，整流输出电压为线电压 u_{ac}。

依此类推，就可以列出图 5-7 中所示二极管导通次序，各组二极管导通情况是每隔 $\frac{1}{6}$ 周期变换一次，每个二极管导通 $\frac{1}{3}$ 周期。输出电压 u_0 的波形如图 5-7b 所示。输出电压脉动较小，其平均值为

$$U_0 = 2.34U \qquad (5-9)$$

式中，U 为变压器二次侧相电压的有效值。

输出电流的平均值为

$$I_0 = \frac{U_0}{R_L} = 2.34 \frac{U}{R_L} \qquad (5-10)$$

流过每个管子的平均电流为输出电流的 $1/3$，即

$$I_D = \frac{1}{3}I_0 \qquad (5-11)$$

每个二极管所承受的最大反向电压为变压器二次侧线电压的幅值

$$U_{DRM} = \sqrt{3}U_m = \sqrt{3} \times \sqrt{2}U = 2.45U \qquad (5-12)$$

现将 5 种常见的整流电路列成表 5-1，以便比较。

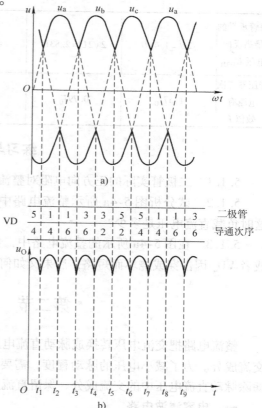

图 5-7　三相桥式整流的电压波形

表 5-1　常见的整流电路

电路					
整流电压 u_0 的波形					
整流电压平均值 U_0	$0.45U$	$0.9U$	$0.9U$	$1.17U$	$2.34U$
流过每管的电流平均值 I_0	I_0	$\frac{I_0}{2}$	$\frac{I_0}{2}$	$\frac{I_0}{3}$	$\frac{I_0}{3}$

（续）

每管承受的最高反向电压 U_{DRM}	$\sqrt{2}U = 1.41U$	$2\sqrt{2}U = 2.83U$	$\sqrt{2}U = 1.41U$	$\sqrt{3}\times\sqrt{2}U = 2.45U$	$\sqrt{3}\times\sqrt{2}U = 2.45U$
变压器二次电流有效值 I	$1.57I_O$	$0.79I_O$	$1.11I_O$	$0.59I_O$	$0.82I_O$

练习与思考题

5.1.1　二极管实际的正方向电阻对整流电路有什么影响？

5.1.2　试分析图 5-4a 所示整流电路中二极管 VD_2 或者 VD_4 断开时负载电压的波形。这时负载直流电压是多少？

5.1.3　在图 5-4a 所示的整流电路中，如果 VD_2 或者 VD_4 接反，后果如何？如果 VD_2 或者 VD_4 因击穿或烧坏而短路，后果又如何？

第二节　滤波电路

整流电路把交流电压转换成脉动直流电压，这种电压除含有直流成分外，还含有较大的交流成分。为了减小电压的脉动程度，需要在整流电路之后加接滤波电路（也称滤波器），滤除脉动直流电压中的交流成分，保留直流成分。下面介绍几种常用的滤波电路。

一、电容滤波电路

单相桥式整流电容滤波电路如图 5-8 所示。在负载电阻 R_L 两端并联滤波电容 C，利用电容 C 的充放电作用，使输出电压趋于平滑。设单相桥式整流电路不接电容滤波器时，输出电压的波形如图 5-9a 所示。

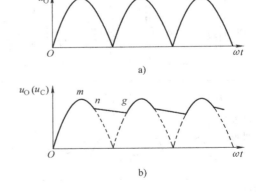

a)

b)

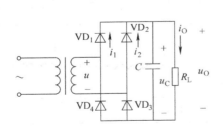

图 5-8　单相桥式整流电容滤波电路　　　　图 5-9　电容滤波电路的波形

现在分析滤波过程：设 u 从零开始上升，二极管 VD_1、VD_3 导通，整流器输出电流 i_1 向负载电阻 R_L 供电，同时对电容 C 充电，由于变压器二次绕组电阻与二极管的正向导通电阻很小，充电时间常数很小，电容两端电压 u_C 与 u 近似一致，如图 5-9b 的 Om 段波形所示，u 在 m 点达到最大值，u_C 也达到最大值。过了 m 点后 u 按正弦规律下降的速率先慢后快，开始 mn 段 u_C 仍与 u 近似相同，过了 n 点以后，u 按正弦规律下降速率大于 u_C 通过 R_L 按指数规律衰减的速率，此时 $u < u_C$，因此二极管 VD_1、VD_3 承受反向电压而截止，电容 C 向负载电阻 R_L 放电，由于放电时间常数 $R_L C$ 一般较大，故 u_C 按指数规律衰减较慢，如图中 ng 段。在 g 点后，u 的负半周使二极管 VD_2、VD_4 导通，整流器输出电流 i_2 向负载电阻 R_L 供电，同时对电容 C 充电，以后重复上述过程。

从图 5-9b 波形可看到，加滤波电容 C 之后，输出电压 u_0 的脉动大为减小，并且电压平均值提高了。在空载（$R_L \to \infty$）和忽略二极管正向压降的情况下，$U_0 = \sqrt{2}U$。但是随着负载的增加（R_L 减小，I_0 增大），放电时间常数 $R_L C$ 减小，放电加快，输出电压平均值 U_0 也就下降。整流电路的输出电压 U_0 与输出电流 I_0 的变化关系曲线称为整流电路的外特性曲线，如图 5-10 所示。图中曲线 b 是没有滤波电容时外特性；曲线 a 是电容滤波时外特性，输出电压 U_0 受负载电阻变化影响较大，带负载能力较差。电容滤波带负载时，输出电压 U_0 通常按下式取值

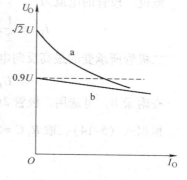

图 5-10　单相桥式整流
电路的外特性

$$U_0 = U \qquad （半波）$$
$$U_0 = 1.2U \qquad （全波）$$
$$\left.\begin{array}{c} \\ \\ \end{array}\right\} \qquad (5\text{-}13)$$

采用电容滤波时，为了减小输出电压的脉动程度，电容器的放电时间常数 $R_L C$ 要大一些，应满足条件

$$R_L C \geqslant (3 \sim 5)\frac{T}{2} \qquad\qquad\qquad (5\text{-}14)$$

式中，T 是电源交流电压的周期；滤波电容 C 通常采用极性电容器，一般取几十微法到几千微法，其耐压应大于输出电压的最大值。

由于二极管的导通时间缩短（导通角小于 $180°$），但在一个周期内电容器的充电电荷等于放电电荷，即通过电容器的电流平均值为零，可见在二极管导通期间其电流 i_D 的平均值近似等于输出电流的平均值 I_0，因此 i_D 的峰值必然较大，产生大的冲击电流，容易损坏二极管，因而在选用二极管时，电流值应留有充分余量。

单相桥式整流电路，加接电容滤波后，二极管截止时所承受的最高反向电压 $U_{DRM} = \sqrt{2}U$ 不变，但对单相半波整流电路加接电容滤波，当负载端开路时，$U_{DRM} = 2\sqrt{2}U$。因为在交流电压正半周时，电容器电压充到最大值 $U_C = \sqrt{2}U$，由于开路，不能放电，U_C 不变；而在交流电压负半周的最大值时，截止二极管所承受的反向电压为电源交流电压的最大值 $\sqrt{2}U$ 与 U_C 之和，即 $U_{DRM} = 2\sqrt{2}U$。

总之，电容滤波电路简单，输出电压 U_0 较高，脉动也较小，但是外特性较差且有电流冲击。因此，电容滤波一般用于要求输出电压较高，负载电流较小并且变化也较小的场合。

例 5-4　图 5-8 所示的单相桥式整流电容滤波电路，已知交流电源频率 $f = 50\text{Hz}$，负载电阻 $R_L = 200\Omega$，输出电压平均值 $U_0 = 30\text{V}$。试确定变压器二次电压的有效值，选用整流二极管和滤波电容器。

解 根据式 (5-13)，取 $U_O = 1.2U$，变压器二次电压的有效值为

$$U = \frac{U_O}{1.2} = \frac{30}{1.2}\text{V} = 25\text{V}$$

输出电流平均值为

$$I_O = \frac{U_O}{R_L} = \frac{30}{200}\text{A} = 0.15\text{A}$$

流过二极管的电流为

$$I_D = \frac{1}{2}I_O = \frac{1}{2} \times 0.15\text{A} = 0.075\text{A} = 75\text{mA}$$

二极管所承受的最高反向电压为

$$U_{DRM} = \sqrt{2}U = \sqrt{2} \times 25\text{V} = 35\text{V}$$

查附录 B，可选用二极管 2CP11($I_{OM} = 0.1\text{A}, U_{RM} = 50\text{V}$)

根据式 (5-14)，取 $R_L C = 5 \times \frac{T}{2}$，因

$$T = \frac{1}{f} = \frac{1}{50}\text{s} = 0.02\text{s}$$

$$R_L C = 5 \times \frac{T}{2} = 5 \times \frac{0.02}{2}\text{s} = 0.05\text{s}$$

则

$$C = \frac{0.05\text{s}}{R_L} = \frac{0.05}{200}\text{F} = 250\mu\text{F}$$

可选用 $C = 250\mu\text{F}$、耐压为 50V 的极性电容器。

二、电感滤波电路

电感滤波电路如图 5-11 所示，在整流电路的输出端和负载电阻 R_L 之间串联一个电感 L。当电感中流过的电流增大时，电感产生的自感电动势阻碍电流增加，同时将部分电能转变成磁场的能量储存起来，使电流增加缓慢。而电流减小时，自感电动势则阻碍电流减小，并将储存的能量释放出来，使电流减小缓慢。从而使负载电流和负载电压脉动大为减小。

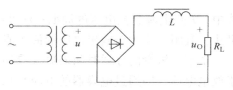

图 5-11 电感滤波电路

另一方面滤波电路的电感较大，其交流阻抗很大，直流电阻很小，它与负载电阻 R_L 串联，所以直流分量大部分降在 R_L 上。对交流分量，谐波频率越高，感抗也越大，因而交流分量大部分降在电感上，从而在输出端负载上得到比较平坦的电压波形。忽略电感线圈的直流电阻，桥式整流电感滤波电路的输出电压平均值为 $U_O = 0.9U$。

电感滤波电路的优点是二极管的导通角比电容滤波电路时大，流过二极管的峰值电流小；负载改变时外特性好，带负载能力较强，适用于负载电流变化比较大的场合。缺点是由于采用铁心线圈，体积大，比较笨重，易引起电磁干扰。

为了进一步减小输出电压的脉动，可在电感滤波之后，再加一个电容 C 与 R_L 并联，组成 LC 滤波，如图 5-12 所示。这样电容再一次滤掉交流分量，可得到更为平直的直流输出电压。

三、π 形滤波电路

如果要求输出电压的脉动更小，可以在 LC 滤波器的前面再并联一个滤波电容 C，便构成 π 形 LC 滤波电路，如图 5-13 所示。

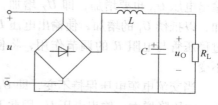

图 5-12　LC 滤波电路

由于电感线圈的体积大而笨重，成本又高，所以有时候用电阻去代替 π 形滤波器中的电感线圈，这样便构成了 π 形 RC 滤波电路，如图 5-14 所示。电阻对于交、直流电流都有降压作用，但它与电容配合之后，脉动电压的交流分量较多地降落在电阻两端（C_2 的交流阻抗很小），使输出电压脉动减小，从而起到滤波作用。R 越大，C_2 越大，滤波效果越好。但是 R 太大，直流电压降增加，因此这种滤波电路主要适用于负载电流较小，而要求输出电压脉动很小的场合。

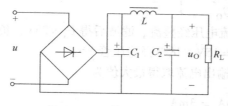

图 5-13　π 形 LC 滤波电路

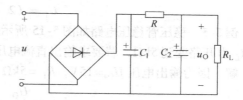

图 5-14　π 形 RC 滤波电路

练习与思考题

5.2.1　如果在图 5-2 所示的单相半波整流电路的输出端并联一个滤波电容，试画出输出电压的波形，并说明管子的最大反向电压 U_{DRM} 与变压器二次电压的关系。

5.2.2　在图 5-8 所示电路中，如果 C 断路，负载直流电压有无变化？如果 C 短路，后果怎样？

5.2.3　在图 5-8 所示电路中，如果 R_L 断路，整流滤波电路的输出直流电压有无变化？

第三节　线性稳压电路

交流电压经过整流滤波后，所得到的直流电压虽然脉动程度已经很小，但当电网电压波动或负载变化时，其直流电压的大小也将随之发生变化，从而影响电子设备和测量仪器的正常工作。因此，常在整流、滤波电路之后加直流稳压电路，下面介绍常见的线性稳压电路。

一、稳压管稳压电路

最简单的直流稳压电源是采用稳压管来稳定电压。如图 5-15 所示，R_L 为负载电阻，稳压管 VS 与 R_L 并联，限流电阻 R 与 VS 配合起稳压作用。稳压电路的输入电压 U_I，是由整流、滤波电路提供的直流电压；输出电压 U_O 即稳压管两端的稳定电压 U_Z。

当交流电源电压增加而使 U_I 增加时，

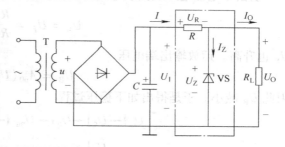

图 5-15　硅稳压管稳压电路

输出电压 U_O 也要增加，即 U_Z 增加，则稳压管的电流 I_Z 就显著增加，因此 R 上的压降增加，以抵偿 U_I 的增加，使输出电压 U_O 保持近似不变。反之，当交流电源电压降低时，通过稳压管与电阻 R 的调节作用，将使电阻 R 上的压降减小，仍然保持输出电压 U_O 近似不变。

当交流电源电压保持不变，即 U_I 不变，而负载增大（即 R_L 减小）时，I_O 增大，电阻 R 上的压降增大，输出电压 U_O 因此下降，则稳压管电流 I_Z 就显著减小，使通过电阻 R 的电流和电阻上的压降保持近似不变，输出电压 U_O（即负载电压）也就保持近似不变。当负载减小时，稳压过程相反。

选用稳压管时，一般取

$$\left.\begin{array}{l} U_Z = U_O \\ I_{Zmax} = (1.5 \sim 3)I_{OM} \\ U_I = (2 \sim 3)U_O \end{array}\right\} \tag{5-15}$$

例 5-5　稳压管稳压电路如图 5-15 所示，交流电压经整流、滤波后得 $U_I = 25\text{V}$，负载电阻 R_L 由开路变到 5kΩ，若要求输出直流电压 $U_O = 15\text{V}$，试选择稳压管 VS。

解　因为输出电压 $U_O = 15\text{V}$，$R_L = 5\text{k}\Omega$ 时，输出电流取得最大值为

$$I_{OM} = \frac{U_O}{R_L} = \frac{15}{5}\text{mA} = 3\text{mA}$$

根据式（5-15）的要求，查附录 B，选择稳压管 2CW20，其稳定电压 $U_Z = （13.5 \sim 17）$V，稳定电流 $I_Z = 5\text{mA}$，最大稳定电流 $I_{Zmax} = 15\text{mA}$。

二、串联型稳压电路

图 5-16 是由运放组成的串联型稳压电路，晶体管 V 是稳压电路的调整管，它与负载 R_L 串联，构成稳压电路的主回路。稳压管 VS 和电阻 R_3 构成基准电压电路，基准电压就是稳压管的稳定电压 U_Z。电阻 R_1 和 R_2 组成采样电路，把输出电压的一部分 U_F 与基准电压 U_Z 的差经运放

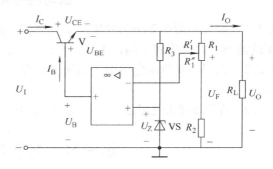

图 5-16　串联型稳压电路

放大后送给调整管的基极，通过改变基极电压 U_B 的大小，改变调整管管压降 U_{CE} 的大小，实现稳定输出电压的目的。

设由于电源电压或负载电阻的变化使输出电压 U_O 升高时，由图 5-16 可得

$$U_- = U_F = \frac{R_1'' + R_2}{R_1 + R_2}U_O$$

U_F 也升高。运放输出端电压

$$U_B = A_{u0}(U_Z - U_F)$$

因此 U_B 减小。于是得出如下稳压过程

$$U_O\uparrow \to U_F\uparrow \to U_B\downarrow \to U_{BE}\downarrow \to I_B\downarrow \to I_C\downarrow \to U_{CE}\uparrow$$
$$U_O\downarrow \longleftarrow$$

相反的变化过程，使输出电压基本保持不变。当输出电压降低时，其稳压过程相反。因图 5-16引入的是串联电压负反馈，故称之为串联型稳压电路。

改变电位器就可调节输出电压。根据同相比例运算电路可得

$$U_O \approx U_B = \left(1 + \frac{R_1'}{R_1'' + R_2}\right)U_Z \tag{5-16}$$

三、三端集成稳压电路

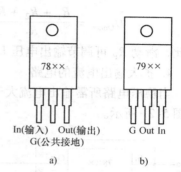

图 5-17　三端集成稳压器
a）78××系列　b）79××系列

三端集成稳压电源具有体积小、可靠性高、使用灵活及价格低廉等优点，近年来发展很快。

图 5-17 是 78××和 79××系列稳压器的外形及管脚排列图。这种稳压器只有输入端、输出端和公共端三个引出端，所以也称为三端集成稳压器。使用时只需在其输入端、输出端与公共端之间各并联一个电容 C_i、C_o 即可。C_i 用以抵消输入端较长接线的电感效应，防止产生自激振荡，接线不长时也可不用。C_o 是为了瞬时增减负载电流时不致引起输出电压有较大的波动。C_i 一般在 $0.1 \sim 1\mu F$ 之间，C_o 可用 $1\mu F$。

78××系列是输出正电压，其后两位数字（××）表示该稳压器的输出电压值，如 L7805 表示输出电压为 5V，常见的输出电压有 5V、6V、8V、9V、10V、12V、15V、18V 和 24V 等多种。79××系列是输出负电压，如 7912 表示输出电压为 –12V，其参数与 78×× 系列基本相同。这类三端稳压器在加装散热器的情况下，输出电流可达 1.5 ~ 2.2A，最高输入电压为 35V，输入与输出的最小电压差为 2 ~ 3V，输出电压变化率为 0.1% ~ 0.2%。下面介绍几种三端集成稳压器的应用电路。

1. 固定输出电压的稳压电路

图 5-18 为 78××系列和 79××系列固定输出电压的接线图。

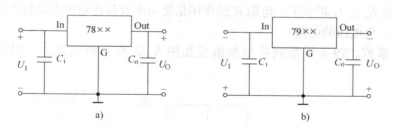

图 5-18　三端稳压器基本接线图
a）78××　b）79××

2. 提高输出电压的电路

图 5-19 所示电路的输出电压 U_O 高于 78××稳压器的固定输出电压 $U_{××}$，显然，输出电压 $U_O = U_{××} + U_Z$。

3. 输出电压可调的稳压电路

图 5-20 是输出电压可调的稳压电路。其中集成运算放大器起电压跟随作用，忽略稳压

器的静态电流，当 R_P 滑点移到最下端时，输出电压
最小值

$$U_{Omin} = \frac{R_1 + R_2 + R_P}{R_1 + R_P} U_{××}$$

当滑点移到最上端时，输出电压最大值

$$U_{Omax} = \frac{R_1 + R_2 + R_P}{R_1} U_{××}$$

因此，滑动 R_P 可调节输出电压 U_O。

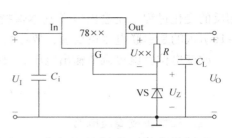

图 5-19　可提高输出电压的电路

4. 扩大输出电流的电路

当稳压电路所需输出电流大于 2A 时，可通过外接功率晶体管的方法来扩大输出电流，如图 5-21 所示。

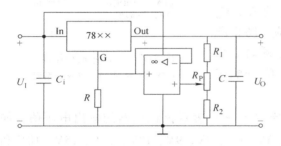

图 5-20　输出电压可调的稳压电路

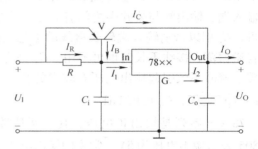

图 5-21　可扩大输出电流的电路

稳压器公共端 3 的电流很小，可以忽略不计，所以 $I_1 = I_2$，则可得

$$I_O = I_2 + I_C = I_2 + \beta I_B = I_1 + \beta(I_1 - I_R)$$

$$= (1 + \beta)I_2 + \beta \frac{U_{BE}}{R} \tag{5-17}$$

例如功率管 $\beta = 10$，$U_{BE} = -0.3\text{V}$，电阻 $R = 0.5\Omega$，$I_2 = 1\text{A}$，则可计算出 $I_O = 5\text{A}$，可见电路的输出电流 I_O 比 I_2 扩大了。电阻 R 的作用是使功率管只在输出电流较大时才能导通。

5. 输出正、负电压的电路

将 78××系列、79××系列稳压器组成如图 5-22 所示的电路，可同时输出正、负电压。

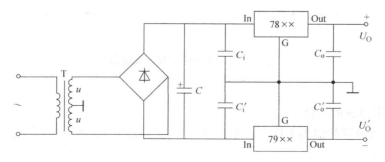

图 5-22　输出正、负电压的稳压电路

练习与思考题

5.3.1 稳压二极管稳压电路中的限流电阻 $R=0$ 是否可以？有何后果？

5.3.2 稳压二极管稳压电路中的稳压二极管接反了，有何后果？

5.3.3 串联型稳压电路调整管工作在何种状态？试判别该电路的反馈类型。

*第四节 开关型稳压电路

如果稳压电路中的调整管工作于开关状态，并通过控制其导通时间的长短来实现输出电压的调整和稳定，这就是开关型稳压电路，简称开关电源。

线性集成稳压电路由于调整管始终工作在放大区，所以其功耗大，效率低。而开关稳压电路调整管工作在开关状态，其效率高，体积小，重量轻，便于集成化，对交流电网电压和频率的变化适应性强，因此，在要求电源小型化的电子设备，如计算机、彩色电视机中获得了广泛的应用。但它的工作频率已属射频范围，对电网和周围空间会产生电磁辐射干扰，它的输出电压纹波也比线性稳压电源高，不适合用作测量仪器和设备、信号放大器的电源。

一、串联型开关稳压电路

开关型稳压电路的原理框图如图 5-23a 所示，图中 V 为开关调整管，由脉宽调制器输出的等幅不等宽脉冲信号控制。当 u_K 为高电平时，V 饱和导通，$u_A \approx U_I$；当 u_K 为低电平时，V 截止，电感 L 产生反电势使续流二极管 VD 导通，$u_A \approx 0$，u_A 的波形如图 5-23b 所示。图中 L、C 组成低通滤波器，忽略电感上的直流压降，则输出电压 U_O 就等于 u_A 的平均值，即

$$U_O = \frac{1}{T} \int_0^{T_{ON}} U_I dt = \frac{T_{ON}}{T} U_I = q U_I \tag{5-18}$$

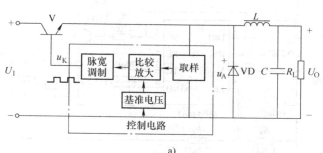

a)

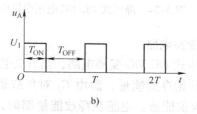

b)

图 5-23 开关型稳压电路

a) 原理框图　b) 波形图

式中，$q = \dfrac{T_{ON}}{T}$是调整管导通时间 T_{ON} 与其周期 T 之比，称为调整管的工作占空比。因此，通过改变占空比就可以调整开关型稳压器的输出电压 U_O。

当某种原因（如电源电压升高或 R_L 减小）使得输出电压升高，取样电路的电压也将升高，比较放大电路使脉宽调制器输出的脉冲宽度变窄，占空比变小，输出电压将减小而趋于稳定。反之当 U_O 减小时，则控制电路使占空比增加，输出电压将增大而趋于稳定。

二、集成开关电源电路

集成开关电源器件种类很多，下面只介绍由 MC34063 DC/DC 电压变换集成芯片构成的输出电压可调的升压式、降压式和反极性式 DC/DC 变换器电路。

MC34063 芯片引脚1（SC）端为功率开关管集电极；2（SE）端为功率开关管发射极；3（TC）端连接定时电容，调节 C_T 可使工作频率在 100Hz～100kHz 范围内变化；4（GND）端为地；5（FB）端为比较器反相输入；6（V_{CC}）端为正电源；7（IPK）端为负载峰值电流取样，6、7 端之间电压超过 300mV 时，芯片将启动内部过流保护功能；8（DRI）端为驱动器集电极。

MC34063 芯片内部包含 1.25V 基准电压、比较器、振荡器、控制逻辑电路和输出驱动器等电路。输入电源电压范围为 3～40V，输出开关峰值电流为 1.5A，静态工作电流为 1.6mA，开关频率为 100Hz～100kHz。

1. 降压式 DC/DC 电压变换电路

图 5-24 是 MC34063 构成的降压式 DC/DC 电压变换电路，比较器的反相输入端（5）通过外接两个精密的分压电阻 R_3、R_4 监测输出电压，$U_O = 1.25(1 + R_4/R_3)$ V，因 1.25V 基准电压恒定不变，如果 R_3、R_4 阻值稳定，U_O 亦稳定。

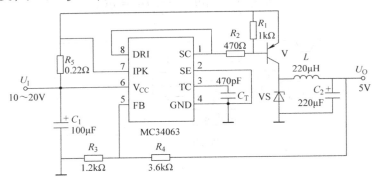

图 5-24　降压式 DC/DC 电压变换电路

2. 升压式 DC/DC 电压变换电路

图 5-25 是 MC34063 升压式 DC/DC 变换电路，当开关管 V 导通时，电源经取样电阻 R、电感 L、V 管接地，此时 L 开始存储能量，而由 C_2 对负载提供能量。当 V 断开时，电源和电感同时给负载和电容 C_2 提供能量。电感在释放能量期间，由于其两端的电动势极性与电源极性相同，相当于两个电源串联，因而负载上的电压将高于电源电压。

3. 极性反转式 DC/DC 电压变换电路

图 5-26 为 MC34063 构成的极性反转式 DC/DC 电压变换电路。当开关管 V 导通时，电

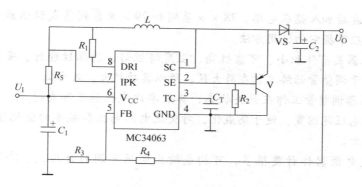

图 5-25　升压式 DC/DC 电压变换电路

流经 R_s、V 和 L_1 到地，L_1 储能，此时由 C_2 向负载提供能量。当 V 断开时，由于流经电感的电流不能突变，因此，稳压二极管 VS 正向导通而续流。此时，L_1 经 VS 向负载和 C_2 供电（经公共地），输出电压 U_O 为负值。

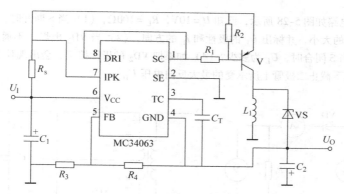

图 5-26　MC34063 构成的极性反转式 DC/DC 电压变换电路

练习与思考题

5.4.1　开关电源有哪些优点？为什么效率比线性稳压电源高？

5.4.2　开关电源主要由哪几部分组成？各组成部分的作用是什么？

5.4.3　试说明串联型开关稳压电源的特点。

本 章 小 结

1. 整流是利用二极管的单向导电性的电子元件把交流电压转变为单向脉动的直流电压。整流电路的形式有单相半波、单相全波、单相桥式、三相半波及桥式整流等。

2. 为了滤除整流电压中的谐波分量，常采用储能元件 L、C 组成各种滤波电路。电容滤波适用较高电压，较小电流，且电流变化不大的场合。电感滤波适用电压较低，电流变化大的场合。若要提高滤波效果，可选用 $LC\pi$ 形滤波或 $RC\pi$ 形滤波电路。

3. 整流滤波后得到的直流电压会因为负载的变化或输入交流电压的变化而发生波动，

因此可在整流滤波后加入稳压电路。78××系列和79××系列集成稳压器是典型的三端线性集成稳压器，应掌握它的使用方法。

4. 集成稳压器具有体积小、可靠性高、温度特性好、稳压性能好、安装调试方便等突出的优点，但由于调整管始终工作在放大区，所以其功耗大，效率低。

5. 开关稳压器调整管工作在开关状态，其效率比线性稳压器高得多，并且体积小、重量轻，具有输入电压范围宽，便于集成化，对交流电网电压和频率的变化适应性强的优点。但其输出纹波较大。

6. 集成开关电源器件种类很多，可构成输出电压可调的升压式、降压式和反极性式DC/DC变换器。

习　题　五

5-1　在图5-27所示电路中，负载 $R_L = 80\Omega$，直流电压表 V 的读数为110V，试求：（1）直流电流表 A 的读数；（2）整流电流的最大值；（3）交流电压表 V_1 的读数；（4）变压器二次电流的有效值。设二极管的正向压降忽略不计。

5-2　全波整流电路如图5-28所示，已知 $U = 10V$，$R_L = 100\Omega$，（1）当 S 断开时，试求负载电阻 R_L 上的电压 U_L 和电流 I_L 的大小，并标出 U_L 的极性和 I_L 的方向。（2）当 VD_2 虚焊（不通），且 S 断开时，U_L 和 I_L 为多少？（3）当 S 闭合时，U_L 为多少？（4）如果把 VD_2 的极性接反，会出现什么问题？（5）试求 S 断开和闭合两种情况下截止二极管上所承受的最大反向电压 U_{DRM}。

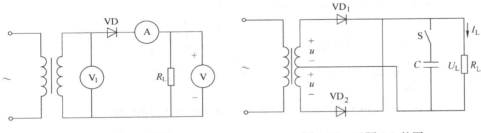

图5-27　习题5-1的图　　　　　　　图5-28　习题5-2的图

5-3　有一单相桥式整流电路（不带滤波器），已知负载电阻 $R_L = 50\Omega$，直流工作电压110V，试求变压器二次电压的有效值，并选择二极管。

5-4　有一单相桥式整流电容滤波电路，已知交流电压频率为50Hz，要求输出电压平均值 $U_O = 30V$，输出电流平均值 $I_O = 0.15A$。试选择二极管和滤波电容器。

5-5　试分析图5-29所示整流电路的工作原理，标出 U_O 的极性，并说明 U_O 与变压器二次电压 U 的数值关系。

5-6　稳压管稳压电路如图5-30所示，设 $u = 28.2\sin\omega t V$，稳压管的稳压值 $U_Z = 6V$，$R_L = 2k\Omega$，$R = 1.2k\Omega$。（1）试求 S_1 断开、S_2 合上时的 I_O、I_R 和 I_Z；（2）试求 S_1 和 S_2 均合上时的 I_O、I_R 和 I_Z；（3）试问 $R = 0$ 和 VS 接反两种情况下电路能否起稳压作用？

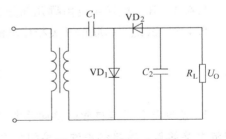

图5-29　习题5-5的图

5-7　在图5-31中，试问输出电压 U_O 的可调范围是多少？

5-8　用78××稳压器组成的一种高输入电压的稳压电路如图5-32，试分析其工作原理。

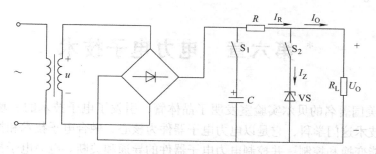

图 5-30　习题 5-6 的图

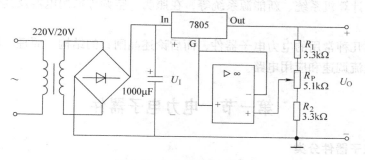

图 5-31　习题 5-7 的图

5-9　图 5-33 所示的串联型稳压电路，已知稳压二极管 VS 的稳定电压 $U_Z = 5.3V$，电阻 $R_1 = R_2 = 200\Omega$，晶体管的 $U_{BE} = 0.7V$。（1）当电位器 RP 滑动触点在最下端时，测得输出电压 U_O 为 15V，试求 R_{RP} 的值；（2）输出电压 U_O 的可调范围是多少？（3）试分析其稳压过程。

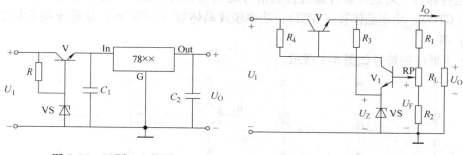

图 5-32　习题 5-8 的图　　　　　图 5-33　习题 5-9 的图

5-10　试设计一台直流稳压电源，其输入交流电源为 220V、50Hz，要求输出电压 +12V，最大输出电流 500mA，采用单相桥式整流、电容滤波电路和三端集成稳压器（设其压差为 5V）构成。（1）画出电路图；（2）确定电源变压器的电压比，选择整流二极管、滤波电容器的参数和三端集成稳压器的型号。

5-11　应用 MC34063 设计一开关稳压电源。已知输入电压为 18V，要求输出电流 1A 以上，输出电压 24V，请查找相关资料，写出详细的设计过程，并画出电路图。

* 第六章　电力电子技术

1947 年，美国著名的贝尔实验室发明了晶体管，引发了电子技术的一场革命，从而产生了电力电子技术这门学科，它是以电力电子器件为核心，融合电子技术和控制技术，对强电电路进行电能变换和控制，并控制电力电子器件的导通和关断。电力电子技术的应用范围十分广泛。它不仅用于一般工业各种交直流电动机的调速，也广泛用于交通运输、电力系统、通信系统、计算机系统、新能源系统等，在照明、空调等家用电器及其他领域中也有着广泛的应用。

本章先介绍几种常用的电力电子器件，而后论述晶闸管的结构、原理、特性、参数和保护，然后介绍交流调速和应用电路。

第一节　电力电子器件

一、电力电子器件分类

根据不同的开关特性，电力电子器件可分为如下三类：

（1）不控器件　这种器件的导通和关断无可控的功能，如整流二极管等。

（2）半控器件　对这种器件通过控制信号只能控制其导通而不能控制其关断，如普通晶闸管（VT）等。

（3）全控器件　对这种器件通过控制信号既能控制其导通，又能控制其关断，如可关断晶闸管（GTO）、功率晶体管（GTR）、功率场效晶体管（VDMOS）及绝缘栅双极型晶体管（IGBT）等。

电力电子器件的符号如图 6-1 所示。

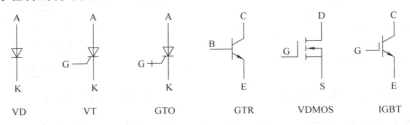

图 6-1　电力电子器件的符号

电力电子器件（整流二极管除外）按控制信号的性质分为电流驱动型和电压驱动型两类；按控制信号的波形分为脉冲触发型和电平控制型两类。

功率晶体管的基本结构、工作原理和参数意义与前述的晶体管相同。晶体管的主要用途是放大小功率信号，而 GTR、VDMOS、IGBT 作为功率开关使用。它们的共同特点是：大容量（高电压、大电流）、较高的开关速度、较低的功率损耗、饱和压降 U_{CE} 低、穿透电流 I_{CEO} 小、直流电流放大系数 β 大、耐压要高。

二、晶闸管

晶闸管是晶体闸流管的简称，又称可控硅。晶闸管是一种大功率半导体器件，具有体积小、重量轻、耐压高、响应速度快、控制灵活及使用方便等优点，被广泛应用于整流、逆变、调压、开关等方面。但是，晶闸管一般工作在断续工作状态，工作时产生的谐波会对同一电网上的其他用电设备造成不良影响。此外，晶闸管还存在过载能力低，抗干扰能力差，控制电路复杂等缺点。

晶闸管的种类很多，有普通型、双向型、可关断型和快速型等。本书主要介绍普通型晶闸管的结构、工作原理、晶闸管构成的可控整流电路以及单结晶体管构成的触发电路。

1. 晶闸管的结构

晶闸管具有四层半导体，三个 PN 结，如图 6-2a 所示，由最外的 P 层和 N 层引出两个电极，分别为阳极 A 和阴极 K，由中间的 P 层引出的为门极（又称控制极）G。晶闸管的图形符号如图 6-2b 所示。图 6-2c是常见普通型晶闸管的外形图，晶闸管的螺栓端是阳极，可以利用它固定散热片；另一端有两根引出线，其中粗的一根是阴极引线，细的是门极引线。

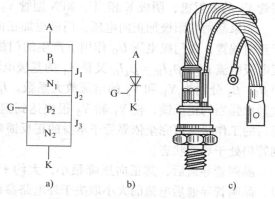

图 6-2　晶闸管的结构及图形符号

2. 晶闸管的工作原理

为便于理解，下面以图 6-3 所示的实验电路来说明晶闸管的工作原理。

（1）晶闸管正向阻断　晶闸管的阳极经灯泡接电源的正端，阴极接电源的负端，此时晶闸管承受正向电压。开关 S 断开，如图 6-3a 所示，灯 HL 不亮，说明晶闸管不导通，处于正向阻断状态。其原因是：当晶闸管的阳极和阴极之间加正向电压而门极未加电压时，由图 6-2a可知，PN 结 J_2 处于反向偏置，故晶闸管不会导通。

（2）晶闸管导通　晶闸管的阳极和阴极间加正向电压，开关 S 闭合，即门极也加正向电压，如图 6-3b 所示，此时灯 HL 亮，说明晶闸管处于导通状态。可见，晶闸管导通的条件是：阳极与阴极之间加正向电压，门极与阴极间也加正向电压。

晶闸管导通后，如果把开关 S 断开，灯 HL 仍然亮，即晶闸管继续导通。这说明晶闸管一旦导通后，门极便失去了控制作用。因此，在实际应用中，门极只需施加一定的正脉冲电压便可触发晶闸管导通。

（3）晶闸管反向阻断　将晶闸管的阴极接电源的正

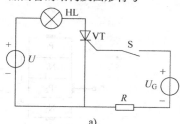

a)

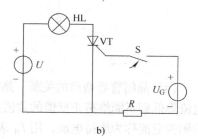

b)

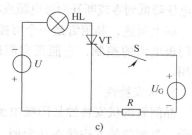

c)

图 6-3　晶闸管工作原理实验电路

a）正向阻断　b）正向导通

c）反向阻断

端，阳极经灯泡接电源的负端，使晶闸管承受反向电压，如图 6-3c 所示，这时不管开关 S 闭合与否，灯 HL 均不亮。这说明晶闸管外加反向电压时不导通，处于反向阻断状态。其原因是：晶闸管在反向电压作用下，由图 6-2a 可知，PN 结 J_1、J_3 均处于反向偏置，因此不导通。

为了说明晶闸管导通的原理，我们把晶闸管看成是由 PNP 型和 NPN 型两个晶体管连接而成，如图 6-4 所示。每一个晶体管的基极与另一个晶体管的集电极相连。阳极 A 相当 PNP 型管 V_1 的发射极，阴极 K 相当于 NPN 型管 V_2 的发射极。

如果晶闸管阳极加正向电压，门极也加正向电压，如图 6-5 所示，那么，晶闸管 V_2 处于正向偏置，在门极电压 U_G 作用下产生的门极电流 I_G，也就是 V_2 的基极电流 I_{B2}，V_2 的集电极电流 $I_{C2} = \beta_2 I_{B2} = \beta_2 I_G$ 又是 V_1 的基极电流，V_1 的集电极电流 $I_{C1} = \beta_1 I_{C2} = \beta_1 \beta_2 I_G$，其中 β_1、β_2 分别为 V_1 和 V_2 的电流放大系数。I_{C1} 又流入 V_2 的基极再一次放大。这样循环放大形成强烈的正反馈，使 V_1 和 V_2 很快达到饱和导通，即晶闸管进入导通状态。晶闸管导通后的工作状态可完全依靠管子本身的正反馈来维持，即使开关 S 断开，控制电流消失，晶闸管仍处于导通状态。

晶闸管导通后，其正向压降很小，大约 1V 左右，电源电压几乎全部加在负载上。所以，晶闸管导通后电流的大小取决于外电路参数。

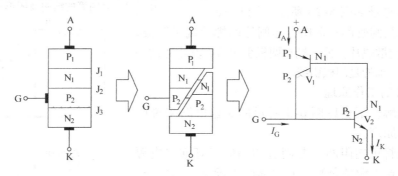

图 6-4   晶闸管的等效电路

（4）晶闸管导通后的关断   晶闸管导通后，若将外电路的负载电阻加大，使晶闸管的阳极电流降低到不能维持正反馈的数值，则晶闸管便自行关断，恢复到阻断状态。对应于关断瞬间的阳极电流称为维持电流，用 I_H 表示，它是维持晶闸管导通的最小电流。如果将晶闸管的阳极电压降低到零或断开阳极电源或在阳极与阴极间加反向电压，导通的晶闸管都能自行关断。

综上所述，晶闸管是一个可控的单向导电开关。与二极管相比不同的是晶闸管正向导通受门极电流的控制，它能正向阻断；与晶体管相比不同的是晶闸管对门极电流没有放大作用。

3. 伏安特性

晶闸管的伏安特性是阳极电流 I_A 与阳、阴极间电压 U_{AK} 的关系，其特性曲线如图 6-6 所示。晶闸管的工作状态（导通、截止）是由阳、阴极间电压 U_{AK}，阳极电流 I_A 和门极电流 I_G 等决定的。

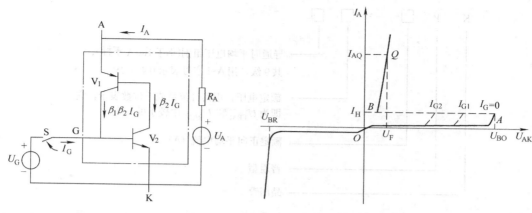

图 6-5 晶闸管导通原理图　　　　　　图 6-6 晶闸管的伏安特性

当晶闸管阳极、阴极间加正向电压，而门极未加电压时，晶闸管处于正向阻断状态。此时晶闸管内 PN 结 J_2 处于反向偏置，因此只有很小的电流流过，对应于特性曲线的 OA 段，这个电流称为正向漏电流。当正向电压增加到某一数值（A 点）时，漏电流突然增大，晶闸管由阻断状态突然导通。A 点电压 U_{BO} 称为正向转折电压。晶闸管导通后，就可以通过很大电流，其正向管压降约 1V 左右，因此特性曲线靠近纵轴且陡直。正常使用时应在门极加正向电压 U_G。U_G 越大，则 I_G 越大，晶闸管的正向转折电压越小，即晶闸管越容易导通。在晶闸管导通后，若减小正向电压或增大负载电阻，正向电流就逐渐减小。当电流小到 B 点所对应的电流 I_H 时，晶闸管又从导通状态转为阻断状态。

当晶闸管阳极、阴极之间加反向电压时，晶闸管处于反向阻断状态，其伏安特性与二极管相似，只有很小的反向漏电流。当反向电压增大到反向击穿电压 U_{BR} 时，反向漏电流急剧增大，晶闸管反向击穿。U_{BR} 称为反向转折电压。

4. 主要参数

（1）正向重复峰值电压 U_{FRM}　在门极开路、晶闸管正向阻断的条件下，允许重复加在晶闸管阳极、阴极间的正向峰值电压，称为正向重复峰值电压 U_{FRM}。按规定 U_{FRM} 取正向转折电压 U_{BO} 的 80%。

（2）反向重复峰值电压 U_{RRW}　在门极开路时，允许重复加在晶闸管阳极、阴极间的反向峰值电压，称为反向重复峰值电压 U_{RRW}。按规定 U_{RRW} 取反向转折电压 U_{BR} 的 80%。

（3）正向平均电流 I_F　在环境温度不大于 40℃ 和规定的散热条件下，晶闸管允许连续通过的工频正弦半波电流的平均值，称为正向平均电流 I_F。通常所说多少安的晶闸管，就是指这个电流。

（4）维持电流 I_H　在室温和门极断路的条件下，能维持晶闸管继续导通所需的最小电流称为维持电流 I_H。当正向电流小于维持电流时，晶闸管将由导通状态转为阻断状态。

目前我国生产的晶闸管的型号及其含义如下：

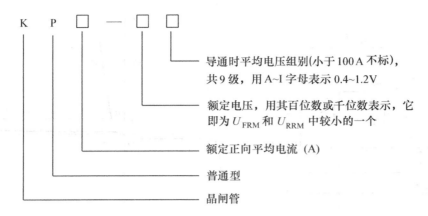

例如 KP300-10F 表示额定正向平均电流为 300A，额定电压为 1000V，导通状态的平均压降为 0.9V 的普通型晶闸管。

5. 特殊晶闸管

（1）双向晶闸管 双向晶闸管是具有 4 个 PN 结的 NPNPN 五层结构的器件，它相当于上述两个晶闸管反向并联。图 6-7 所示的是双向晶闸管的结构示意图、符号、伏安特性。A_1、A_2 和 G 分别为第一电极、第二电极和门极。G 与 A_1 间加触发脉冲，能双向触发导通。当 A_2 为高电位，A_1 为低电位时，加正触发脉冲（$u_{GA1} > 0$），使晶闸管正向导通，电流从 A_2 流向 A_1；当 A_1 为高电位，A_2 为低电位时，加负触发脉冲（$u_{GA1} < 0$），使晶闸管反向导通，电流从 A_1 流向 A_2。

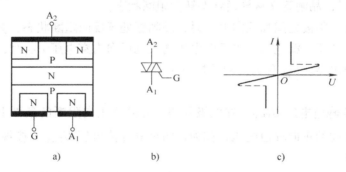

图 6-7　双向晶闸管
a）结构示意图　b）符号　c）伏安特性

（2）可关断晶闸管 上述的普通晶闸管是半控器件，只能用门极正信号使之触发导通，而不能用门极负信号使之关断。在某些设备中要想关断晶闸管，必须设置专门的换流电路，这就造成线路复杂、体积庞大、能耗增大。而可关断晶闸管（GTO），既能用门极正信号使之触发导通，又能用门极负信号使之关断。这就是全控器件，其示意图如图 6-8 所示。

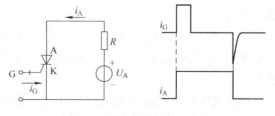

图 6-8　可关断晶闸管示意图

GTO 和普通晶闸管都是 PNPN 型四层结构，都可用两个晶体管相互作用来说明它们的工作原理（见图 6-5）。普通晶闸管的门极加正信号后，形成强烈的正反馈，使它处于深度饱和状态，门极加负信号后不能改变它的饱和状态，因此无法关断。而 GTO 两个晶体管的放大参数和前者有所不同，门极加正信号后，只能使管子处于临界导通状态，当门极加负信号后，两个晶体管的基极电流和集电极电流连锁循环减小，最后导致关断。

练习与思考题

6.1.1　晶闸管是用小的门极电流控制阳极上的大电流，它与晶体管放大电路中以小的基极电流控制较大的集电极电流有何不同？晶闸管能否与晶体管一样构成放大电路。

6.1.2　晶闸管的导通条件是什么？导通时，其中的电流大小由电路中哪些因素决定？

6.1.3　晶闸管导通后，门极还有没有控制作用？怎样才能使晶闸管由导通状态变为阻断状态？

6.1.4　晶闸管参数中"门极触发电压"和"门极触发电流"表示什么意义？

第二节　可控整流电路

由晶闸管构成的整流电路，其输出直流电压的大小是可以调节的，故称为可控整流电路。可控整流电路有单相半波、单相桥式、三相半波和三相桥式等，本节仅介绍单相可控整流电路。

一、单相可控整流电路

1. 单相半波可控整流电路

单相半波可控整流电路是最基本的可控整流电路。下面将分析单相半波可控整流电路在接电阻性负载和电感性负载时的工作情况。

（1）电阻性负载　图 6-9 是接电阻性负载的单相半波可控整流电路。设变压器二次电压 $u = \sqrt{2}U\sin\omega t$，其波形如图 6-10a 所示。

当 u 为正半周时，晶闸管承受正向电压但处于正向阻断状态。设在 t_1 时，门极加一个适当的触发脉冲 U_g，如图 6-10b 所示，晶闸管立即导通，若忽略管压降，则整流输出电压 $u_O = u$。当交流电压 u 下降到接近于零值时，晶闸管的正向电流小于维持电流

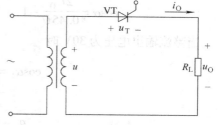

图 6-9　电阻负载的单相
半波可控整流电路

而关断。在 u 为负半周时，晶闸管承受反向电压不能导通，$u_O = 0$。在以后的各个周期均重复上述过程。这样，整流输出电压波形如图 6-10c 所示。晶闸管所承受的正向和反向电压如图 6-10d 所示，其最高正向和反向电压均为输入交流电压的幅值 $\sqrt{2}U$。

晶闸管承受正向电压不导通的范围称为触发延迟角（又称控制角或移相角），用 α 表示；导通的范围称为导通角，用 θ 表示。显然 $\theta = \pi - \alpha$。改变门极触发脉冲的输入时刻，就可以改变触发延迟角 α 的大小。α 越大，θ 越小，输出电压越低，反之则输出电压愈高。整流输出电压的平均值可以用触发延迟角表示，即

$$U_O = \frac{1}{2\pi}\int_\alpha^\pi \sqrt{2}U\sin\omega t\,\mathrm{d}(\omega t)$$

$$= \frac{\sqrt{2}}{2\pi}U\ (1+\cos\alpha)$$

$$= 0.45U\frac{1+\cos\alpha}{2} \tag{6-1}$$

从式（6-1）可看出，当 $\alpha = 0°$ 时，$\theta = 180°$，晶闸管在正半周全导通，$U_O = 0.45U$，输出电压最高，相当于二极管单相半波整流电压。若 $\alpha = 180°$，$\theta = 0°$，这时晶闸管全关断，$U_O = 0$。

整流输出电流的平均值为

$$I_O = \frac{U_O}{R_L} = 0.45\frac{U}{R_L}\frac{1+\cos\alpha}{2} \tag{6-2}$$

流过晶闸管的平均电流

$$I_T = I_O \tag{6-3}$$

晶闸管承受的最大反向电压 U_{RM} 与可能承受的最大正向电压 U_{FM} 为交流电压 u 的最大值，即

$$U_{RM} = U_{FM} = \sqrt{2}U \tag{6-4}$$

例 6-1 在单相半波可控整流电路中，已知电源电压 $u = 220\sqrt{2}\sin\omega t$ V，有一负载电阻 $R_L = 12\Omega$，要求直流工作电压为 $30 \sim 90$V 可调，求晶闸管导通角的变化范围。

解 由式（6-1）可得

$$\cos\alpha = \frac{2U_O}{0.45U} - 1$$

当整流输出电压为 30V 时

$$\cos\alpha_1 = \frac{2\times30}{0.45\times220} - 1 = -0.39$$

$$\alpha_1 = 113.2°$$

$$\theta_1 = 180° - 113.2° = 66.8°$$

当整流输出电压为 90V 时

$$\cos\alpha_2 = \frac{2\times90}{0.45\times220} - 1 = 0.82$$

$$\alpha_2 = 35.1°$$

$$\theta_1 = 180° - 35.1° = 144.9°$$

导通角 θ 的变化范围为 $66.8° \sim 144.9°$。

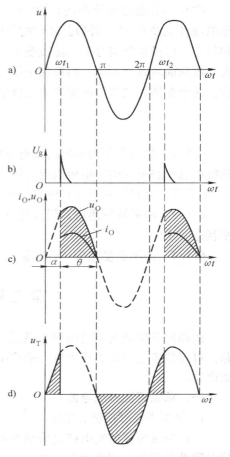

图 6-10 电阻性负载的单相半波可控整流电路电压与电流波形

（2）电感性负载 在实际应用中，可控整流电路的负载更多的是电感性负载，如各种直流电机的励磁绕组、各种电感线圈等，它们可等效为电感 L 和电阻 R 的串联电路。接电感性负载的单相半波可控整流电路如图 6-11 所示，该电路的工作情况与电阻性负载大不相同。

当 u 为正半周时，设在 t_1 时，晶闸管门极加一个触发脉冲而导通，由于电感中产生阻碍电流变化的感应电动势 e_L，极性为上"＋"下"－"，电路中电流不能突变，由零逐渐上升。当电流达到最大值时，感应电动势为零，而后，电流减小，电动势 e_L 的极性改变为上"⊖"下"⊕"，阻碍电流的减小。在 u 经过零点变为负值的一段时间内 e_L 大于 u，晶闸管继续承受正向电压，只要电流大于维持电流 I_H，晶闸管就继续导通，整流输出负电压，其波形如图

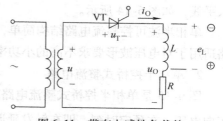

图 6-11　带有电感性负载的单相半波可控整流电路

6-12a 所示。当电流下降到维持电流 I_H 以下时，晶闸管关断，并且立即承受反向电压，其波形如图 6-12b 所示。

由上述可知，单相半波可控整流电路接电感性负载时，晶闸管的导通角 θ 将大于（$\pi - \alpha$），负载电感越大，导通角越大，在一个周期中整流输出负电压所占的比重就愈大，输出电压的平均值越小。为了使晶闸管在 u 降到零值时能及时关断，使输出不出现负电压，必须采取相应措施。

图 6-13 中，在感性负载两端并联了一个续流二极管 VD，当 u 过零变负时，二极管因承受正向电压而导通，使晶闸管承受反向电压及时关断，负载两端的电压就是续流二极管的管压降近似为零，即整流输出电压近似为零，电阻 R 上消耗的能量是电感释放的能量。

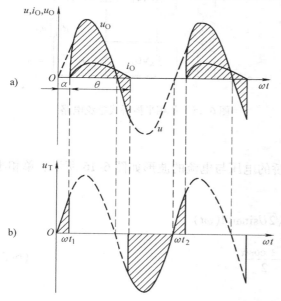

图 6-12　单相半波可控整流带电感性负载电路的电压、电流波形

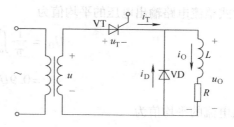

图 6-13　电感性负并联续流二极管的电路

电感性负载并联续流二极管后，整流输出电压 u_O 的波形和电阻性负载的波形相同，输出电压平均值与触发延迟角 α 的关系也可用式（6-2）来表示。然而输出电流（即负载电流）波形却与电阻性负载的不同，当负载的感抗比电阻大得多时，电流的波形接近于一条

水平线，如图 6-14 所示。

单相半波可控整流电路结构简单，调整方便，缺点是直流输出电压低，脉动大。这种电路适用于对电压波形要求不高的小功率设备。

2. 单相半控桥式整流电路

图 6-15 是单相半控桥式整流电路，当变压器二次电压 u 为正半周时，VT_1 和 VD_2 承受正向电压，在预定时刻，即在触发延迟角为 α 时对晶闸管 VT_1 门极加一个触发脉冲，则 VT_1 和 VD_2 导通，电流的通路为 a→VT_1→R_L→VD_2→b。在 u 过零点时，晶闸管 VT_1 自行关断。在此期间 VT_2 和 VD_1 因承受反向电压而截止。当 u 为负半周时，VT_2 和 VD_1 承受正向电压，在 $(\pi + \alpha)$ 处对 VT_2 门极加一个触发脉冲，则 VT_2 和 VD_1 导通，电流的通路为 b→VT_2→R_L→VD_1→a。在 u 过零点时，晶闸管 VT_2 自行关断。在此期间 VT_1 和 VD_2 因承受反向电压而截止。

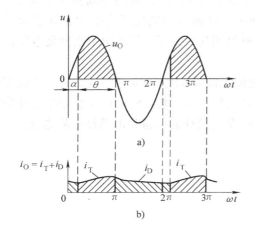

图 6-14　电感性负载并联续流
二极管时的电压、电流波形图

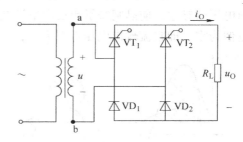

图 6-15　单相半控桥式整流电路

当整流电路接电阻性负载时，单相半控桥的电压与电流的波形如图 6-16 所示。单相半控桥式整流电路输出电压的平均值为

$$U_O = \frac{1}{\pi} \int_{\alpha}^{\pi} \sqrt{2} U \sin\omega t \, d(\omega t)$$

$$= 0.9 U \frac{1 + \cos\alpha}{2} \tag{6-5}$$

输出电流的平均值为

$$I_O = \frac{U_O}{R_L} = 0.9 \frac{U}{R_L} \frac{1 + \cos\alpha}{2} \tag{6-6}$$

流过晶闸管和二极管的平均电流是输出电流的一半，即

$$I_T = I_D = \frac{1}{2} I_O \tag{6-7}$$

晶闸管所承受的最高正向电压、最高反向电压和二极管所承受的最高反向电压都等

于 $\sqrt{2}U$。

例6-2　有一纯电阻负载，需要可调的直流电压为 0 ~ 120V，电流为 0 ~ 6A。若采用单相半控桥式整流电路，试求交流电压的有效值，并选择整流元件。

解　设晶闸管触发延迟角 $\alpha = 0°$ 时，整流电路输出 $U_O = 120V$，由式（6-5）得交流电压有效值

$$U = \frac{2U_O}{0.9\,(1 + \cos 0°)} = \frac{120}{0.9}V = 133V$$

考虑到电网电压波动、管压降以及导通角常常到不了 $180°$ 等因素，交流电压应适当加大 10% 左右，即取

$$U = （1 + 10\%）\times 133V = 146V$$

流过晶闸管和二极管的平均电流

$$I_T = I_D = \frac{1}{2}I_O = \frac{1}{2}\times 6A = 3A$$

晶闸管和二极管所承受的最高反向电压都等于

$$U_{RM} = \sqrt{2}U = \sqrt{2}\times 146V = 206V$$

为了保证晶闸管在出现瞬时过电压、过电流时不致损坏，通常根据下式选取晶闸管的参数

$$I_F \geqslant （1.5 \sim 2）I_T = （1.5 \sim 2）\times 3A$$
$$= （4.5 \sim 6）A$$

$$U_{FRM} = U_{RRM} = （2 \sim 3）U_{RM}$$
$$= （2 \sim 3）\times 206V$$
$$= （412 \sim 618）V$$

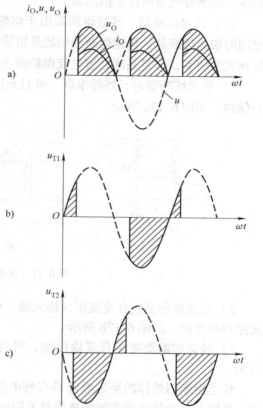

图 6-16　接电阻性负载时单相半控桥式整流电路的电压与电流波形

查附录 B，晶闸管可选用 KP5 - 5 型（$I_F = 5A$，$U_{FRM} = U_{RRM} = 500V$），二极管可选用 2CZ5/300 型（$I_{OM} = 5A$，$U_{RM} = 300V$），因为二极管的反向工作峰值电压一般是取反向击穿电压的一半，所以选 300V 已足够。

二、晶闸管的保护

晶闸管承受过电压和过电流的能力很差，很短时间的过电流或过电压都可能损坏器件。在使用晶闸管时，除了合理选择元件参数，留有充分余量外，还应采取适当保护措施。

1. 晶闸管的过电流保护

晶闸管发生过电流的原因主要有：负载端过载或短路；某个晶闸管被击穿短路，造成其他元件的过电流；触发电路工作不正常或受干扰，使晶闸管误触发，引起过电流。

过电流保护的作用是在于当发生过电流时，在允许的时间内将过电流切断，以防止元件

损坏。晶闸管过电流保护措施如下：

（1）快速熔断器　普通熔断器由于熔断时间长，对晶闸管起不了保护作用，必须采用专用的快速熔断器，快速熔断器用的是银质熔丝，在同样的过电流倍数之下，可以在晶闸管损坏之前熔断，这是晶闸管过电流保护的主要措施。快速熔断器的接入方式有三种：

1）快速熔断器与元器件串联，可对元器件本身的短路故障、输出回路的过载或短路进行保护，如图6-17a所示。

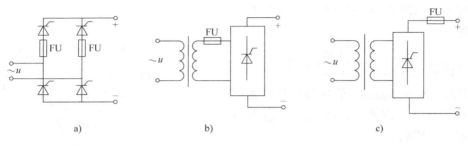

a)　　　　　　　　　　b)　　　　　　　　　　c)

图6-17　快速熔断器的接入方式

2）快速熔断器接在交流电压输入端，可对元器件本身的短路故障、输出回路的过载或短路进行保护，如图6-17b所示。

3）快速熔断器接在直流输出端，可对输出回路的过载或短路进行保护，如图6-17c所示。

快速熔断器熔体的额定电流是有效电流，而晶闸管的额定电流是正弦半波电流的平均值。熔断器三种接法的有效值选取是不同的，应按电路实际工作电流有效值来选取。

（2）过电流继电器　在输出端装直流过电流继电器，或在输入端（交流侧）经电流互感器接入灵敏的过电流继电器，都可在发生过电流故障时动作，使输入端的开关跳闸。这种保护措施对过载是有效的，但是在发生短路故障时，由于过电流继电器的动作及断路器的跳闸都需要一定时间，如果短路电流比较大，这种方法就不能有效保护。

（3）过电流截止保护　利用过电流的信号将晶闸管的触发脉冲移后，使导通角减小或者停止触发，从而保护晶闸管。

2. 晶闸管的过电压保护

引起晶闸管过电压的主要原因是：①电路中存在电感，当拉闸、合闸或器件关断等引起电磁过渡过程，产生的过电压；②从电网侵入的过电压（如雷击、闪电等原因从电网侵入的浪涌电压）。晶闸管过电压的保护措施有下列几种：

（1）阻容保护　利用电容来吸收过电压，其原理是将造成过电压的能量变成电场能量储存到电容器中，然后释放并消耗在电阻上。阻容吸收元件可以并联在整流装置的交流侧（R_1、C_1）、直流侧（R_2、C_2）或元件侧（R_3、C_3），如图6-18所示。

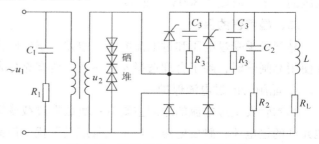

图6-18　阻容吸收元件与硒堆保护

（2）硒堆保护　硒堆（硒整流片）是一种非线性电阻元件，具有较陡的反向特性。当硒堆电压超过某一数值后，它的电阻迅速减小，而且可以通过较大的电流，把过电压能量消耗在非线性电阻上，而硒堆并不损坏。

三、单结晶体管触发电路

要使晶闸管导通，除了阳极与阴极间加正向电压外，在门极与阴极之间还必须加触发电压。产生触发电压的触发电路种类很多，本书仅介绍最常用的单结晶体管触发电路。

1. 单结晶体管

（1）单结晶体管的结构　单结晶体管有一个发射极和两个基极，所以又称为双基极二极管。它的内部结构是一个 PN 结，如图 6-19a 所示。在一块高电阻率的 N 型硅片一侧的两端各引出一个电极，分别称为第一基极 B_1 和第二基极 B_2。在硅片的另一侧靠近 B_2 处掺入 P 型杂质，形成一个 PN 结，引出发射极 E。单结晶体管的发射极与任一基极间都存在着单向导电性。两基极间有一定的电阻 R_{BB}，一般为 $2 \sim 15k\Omega$。$R_{BB} = R_{B1} + R_{B2}$，其中 R_{B1} 为第一基极与发射极间的电阻，R_{B2} 为第二基极与发射极间的电阻。图 6-19b 是单结晶体管的等效电路。图 6-19c 是单结晶体管的图形符号。

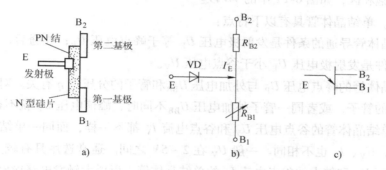

图 6-19　单结晶体管

a）结构　b）等效电路　c）图形符号

（2）单结晶体管的伏安特性　单结晶体管的伏安特性是指在基极 B_1、B_2 间加一恒定电压 U_{BB} 时，发射极电流 I_E 与电压 U_E 之间的关系曲线，实验电路如图 6-20 所示。当发射极开路时，A 点与 B_1 间的电压为

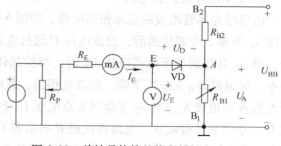

图 6-20　单结晶体管的伏安特性实验电路

$$U_A = \frac{R_{B1}}{R_{B1} + R_{B2}} U_{BB} = \eta U_{BB} \quad (6-8)$$

式中，$\eta = \dfrac{R_{B1}}{R_{B1} + R_{B2}}$ 称为分压比，其值与管子结构有关，一般在 $0.5 \sim 0.9$ 之间。

调节 R_P，使 U_E 从零值开始逐渐增大。当 $U_E < U_A$ 时，PN 结因反向偏置而截止，E 与 B_1 之间不能导通，呈现很大的电阻，故只有很小的反向漏电流 I_E。随着 U_E 的增高，I_E 电流逐渐变成一个大约几微安的正向漏电流。对应这一段特性称为截止区，如图 6-21 中的 AP 段所示。当 U_E 增加到 $U_E = U_A + U_D$（U_D 为 PN 结的正向压降）时，PN 结导通，发射极电

流 I_E 突然增大。把这个突变点称为峰点 P，与 P 点对应的电压和电流分别称为峰点电压 U_P 和峰点电流 I_P，显然，峰点电压

$$U_P = U_A + U_D = \eta U_{BB} + U_D \tag{6-9}$$

在单结晶体管的 PN 结导通后，从发射区（P 区）向基区（N 区）发射了大量的空穴型载流子，I_E 增长很快，E 和 B_1 间变成低电阻导通状态，R_{B1} 急剧减小，U_E 也随之下降，一直到达图 6-21 中电压的最低点 V。在 PV 段，电流增加，电压反而下降，这一段特性曲线的动态电阻 $\dfrac{\Delta U_E}{\Delta I_E}$ 为负值，因此称之为负阻区。V 点称为谷点，与 V 点对应的电压和电流，分别称为谷点电压 U_V 和谷点电流 I_V。此后，调节 R_P，发射极电流继续增大时，发射极电压 U_E 略有上升，但变化不明显，谷点右侧的区域称为饱和区，如图 6-21 中的 VB 段。

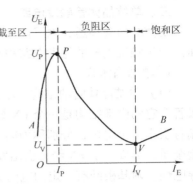

图 6-21　单结晶体管伏安特性

综上所述，单结晶体管具有以下特点：

1）单结晶体管导通的条件是发射极电压 U_E 等于峰点电压 U_P；导通后，使单结晶体管恢复截止的条件是发射极电压 U_E 小于谷点电压 U_V。

2）单结晶体管的峰点电压 U_P 与外加电压 U_{BB} 和管子的分压比 η 有关。对外加电压相同而分压比不同的管子，或者同一管子外加电压 U_{BB} 不同时，峰值电压 U_P 就不相同。

3）不同单结晶体管的谷点电压 U_V 和谷点电流 I_V 都不一样，而同一单结晶体管外加电压 U_{BB} 不同时，U_V、I_V 也不相同。一般 U_V 在 $2 \sim 5V$ 之间。通常选用具有较大的分压比 η、较低的谷点电压 U_V 和较大的谷点电流 I_V 的单结晶体管，以增大触发电路输出脉冲幅度和移相范围。

2. 单结晶体管振荡电路

由单结晶体管组成的弛张振荡电路，如图 6-22a 所示。设在接通电源之前，电容 C 上的电压 u_C 为零。电源接通后，直流电压 U 通过电阻 R 向电容 C 充电，电压 u_C 按指数规律上升。当 u_C 升高到等于峰点电压 U_P 时，单结晶体管导通，电容 C 通过 R_1 放电。因 R_1 取值很小，导通时 R_{B1} 又急剧下降，故放电很快，放电电流在 R_1 上形成一个尖脉冲电压 u_G。由于电阻 R 取值较大，当 u_C 下降到谷点电压 U_V 时，电源经 R 供给发射极的电流小于谷点电流 I_V，单结晶体管截止。电源再次经 R 向电容 C 充电，重复上述过程。电容 C 不断地充电、放电，单结晶体管不断地导通、截止，形成弛张振荡。于是在电容 C 两端形成锯齿状电压，在 R_1 上则获得一系列尖脉冲，如图 6-22b 所示。

改变 R_P 的阻值可以调节输出脉冲电压的频率，但是（$R_P + R$）的阻值不能太小，否则在单结晶体管导通后，电源经过 R_P 和 R 供给的电流较大，单结晶体管的电流不能降到谷点电流之下，单结晶体管就不能截止，造成单结晶体管的直通现象。（$R_P + R$）的阻值也不能太大，否则充电太慢，晶闸管的导通角将变小，导致移相范围减小。一般（$R_P + R$）取值为几千欧～几十千欧。

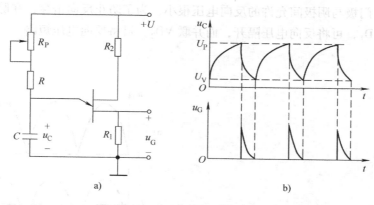

图 6-22 单结晶体管振荡电路及工作波形

a）振荡电路 b）波形图

电路中 R_2 的作用是补偿温度对峰值电压 U_P 的影响。因为 $U_P = \eta U_{BB} + U_D$，其中 U_D 会随温度的升高而有所下降，则 U_P 也会受温度影响而变化。由于单结晶体管两基极间电阻 R_{BB} 随温度升高而有所增大，当电路接入电阻 R_2 后，则 R_{BB} 上的分压 U_{BB} 也会随温度上升而增大，补偿了 U_D 的减小，从而使峰值电压 U_P 保持不变。R_2 的取值一般为 $300 \sim 500\Omega$。

3. 单结晶体管触发电路

在可控整流电路中，必须解决触发脉冲与交流电源电压的同步问题，使可控整流电路中晶闸管在每个正半周内，接受第一个触发脉冲的时刻相同，每个周期晶闸管的导通角相等，保证整流输出电压波形相同并被控制。

由单结晶体管触发的单相半控桥式整流电路如图 6-23 所示。通过变压器将触发电路与主电路接在同一电源上，所以每当主电路的交流电源电压过零值时，单结晶体管上的电压 u_Z 也过零值，两者达到同步，如图 6-24b 所示。

当梯形波电压 u_Z 过零值时，加在单结晶体管基极间的电压 U_{BB} 也为零。如果这时电容器的电压 u_C 不为零值，就会通过单结晶体管及脉冲变压器一次绕组很快放完所存电荷，保证电容 C 在电源每次过零点后都从零开始充电。使每个正半周产生第一个脉冲的时间保持不变，保证了晶闸管每次都在相同的触发延迟角下触发导通。电路中各电压波形如图 6-24 所示。

稳压二极管 VS 与 R_3 组成的削波电路，其作用是保证单结晶体管输出脉冲的幅值和每个正半周期内产生第一个触发脉冲的时间不受交流电源电压波动的影响，并可增大移相范围。

实际上常用的单结晶体管触发电路如图 6-25 所示，带有放大器。晶体管 V_1 和 V_2 组成直接耦合直流放大电路。u_I 是给定信号与反馈信号的差值（比较）信号，经 V_1 放大后加到 V_2。当 u_I 增大时，I_{C1} 就增大，使 V_1 的集电极电位 U_{C1} 降低，即 V_2 的基极电位 U_{B2} 降低，因此 I_{C2} 增大。同理，u_I 减小时，I_{C2} 减小。因此，随着 u_I 的变化来改变电容的充电电流的大小，对输出脉冲起移相作用，达到调压的目的。

输出脉冲通过脉冲变压器输出，如图 6-23、图 6-25 所示。

　　因为晶闸管门极与阴极间允许的反向电压很小，为了防止反向击穿，在脉冲变压器二次侧串联二极管 VD_1，可将反向电压隔开，而并联 VD_2，可将反向电压短路。

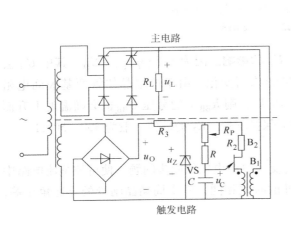

图 6-23　单结晶体管触发的单相
半控桥式整流电路

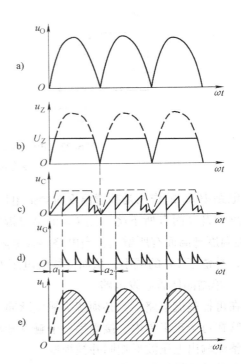

图 6-24　单结晶体管触发电路波形图

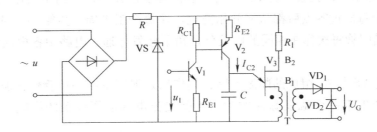

图 6-25　单结晶体管触发电路

练习与思考题

6.2.1　在可控整流电路中，触发电路为什么要与主电路同步？在图 6-23 中是如何实现同步的？

6.2.2　在图 6-23 所示单结晶体管触发电路中，电阻 R_3 和稳压管 VS 组成的削波电路有什么作用？

6.2.3　如何实现触发脉冲的移相？

6.2.4　在图 6-23 所示单结晶体管的触发电路中，（1）电容 C 一般在 $0.1 \sim 1\mu F$ 范围内，如果取得太小或太大，对晶闸管的工作有何影响？（2）电阻 R_1 一般在 $50 \sim 100\Omega$ 之间，如果取得太小或太大，对晶闸管的触发有何影响？

第三节　交流调压电路

前面所讲的晶闸管整流电路，实质上是一种直流调压电路。在生产实际中有时还需要调节交流电压，例如交流电动机调压调速、炉温控制和灯光调节等。

图 6-26 所示是最简单的晶闸管交流调压电路。将两只晶闸管反向并联之后串联在交流电路中，控制它们的正、反向导通时间，就可达到调节交流电压的目的，此即 AC – AC 变换。

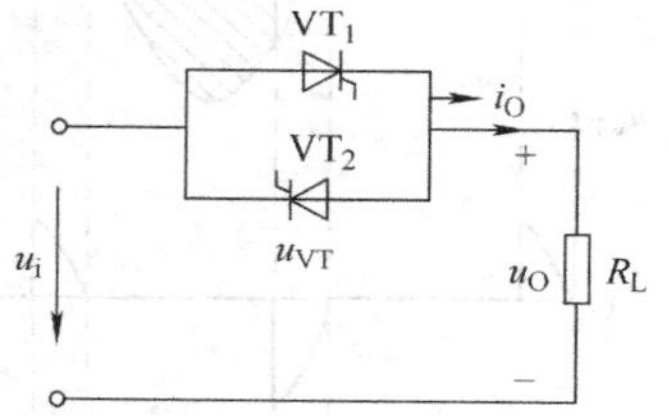

设为电阻性负载（白炽灯或电炉的电阻丝），在电源电压 u_i 的正半周，晶闸管 VT_2 承受反向电压，晶闸管 VT_1 承受正向电压。这时如果将 VT_1 触发导通，则负载上得到正半周电压。到了 u_i 的负半周，将 VT_2 触发导通，负载上得到负半

图 6-26　晶闸管交流调压电路

周电压。在一个周期内，两管轮流导通，交流调压电路的波形如图 6-27 所示。改变触发延迟角 α，就可调节输出电压的有效值 U_0：

$$U_O = \sqrt{\frac{1}{\pi}\int_\alpha^\pi (\sqrt{2}U_i\sin\omega t)^2 \mathrm{d}(\omega t)}$$

$$= U_i\sqrt{\frac{1}{2\pi}\sin(2\alpha) + \frac{\pi - \alpha}{\pi}}$$

三相交流调压电路具有多种形式，图 6-28 是最常用的一种，是晶闸管交流调压用于三相异步电动机软起动的主电路。起动时软起动器的输出电压缓慢上升至额定值，上升时间可在 $0.5 \sim 150s$ 内调节，起动平滑；停止时电压下降时间也可调节。起动时也可限定起动电流（约为额定电流的 $1.5 \sim 4.5$ 倍）或控制其平稳增加至限定值。软起动装置体积小、重量轻、造价低、节能效果显著，可取代自耦减压起动装置。

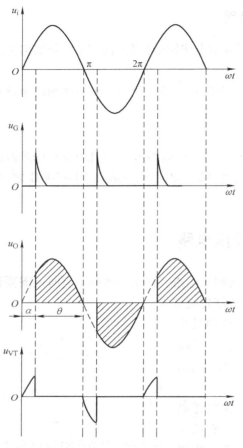

图 6-27　单相交流调压电路的波形

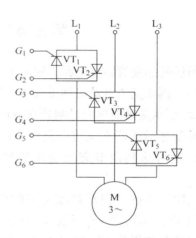

图 6-28　三相异步电动机软起动的主电路

第四节　交流调压调频电路

根据电动机转速公式 $n = \dfrac{60f}{P}(1-s)$ 可知，只要均匀且连续地改变定子绕组的供电频率，就可平滑地改变电动机的同步转速。按有无直流环节分变频调速可以分为交—交变频和交—直—交变频两大类，其原理框图如图 6-29 所示。交—交变频的输出频率只能在电网频率以下的范围内进行变化；而交—直—交变频的输出频率不受电网频率的限制。交—直—交变频（器）电路直流侧中，如果电容 C 的电容量很大，而电感 L 的电感量很小（或不接电感），那么直流侧的电压不能突变，这种变频器称为电压型变频器；反之，如果直流侧中电容 C 的电容量很小，而电感 L 的电感量较大，那么直流侧的电流不能突变，这种变频器称为电流压型变频器。本节只介绍常用的交—直—交电压型变频器的原理。

图 6-29　变频原理框图

a）交—交变频　b）交—直—交变频

一、交流调压调频原理

电压型单相桥式变频电路：图 6-30a 所示是电压型单相桥式变频电路。整流器输出的直流电压为 U_1。令晶闸管 VT_1、VT_3 和 VT_2、VT_4 轮流切换导通，则在负载上得到交流电压 u_O，它是一矩形波电压，如图 6-30b 所示，其幅值为 U_1；其频率则由晶闸管切换导通的时间来决定。如果负载是电感性的，则 i_O 应滞后于 u_O。为此，特设有与各个晶闸管反向并联的二极管 $VD_1 \sim VD_4$。例如，当 VT_1、VT_3 导通时，负载电流 i_O 的方向如图中所示；但当刚切换为 VT_2、VT_4 导通时，i_O 的方向尚未改变此时可经过二极管 $VD_2 \rightarrow$ 电源 $\rightarrow VD_4$ 这一通路，将电感性能量由负载反馈回电源。因此，这种连接的二极管称为反馈二极管。如果是电阻性负载，i_O 与 u_O 同相，则二极管中不会有电流流过，它们不起作用。

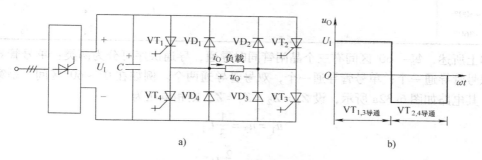

图 6-30　电压型单相桥式变频电路

a）电路图　b）输出电压波形

二、电压型三相桥式变频电路

图 6-31 所示是电压型三相桥式变频电路。逆变器的开关器件除用晶闸管（普通晶闸管或可关断晶闸管）外，还常用功率晶体管（GTR）或功率场效晶体管（VDMOS）。晶闸管和反馈二极管的序号如图中所示，逆变器的输出端 A、B、C 星形联结的三相电感性负载（例如三相异步电动机），每相阻抗分别为 Z_1、Z_2、Z_3。整流器通常是采用二极管三相桥式整流电路，输出电压 U_1 不可调。若相隔 60° 给晶闸管 $VT_1 \sim VT_6$ 门极加顺序脉冲，使晶闸管依次触发导通，导通次序见表 6-1。每一 60° 区间有三个晶闸管同时导通，每隔 60° 更换一个管子，每个管导通 180° 同一臂的两个晶闸管 VT_1 和 VT_4，VT_3 和 VT_6，VT_5 和 VT_2 不能同时导通，否则造成电源短路；因此，同一臂的两个晶闸管的触发脉冲都是互为反量，不会同时为正。

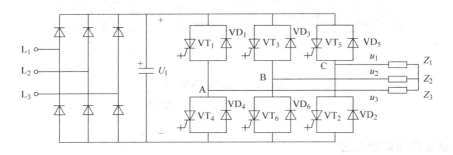

图 6-31 电压型三相桥式变频电路

表 6-1 晶闸管导通次序

导通区间	晶闸管导通次序				
0°~60°	T_5	T_6	T_1		
60°~120°		T_6	T_1	T_2	
120°~180°			T_1	T_2	T_3
180°~240°			T_2	T_3	T_4
240°~300°				T_3	T_4	T_5
300°~360°					T_4	T_5	T_6

如上所述，每一60°区间有三个晶闸管同时导通，导通次序可分为两类：单号管导通两个，双号管导通一个；单号管导通一个，双号管导通两个。例如在0°~60°区间，是第一类情况，其电路如图6-32a所示，设 $Z_1 = Z_2 = Z_3 = Z$。则相电压为

$$u_1 = u_3 = \frac{1}{3}U_I$$

$$u_2 = -\frac{2}{3}U_I$$

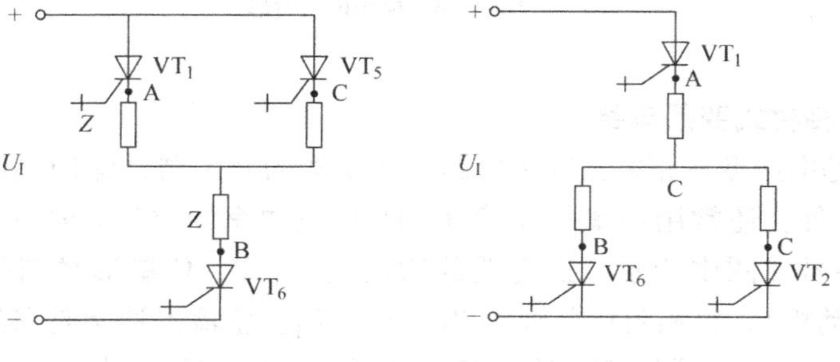

图 6-32 不同区间晶闸管导通情况
a) 0°~60°区间 b) 60°~120°区间

在60°~120°区间，是第二类情况，其电路如图6-32b所示，相电压为

$$u_1 = \frac{2}{3}U_I$$

$$u_2 = u_3 = -\frac{1}{3}U_I$$

同理，可计算其他区间的相电压。相电压的波形如图 6-33a、b、c 所示。

线电压可按下列各式分区间计算：

$$\begin{cases} u_{12} = u_1 - u_2 \\ u_{23} = u_2 - u_3 \\ u_{31} = u_3 - u_1 \end{cases}$$

线电压波形如图 6-33d、e、f 所示。

相电压和线电压都是阶梯形波，相电压之间和线电压之间都相差 120°，相电压有效值与线电压有效值之间也有 $\sqrt{3}$ 的关系。

三、正弦波脉宽调制控制器

电压型交—直—交变频电路输出电压图 6-33 含有较大的谐波分量，如果用它向电动机供电，电动机的效率和功率因数均将降低，而工作电流却要增大。此外，为了满足恒转矩负载的调速要求，实现电动机调频调速能同时调压，常用正弦波脉宽调制（SPWM）控制器，用一组等幅不等宽的矩形脉冲序列近似正弦波，如图 6-34 所示。

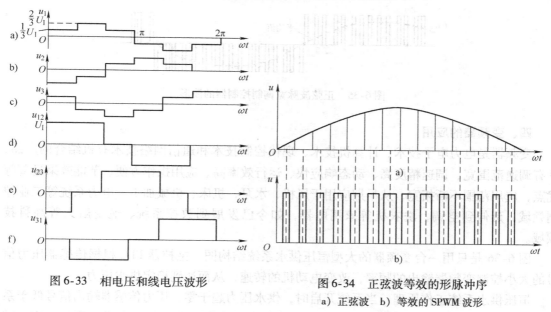

图 6-33　相电压和线电压波形

图 6-34　正弦波等效的形脉冲序
a) 正弦波　b) 等效的 SPWM 波形

正弦波脉宽调制控制器（SPWM）是利用等幅的三角波（称为载波）与正弦波（称为调制波）的相交点发出触发脉冲给开关元件的，即幅值和频率可变的正弦控制波与幅值恒定、频率固定的三角波进行比较，由两个波形的交点得到一系列幅值相等、宽度不等的矩形脉冲列。当正弦波的幅值大于三角波幅值时，输出正脉冲，可使逆变器中的开关管导通；当正弦波的幅值小于三角波幅值时，输出负脉冲，可使开关管截止。SPWM 的输出脉冲列的平均值近似于正弦波。如果提高三角波的频率，则 SPWM 的输出脉冲系列的平均值更接近正弦波。正弦波脉宽调制控制器的波形如图 6-35 所示。

由于 SPWM 的控制作用，在逆变器的输出端得到一组幅值等于整流电路的输出电压 U_1、宽度按正弦波规律变化的矩形脉冲列。提高 U_1 和提高正弦调制波的幅值就可提高输出矩形波的宽度，从而提高输出等效正弦波的幅值。改变正弦调制波的角频率 ω，就可改变输出等效正弦波的频率，从而就可以实现变压变频。

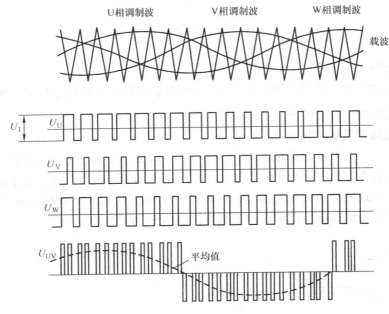

图 6-35　正弦波脉宽调制控制器的波形

四、变频器的应用

变频器是电力电子技术、计算机技术、现代控制技术和通信网络技术有机结合的产品，具有调速范围宽、调速精度高、动态响应快、运行效率高、应用操作方便、节能效果显著等优点，应用范围不断拓宽，从早期应用于风机、水泵、机床、机械加工、电力系统等工业控制领域，延伸到空调、洗衣机等家用电器，如今已发展到数控系统、航空航天等高科技领域。

图 6-36 是只用一台变频器的大型恒压供水系统结构图。主控器 PLC 根据传感器压力信号的大小控制变频器输出的频率，改变电动机的转速，从而达到稳定供水压力。

恒压供水系统工作原理：当系统开启时，供水压力趋于零，压力传感器输出信号低于系统设定的下限值（如给定电压 1.25V），PLC 将控制继电器组使 1 号水泵进入变频工作。随着变频器输出频率的提高，供水压力随之上升。当变频器达到 50Hz，如果此时供水压力仍不能满足要求（如给定电压 1.25～5V），则 PLC 控制 1 号水泵切换到工频工作，同时启动 2 号水泵投入变频工作，以增大供水压力。依次顺序控制 2 号水泵工频，3 号水泵变频，3 号水泵工频，直到供水压力满足要求。若 1～3 号水泵都处于工频且还不能满足供水压力时，则 PLC 控制继电器组将辅助水泵接入工频运行，以增大供水压力。当检测到供水流量变小、压力反馈信号大于系统设定的上限值（如给定电压 5V）时，PLC 将首先停止辅助水泵的运行。若辅助水泵停止后压力仍然过大，则控制 3 号水泵从工频电网直接供电转换到变频工

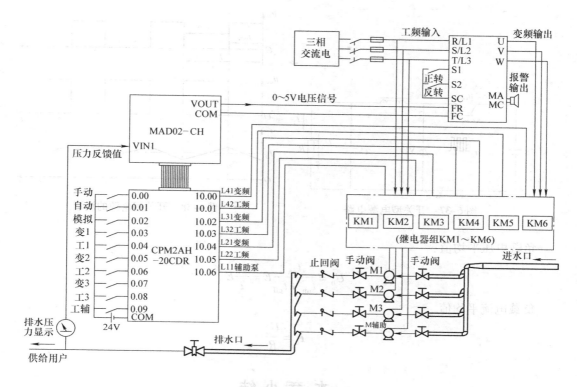

图 6-36 恒压供水系统电路结构图

作，同时变频器输出频率从最高频率逐渐下降。当变频器输出降至最低速时，供水压力仍大于上限值，则 PLC 停止 3 号水泵，同时将 2 号水泵从工频电网直接供电转换到变频工作，降低供水压力。同理，依次逆序控制 2 号水泵停止，1 号水泵变频，1 号水泵停止，直至供水压力降至规定值。如此循环，从而保证供水压力的恒定。

练习与思考题

6.4.1 比较交流调压电路与交流调压调频电路的主要优缺点。

6.4.2 变频器的种类有哪些？其特点是什么？

6.4.3 交流调压调频电路为什么要采用正弦波脉宽调制（SPWM）控制器？

6.4.4 三相交流电动机采用变频调速的优点是什么？

第五节 直流斩波电路

将一个固定的直流电压变换为可调的直流电压，此即 DC - DC 变换。实现这种变换的电路称为斩波电路。开关型电源是它的应用之一，如图 6-37 所示电路，当 u_g 高电平，V 导通，VD 反偏截止，电源 E 向 L、C、R 充电；u_g 低电平，V 截止，L 续流，L、C 向 R 放电，VD 导通续流；开关型电源的波形如图 6-38 所示。

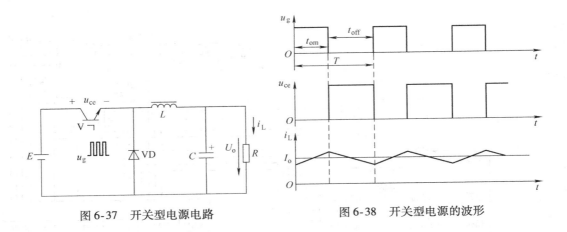

图6-37 开关型电源电路 图6-38 开关型电源的波形

负载电压平均值：

$$U_o = \frac{t_{on}}{t_{on} + t_{off}} E = \frac{t_{on}}{T} E$$

负载电流平均值

$$I_o = \frac{U_o}{R}$$

本 章 小 结

1. 常用的功率开关元件除了普通晶闸管（VT）、可关断晶闸管（GTO）外，还有功率晶体管（GTR）、功率场效晶体管（VDMOS）、绝缘栅双极型晶体管（IGBT）等。

2. 晶闸管导通条件是：阳极与阴极间加正向电压；门极与阴极间加适当的触发电压。晶闸管导通后，门极失去控制作用。要使导通的晶闸管关断，必须去掉或降低阳极与阴极间的正向电压或者在阳极与阴极间加反向电压，使通过晶闸管的电流小于晶闸管的维持电流。

3. 由晶闸管组成的单相半波、单相桥式、三相半波和三相桥式的可控整流电路，通过改变触发延迟角 α 就可调节直流输出电压的大小。α 越大，晶闸管的导通角 θ 越小，直流输出电压越低，反之则输出电压越高。当 $\alpha = 0°$ 时，相当于二极管整流电路。

4. 晶闸管承受过电压、过电流能力差，需采取适当的过电压、过电流保护措施。

5. 变频器按有无直流环节分可分为交—交变频器和交—直—交变频器两大类，交—交变频器的输出频率只能在电网频率以下的范围内进行变化，而交—直—交变频器的输出频率不受电网频率的限制。按直流环节的特点分，如果直流侧中电容 C 的电容量很大，而电感 L 的电感量很小（或不接电感），那么直流侧的电压不能突变，这种变频（器）称为电压型变频（器）；反之，如果直流侧中电容 C 的电容量很小大，而电感 L 的电感量较大，那么直流侧的电流不能突变，这种变频（器）称为电流压型变频（器）。

6. 正弦波脉宽调制控制器（SPWM）是利用等幅的三角波（称为载波）与正弦波（称为调制波）的相交点发出一系列幅值相等、宽度不等的矩形脉冲列，其平均值近似于正弦波。

习　题　六

6-1　型号为 KP100 – 3 的晶闸管，维持电流 $I_H = 4mA$。在下列情况下使用是否合适？为什么？

1）加直流电压 $U = 100V$，负载电阻 $R_L = 50k\Omega$。

2）加直流电压 $U = 150V$，负载电阻 $R_L = 1k\Omega$。

3）加正弦交流电压 $U_2 = 220V$（有效值），负载电阻 $R_L = 10k\Omega$。

6-2　分析图 6-39a、b 两个电路的工作原理以及对晶闸管的耐压要求是否相同？二极管的耐压要求和晶闸管是否一样？

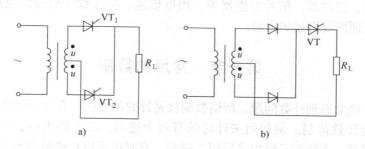

图 6-39　习题 6-2 的图

6-3　有一单相半波可控整流电路带电阻性负载，已知输入交流电压 $U = 220V$，要求输出电压平均值 $U_0 = 60V$，平均电流 $I_0 = 30A$。试计算晶闸管的触发延迟角 α、电流的有效值，并选用晶闸管。

6-4　有一单相半控桥式整流电路，已知输入交流电压 $U = 220V$，负载电阻为 $1k\Omega$，试计算当 $\alpha = 0°$ 与 $\alpha = 90°$ 时，电压和电流的平均值，并画出输出电压 u_0 的波形。

6-5　有一单相半波可控整流电路带电阻性负载，已知输入交流电压 $U = 220V$，要求输出电压在 $0 \sim 60V$ 范围内可调，试计算输出电压平均值为 $30V$、$60V$ 时晶闸管的导通角。

6-6　如图 6-40 所示的可控整流电路中，交流电压 $u = \sqrt{2}\,U\sin\omega t$ V，当 $\alpha = 0°$ 时，输出平均值 $U_0 = 100V$，若要求得到 $U_0 = 50V$，则触发延迟角 α 应为多少？

6-7　试分析图 6-41 所示电路的工作的工作原理，并说明两个晶闸管各起什么作用？

6-8　图 6-42 所示电路为一延时照明开关电路，按一下开关 SB，电灯点亮，延时一段时间，电灯自动熄灭。试分析电路的工作原理。

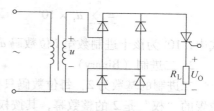

图 6-40　习题 6-6 的图

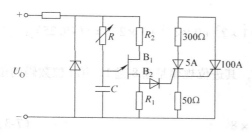

图 6-41　习题 6-7 的图

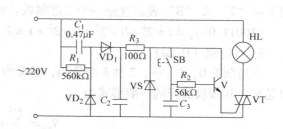

图 6-42　习题 6-8 的图

第七章　门电路和组合逻辑电路

电子电路中的信号可分为两类：一类是前面几章分析的信号（电压或电流），从时间上或信号的大小上看都是连续变化的，称为模拟信号；另一类是从时间上或信号的大小上看是不连续的，这种信号称为数字信号。用以传递、处理模拟信号的电路，称为模拟电路，如交、直流放大器，滤波器，信号发生器等；用以传递、处理数字信号的电路，称为数字电路，这是本书后面所要讲述的内容。

第一节　常用的数制

数字电路中经常遇到计数问题，所谓数制就是计数的方法。在生产实践中，人们经常采用不同基数作为计数体制。例如用来计时的有六十进制、二十四进制、三十（或三十一）进制、十二进制等。在数字系统中多采用二进制，有时也采用八进制和十六进制。

1. 十进制（Decimal）

十进制有 0，1，…，9 共 10 个数码，低位数码到相邻高位数码的进位是逢 10 进 1。例如数 713，可以用 10 的幂的整数倍之和来表示为

$$(713)_{10} = 7 \times 10^2 + 1 \times 10^1 + 3 \times 10^0$$

式中，用下标"10"或"D"表示这是一个十进制数。

通常对于有 n 位整数和 m 位小数的十进制数，有

$$N_{10} = d_{n-1} \times 10^{n-1} + \cdots + d_0 \times 10^0 + d_{-1} \times 10^{-1} + \cdots + d_{-m} \times 10^{-m}$$

$$= \sum_{i=-m}^{n-1} d_i \times 10^i \tag{7-1}$$

式中，10^i 为该十进制数第 i 位数码 d_i 的位权，这个"10"即为十进制数的基数。

2. 二进制（Binary）

二进制的基数为 2，每位数码只有 0 或 1 两种可能，其进位规律是逢 2 进 1，数码所在位置的"权"是 2 的整数幂，其按权展开规律与十进制相同，其一般形式为

$$N_2 = \sum_{i=-m}^{n-1} d_i \times 2^i \tag{7-2}$$

用下标"2"或"B"表示这是一个二进制数。如

$$(10011.01)_2 = 1 \times 2^4 + 0 \times 2^3 + 0 \times 2^2 + 1 \times 2^1 + 1 \times 2^0 + 0 \times 2^{-1} + 1 \times 2^{-2} = (19.25)_{10}$$

3. 八进制（Octal）

八进制有 0，1，…，7 共 8 个数码，基数为 8，其进位规律是逢 8 进 1，第 i 位数码的位权是 8^i。其按权展开的一般形式为

$$N_8 = \sum_{i=-m}^{n-1} d_i \times 8^i \tag{7-3}$$

用下标"8"或"O"表示这是一个八进制数。如

$$(174)_8 = 1 \times 8^2 + 7 \times 8^1 + 4 \times 8^0 = (124)_{10}$$

4. 十六进制（Hexadecimal）

十六进制有 0，1，…，9，A，…，F 共 16 个数码符号，其中 A，…，F 等 6 个符号分别表示 10，…，15。十六进制的基数为 16，其进位规律为逢 16 进 1，第 i 位数码的位权是 16^i。其按权展开的一般形式为

$$N_{16} = \sum_{i=-m}^{n-1} d_i \times 16^i \tag{7-4}$$

用下标"16"或"H"表示为十六进制数。如

$$(4E6)_{16} = 4 \times 16^2 + 14 \times 16^1 + 6 \times 16^0 = (1254)_{10}$$

5. 不同数制间的转换

非十进制转换为十进制，可以将非十进制数写为按权展开式，得出其相加的结果，就是与其对应的十进制数，如上述各例。

十进制转换为非十进制，整数部分可以采用连除法，即将原十进制数连续除以转换计数体制的基数，每次除完所得余数就作为要转换数的系数，先得到的余数为转换数的低位，后得到的为高位，直到除得的商为 0 为止。这种方法概括起来可说成"除基数，得余数，作系数，从低位到高位"。符号 LSB 表示最低位，符号 MSB 表示最高位。

例7-1　　$(26)_{10} = ( )_2 = ( )_8 = ( )_{16}$

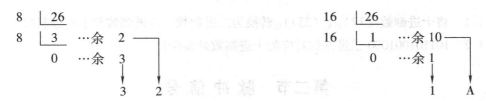

所以，$(26)_{10} = (11010)_2$

同理

所以，$(26)_{10} = (32)_8 = (1A)_{16}$。

可用连除法求八进制数、十六进制数。也可以利用八进制数码与二进制数码的对应关系，由二进制数直接转化为八进制数。因为每一个八进制数码都可以用 3 位二进制数表示，所以可将二进制数从低位向高位每 3 位一组写出各组的值，从左到右读写，就是八进制数。在将二进制数按 3 位一组划分字节时，最高位一组数不够可用 0 补齐。例如：$(81)_{10} =$

$(1010001)_2 = (001\ 010\ 001)_2 = (121)_8$。

同理，每一个十六进制数码也可以用4位二进制数来表示，所以可将二进制数从低位开始每4位一组写出其值，从左到右读写，就是十六进制数。例如：$(81)_{10} = (1010001)_2 = (0101\ 0001)_2 = (51)_{16}$。

小数点以后的二进制数转化为八进制、十六进制数在划分字节时，是从高位到低位进行的。

上述方法是可逆的，将八进制的每一位写成3位二进制数，左右顺序不变，就能从八进制直接转换为二进制；将十六进制的每一位定成4位二进制数，就能从十六进制直接转化为二进制；借助于二进制也可以实现八进制和十六进制的相互转换。例如：$(257)_8 = (010\ 101\ 111)_2 = (1010\ 1111)_2 = (AF)_{16}$。

十进制小数部分转换为其他进制小数可采用连乘法，即将原十进制纯小数乘以要转换出的基数，取其积的整数部分作系数，剩余的纯小数部分再基数，先得到的整数作新数的高位（MSB），后得到的作低位，直至其纯小数部分为0或到一定精度为止。这种方法可概括地说成"乘基数、取整数、作系数，从高位到低位"。

例7-2 将 $(0.78125)_{10}$ 转换为二进制数。

$$0.78125 \times 2 = 1.5625 \dots\dots 1 \qquad \text{MSB}$$
$$0.5625 \times 2 = 1.1250 \dots\dots 1$$
$$0.1250 \times 2 = 0.25 \dots\dots 0$$
$$0.25 \times 2 = 0.5 \dots\dots 0$$
$$0.5 \times 2 = 1.0 \dots\dots 1 \qquad \text{LSB}$$

所以，$(0.78125)_{10} = (0.11001)_2$。

如要求转换为八进制和十六进制，可利用八进制和十六进制与二进制的关系将二进制划分字节获得。对本例有

$$(0.78125)_{10} = (0.11001)_2$$
$$= (0.110\ 010)_2 = (0.62)_8$$
$$= (0.1100\ 1000)_2 = (0.C8)_{16}$$

练习与思考题

7.1.1　将十进制数 $(17)_{10}$，$(254)_{10}$ 转换为二进制数、八进制数和十六进制数。

7.1.2　101101001000 二进制数对应的十进制数是多少？

第二节　脉冲信号

在数字电路中，最常见的信号是矩形脉冲或尖脉冲，如图7-1所示。但是实际波形并不那么理想，现以图7-2所示的矩形波为例，说明脉冲信号波形的主要参数。

（1）脉冲幅度 A　脉冲信号变化的最大值。

（2）脉冲上升沿 t_r　从脉冲幅度的10%上升到90%所需的时间。

（3）脉冲下降沿 t_f　从脉冲幅度的90%下降到10%所需的时间。

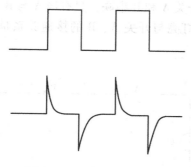

图 7-1　矩形脉冲和尖脉冲

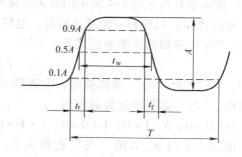

图 7-2　实际的矩形波

（4）**脉冲宽度** t_w　从上升沿的脉冲幅度的 50% 到下降沿的脉冲幅度的 50% 所需的时间，也称为脉冲持续时间。

（5）**脉冲周期** T　在周期性的脉冲信号中，相邻两个上升沿（或下降沿）的脉冲幅度的 10% 两点之间的时间间隔。

（6）**脉冲频率** f　在周期性的脉冲信号中，每秒产生的脉冲个数，$f = \dfrac{1}{T}$。

脉冲信号有正和负之分。如果脉冲跃变后的值比初始值高，称为正脉冲，如图 7-3a 所示；反之，称为负脉冲，如图 7-3b 所示。

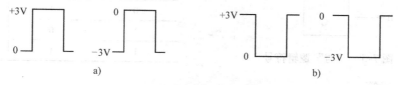

图 7-3　正脉冲和负脉冲
a）正脉冲　b）负脉冲

第三节　基本逻辑门电路及其组合

逻辑代数又称布尔代数，它是分析与设计逻辑电路的数学工具。在数字电路中，输入信号是"条件"，输出信号是"结果"，输出与输入的因果关系可用逻辑表达式来描述，这个逻辑表达式称为逻辑函数，因此数字电路又称为逻辑电路。

逻辑代数与普通代数相比，不同的是逻辑变量的取值只有 0 和 1 两个值，它不表示数值的大小，而是代表两种相反的逻辑状态，如：开关接通为 1，断开为 0；电灯亮为 1，电灯灭为 0；高电平为 1，低电平为 0 等等。1 是 0 的反面，0 也是 1 的反面。若规定高电平为 1，低电平为 0，称为正逻辑系统。若规定低电平为 1，高电平为 0，称为负逻辑系统。在本书中，如果没有特殊注明，采用的都是正逻辑。

在逻辑代数中，最基本的逻辑运算有"与"、"或"、"非"三种。实现这三种逻辑关系的电路分别叫"与"门、"或"门、"非"门。

一、基本逻辑运算

1. "与"运算

当决定某种结果的所有条件都满足时，结果才成立，这种因果关系称为"与"逻辑。

"与"逻辑运算通过图7-4所示的开关电路来说明，开关 A 和 B 串联，只有当 A 与 B 同时接通，电灯才亮。只要有一个开关断开，电灯就灭。电灯亮与开关 A、B 的接通关系是"与"逻辑。"与"逻辑的逻辑表达式为

$$F = A \cdot B \tag{7-5}$$

式中，"·"为"与"运算符号，在逻辑式中也可省略。"与"运算的运算规则为

$$0 \cdot 0 = 0; \ 0 \cdot 1 = 0; \ 1 \cdot 0 = 0; \ 1 \cdot 1 = 1$$

电路中 F 与 A、B 的"与"逻辑关系，以表格的形式列出输入逻辑变量的所有可能取值和对应的逻辑函数值，称为真值表，也称逻辑状态表，如表7-1所示。真值表在今后的逻辑电路研究中将起很重要的作用。

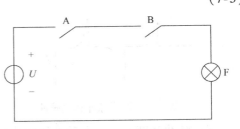

图7-4　"与"逻辑关系

由于"与"运算规则与普通代数的乘法相似，"与"运算又称逻辑乘，但其含义与普通代数的乘不同。图7-5为"与"逻辑的符号，也是"与"门的逻辑符号。

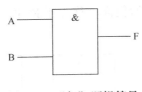

图7-5　"与"逻辑符号

表7-1　"与"的真值表

A	B	F
0	0	0
0	1	0
1	0	0
1	1	1

2. "或"运算

当决定某一结果的各个条件中，只要有一个条件满足，结果就成立，这种逻辑关系称为"或"逻辑。"或"逻辑运算通过图7-6所示的开关电路来说明，开关 A、B 并联，只要 A 或 B 有一个闭合，电灯就亮。电灯亮与 A、B 接通的关系是"或"逻辑。"或"逻辑的逻辑表达式为

$$F = A + B \tag{7-6}$$

式中，"+"为"或"运算符号。"或"运算的运算规则为

$$0 + 0 = 0; \ 0 + 1 = 1; \ 1 + 0 = 1; \ 1 + 1 = 1$$

电路中 F 与 A、B 的"或"逻辑的真值表，如表7-2所示。"或"运算又称为逻辑加。图7-7为"或"逻辑的符号，也是"或"门的逻辑符号。

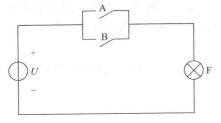

图7-6　"或"逻辑关系

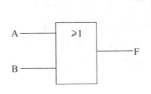

图7-7　"或"逻辑符号

表7-2　"或"的真值表

A	B	F
0	0	0
0	1	1
1	0	1
1	1	1

3. "非"运算

结果和条件处于相反状态的因果关系称为"非"逻辑。"非"运算通过图 7-8 所示的开关电路来说明,开关 A 闭合,电灯就灭,开关 A 断开,电灯就亮。这里电灯亮与开关接通是"非"逻辑关系。"非"逻辑的逻辑表达式为

$$F = \overline{A}$$

(7-7)

式中,"–"为"非"运算符号,读作"A 非"。"非"的运算规则为

$$\overline{0} = 1; \quad \overline{1} = 0$$

电路中 F 与 A "非"逻辑的真值表,如表 7-3 所示。图 7-9 为"非"逻辑的符号,也是"非"门的逻辑符号。

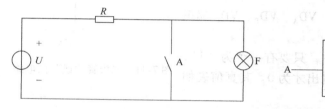

图 7-8 "非"逻辑关系 　　图 7-9 "非"逻辑符号

表 7-3 "非"逻辑的真值表

A	F
0	1
1	0

二、分立元件基本逻辑门电路

设高电平(约 3V)为 1,低电平(0V)为 0;二极管为理想元件,正向导通管压降为 0V;晶体管工作在截止或饱和导通状态,饱和导通时集射极电压 $U_{CE} \approx 0V$。

1. 二极管"与"门电路

图 7-10 是由二极管组成的"与"门电路。

当输入端 A、B、C 都为 1 时,二极管 VD_A、VD_B、VD_C 均处于正向导通状态,输出端 F 为 1。

当输入端 A、B、C 都为 0 时,二极管 VD_A、VD_B、VD_C 亦处于正向导通状态,输出端 F 为 0。

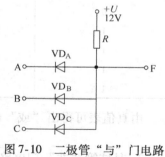

图 7-10 二极管"与"门电路

当输入端不全为 1 时,而有一端或两端为 0 时,例如 A 端为 0V,B、C 端为 3V,则 VD_A 优先导通,输出端 F 被钳制在 0V,即输出为 0。VD_B、VD_C 因承受反向电压而截止。

由上述可知,"与"门电路输入中只要有一个为 0,输出就是 0,只有输入全为 1 时,输出才是 1。其真值表如表 7-4 所示。

表 7-4 "与"门电路真值表

A	B	C	F
0	0	0	0
0	0	1	0
0	1	0	0
0	1	1	0
1	0	0	0
1	0	1	0
1	1	0	0
1	1	1	1

由真值表可得出"与"门电路的逻辑表达式

$$F = ABC \qquad (7-8)$$

2. 二极管"或"门电路

图 7-11 是由二极管组成的"或"门电路。

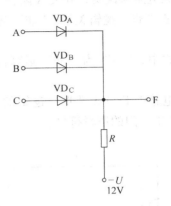

当输入端 A、B、C 有一个为 1 时，则输出端 F 为 1。例如 A 端为 3V，B、C 端为 0V。此时 VD_A 优先导通，输出端 F 近似为 3V，即输出端 F 为 1。同时 VD_B、VD_C 受反向偏置而截止。

同理，当输入端有一个以上的输入端为"1"时，输出端 F 也为 1。

只有当输入端 A、B、C 都为 0 时，VD_A、VD_B、VD_C 都正向导通，输出端 F 才为 0。

由上述可知，"或"门电路输入中，只要有一个为"1"，输出就是"1"，只有输入全为 0 时，输出才为 0。其真值表如表 7-5 所示。

图 7-11 二极管"或"门电路

表 7-5   "或"门电路真值表

A	B	C	F
0	0	0	0
0	0	1	1
0	1	0	1
0	1	1	1
1	0	0	1
1	0	1	1
1	1	0	1
1	1	1	1

由真值表可得出"或"门电路的逻辑表达式

$$F = A + B + C \qquad (7-9)$$

3. 晶体管"非"门电路

图 7-12 是由晶体管组成的"非"门电路。当输入端 A 为 1 时，晶体管饱和导通，输出端 F 为 0。当 A 端为 0 时，晶体管截止，输出端 F 为 1。"非"门电路也称为反相器。其真值表如表 7-6 所示。"非"门电路的逻辑表达式为

$$F = \overline{A} \qquad (7-10)$$

表 7-6   "非"门电路真值表

A	F
1	0
0	1

三、基本逻辑门电路的组合

上述三种是最基本逻辑门电路，可以把它们组合成为组合门电路，例如常用的"与非"

门电路，可将二极管"与"门和晶体管"非"门连接而成，如图 7-13 所示。

"与非"门的逻辑功能是：当输入全为 1 时，输出为 0；当输入有一个或几个为 0 时，输出为 1。其真值表如表 7-7 所示。

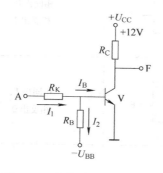

图 7-12 晶体管"非"门电路

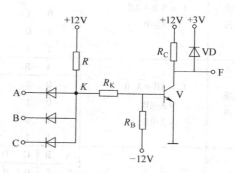

图 7-13 "与非"门电路

表 7-7 "与非"门真值表

A	B	C	F
0	0	0	1
0	0	1	1
0	1	0	1
0	1	1	1
1	0	0	1
1	0	1	1
1	1	0	1
1	1	1	0

由真值表可得出"与非"门电路的逻辑表达式

$$F = \overline{ABC} \tag{7-11}$$

最常见的组合门有"与非"、"或非"、"与或非"、"异或"、"同或"等。表 7-8 给出了这些常见的组合门电路的表达式、真值表、逻辑符号。

表 7-8 常见的组合门

	逻辑表达式	逻辑真值表			逻辑符号	逻辑规律
		A	B	F		
与非逻辑	$F = \overline{AB}$	0	0	1		有 0 出 1，
		0	1	1		全 1 出 0
		1	0	1		
		1	1	0		
		A	B	F		
或非逻辑	$F = \overline{A + B}$	0	0	1		有 1 出 0，
		0	1	0		全 0 出 1
		1	0	0		
		1	1	0		

（续）

	逻辑表达式	逻辑真值表	逻辑符号	逻辑规律
异或逻辑	$F = A\bar{B} + \bar{A}B$ $= A \oplus B$	A B F 0 0 0 0 1 1 1 0 1 1 1 0		相同出 0， 相反出 1
同或逻辑	$F = AB + \bar{A}\bar{B}$ $= \overline{A \oplus B}$ $= A \odot B$	A B F 0 0 1 0 1 0 1 0 0 1 1 1		相同出 1， 相反出 0
与或非逻辑	$F = \overline{AB + CD}$	A B C D F 0 0 0 0 1 0 0 0 1 1 0 0 1 0 1 0 0 1 1 0 0 1 0 0 1 0 1 0 1 1 0 1 1 0 1 0 1 1 1 0 1 0 0 0 1 1 0 0 1 1 1 0 1 0 1 1 0 1 1 0 1 1 0 0 0 1 1 0 1 0 1 1 1 0 0 1 1 1 1 0		各组均有 0 出 1， 某组全 1 出 0

练习与思考题

7.3.1　数字电路与模拟电路中晶体管的工作状态有何不同？

7.3.2　逻辑加运算与算术加运算有何不同？

7.3.3　基本逻辑运算有几种？试举出生活中存在的这些逻辑关系的实例。

7.3.4　说明 $1 + 1 = 2$，$1 + 1 = 1$，$1 + 1 = 10$，3 个式子的含义及区别。

第四节　集成门电路

一、TTL 集成门电路

TTL 型集成电路的输入端和输出端电路的结构形式都采用了晶体管，所以称为晶体管 - 晶体管逻辑电路，简称 TTL（Transister - Transister Logic）电路。TTL 集成电路具有结构简单、稳定可靠、工作速度快等优点，但它的功耗比 CMOS 集成电路大。下面只对应用最为广泛的"与非"门集成电路的工作原理、主要参数及其产品作简要的介绍。

1. TTL"与非"门电路

图 7-14 是最常用的 TTL"与非"门电路。V_1 是多发射极晶体管，可把它的集电结看成一个二极管，而把发射结看成与前者背靠背的几个二极管，其等效电路如图 7-15 所示。这样，V_1 的作用和二极管"与"门的作用完全相似。下面来分析电路的工作原理。

（1）工作原理　当输入端有一个或几个为 0（约为 0.3V）时，多发射极晶体管 V_1 的基极与接 0 的发射极间处于正向偏置，电源通过 R_1 为 V_1 提供基极电流。V_1 的基极电位约为 $(0.3 + 0.7)\text{V} = 1\text{V}$，其集电极电位约为 0.3V，因此 V_2 截止，V_5 也截止。由于 V_2 截止，其集电极电位接近于电源电压（+5V），V_3 和 V_4 导通，输出端 F 的电位为

$$V_F = U_{CC} - I_{B3}R_2 - U_{BE3} - U_{BE4}$$

因为 I_{B3} 很小，可以忽略不计，电源电压为 5V，于是

$$V_F = (5 - 0.7 - 0.7)\text{V} = 3.6\text{V}$$

即输出为 1。

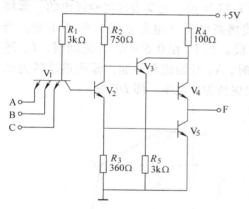

图 7-14　TTL"与非"门电路

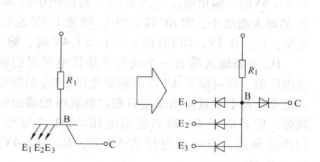

图 7-15　多发射极晶体管等效电路

当输入端全为 1（约为 3.6V）时，V_1 的发射结都处于反向偏置，电源通过 R_1 和 V_1 的集电结向 V_2 提供较大的基极电流，使 V_2 饱和，V_2 的发射极电流在 R_3 上产生的压降，又为 V_5 提供较大的基极电流，使 V_5 也饱和，所以输出端 F 的电位为

$$V_F = 0.3\text{V}$$

即输出为 0。

V_2 的集电极电位为

$$V_{C2} = U_{CE2} + U_{BE5} \approx 1\text{V}$$

即 V_3 的基极电位为 1V，则 V_3 导通，V_3 的发射极电位 $V_{C2} \approx (1 - 0.7)\text{V} = 0.3\text{V}$，即 V_4 的基极电位为 0.3V，而 V_4 的发射极（输出端 F）电位也为 0.3V，因此 V_4 截止。

由上述逻辑关系可得图 7-14 电路的逻辑表达式

$$F = \overline{ABC}$$

即输出端 F 与输入端 A、B、C 之间符合"与非"逻辑关系。

图 7-16 是两种常用的 TTL"与非"门的外引线排列图，图 a 是 4 输入二"与非"门，图 b 是 2 输入四"与非"门。片内各个"与非"门互相独立，可以单独使用。

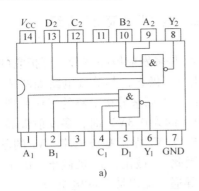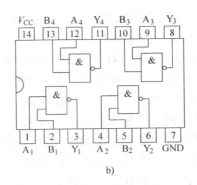

a)　　　　　　　　　　　　　　　　b)

图 7-16　TTL "与非" 门的外引线排列图

a) CT74LS20　b) CT74LS00

（2）主要参数　TTL "与非" 门有多种系列，参数很多，这里仅介绍几个主要参数。

1）输出高电平电压 U_{OH} 和输出低电平电压 U_{OL}：首先分析 TTL "与非" 门输出电压 U_O 与输入电压 U_I 之间的关系，即电压传输特性，如图 7-17 所示。它是通过实验得出的，即将某一输入端的电压由零逐渐增大，而将其他输入端接高电平（电源正极）保持不变。当 $U_I < 0.5V$ 时，输出电压 $U_O \approx 3.6V$，对应图中的 AB 段。当 U_I 在 $0.5 \sim 1.3V$ 之间时，U_O 随 U_I 的增大而减小，即 BC 段。当 U_I 增至 1.4V 左右时，V_5 开始饱和导通，输出迅速转为低电平，$U_O = 0.3V$，即 CD 段。当 $U_I > 1.4V$ 时，输出保持为低电平，即 DE 段。

U_{OH} 是指输入端有一个或几个是低电平时的输出电压值，即对应于 AB 段的输出电压。U_{OL} 是指输入端全为高电平且输出端接有额定负载时的输出电压值，即对应于 DE 段的输出电压。TTL "与非" 门产品规定，当电源电压为 5V 时，$U_{OH} \geqslant 2.4V$，$U_{OL} \leqslant 0.4V$。

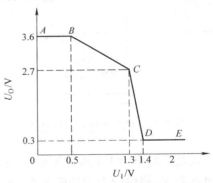

2）开门电平 U_{ON} 和关门电平 U_{OFF}：U_{ON} 是指保持输出低电平所允许的输入高电平的下限值，TTL 产品规定 $U_{ON} \leqslant 2.0V$。U_{OFF} 是指保持输出高电平所允许的输入低电平的上限值，TTL 产品规定 $U_{OFF} \geqslant 0.8V$。

图 7-17　TTL "与非" 门电压传输特性

3）输入低电平噪声容限 U_{NL} 和输入高电平噪声容限 U_{NH}：在数字系统中，有时会有噪声电压叠加在输入信号上，当噪声电压超过一定限度时，就会破坏 "与非" 门的正常逻辑关系。我们把不致影响输出逻辑状态所允许的噪声电压幅度的界限，叫做 TTL "与非" 门输入端的噪声容限。

当输入低电平（$U_{IL} = U_{OL}$）时，只要噪声电压与输入低电平叠加后的数值小于 U_{OFF}，输出仍为高电平（不低于额定值 90%）。该噪声电压的极限值即为输入低电平噪声容限

$$U_{NL} = U_{OFF} - U_{OL}$$

U_{NL} 越大，表明输入低电平时抗正向干扰能力越强。

当输入高电平（$U_{IH} = U_{OH}$）时，只要噪声电压（负向）与输入高电平叠加后的数值大于 U_{ON}，输出仍为低电平。该噪声电压的极限值即为输入高电平噪声容限

$$U_{NH} = U_{OH} - U_{ON}$$

U_{NH} 越大，表明输入高电平时抗负向干扰能力越强。

设某 TTL "与非" 门的数据为 $U_{OH} = 2.4V$，$U_{OL} = 0.4V$，$U_{OFF} = 0.9V$，$U_{ON} = 1.5V$，则

$$U_{NL} = (0.9 - 0.4)V = 0.5V$$

$$U_{NH} = (2.4 - 1.5)V = 0.9V$$

4）扇出系数 N_o：扇出系数是指一个 "与非" 门能够带同类 "与非" 门的最大数目，它表示 "与非" 门带负载的能力。TTL "与非" 门产品规定值为 $N_o \geq 8$。

5）平均传输延迟时间 t_{pd}：TTL "与非" 门工作时，输出电压波形相对输入电压波形存在一定的时间延迟，如图 7-18 所示。从输入脉冲上升沿的 50% 处起到输出脉冲下降沿的 50% 处的时间称为上升延迟时间 t_{pd1}；从输入脉冲下降沿的 50% 处到输出脉冲上升沿的 50% 处的时间称为下降延迟时间 t_{pd2}。t_{pd1} 与 t_{pd2} 的平均值称为平均传输延迟时间 t_{pd}，即

$$t_{pd} = \frac{t_{pd1} + t_{pd2}}{2}$$

此值愈小愈好，TTL "与非" 门产品的 t_{pd} 一般为几纳秒到几十纳秒。

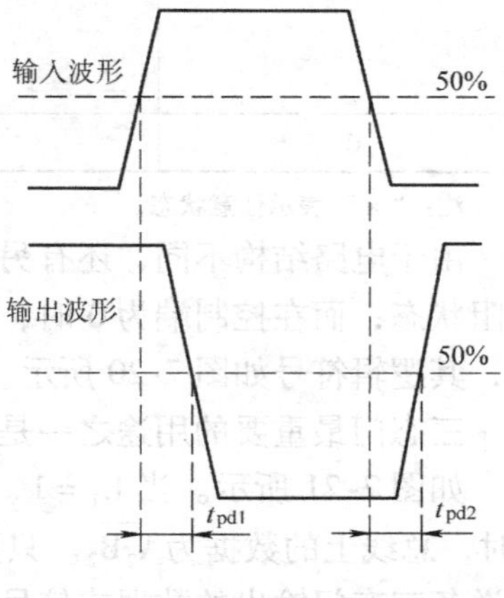

图 7-18　 "与非" 门传输延迟时间

2. 三态输出 TTL "与非" 门电路

三态输出 "与非" 门电路与上述的 "与非" 门电路不同，它的输出端除出现高电平和低电平外，还可以出现第三种状态——高阻状态。

图 7-19a 是 TTL 三态输出 "与非" 门电路，图 7-19b 是其逻辑符号。它与图 7-14 比较，只多出了二极管 VD，图中 A、B 是输入端，E 是控制端或称使能端。

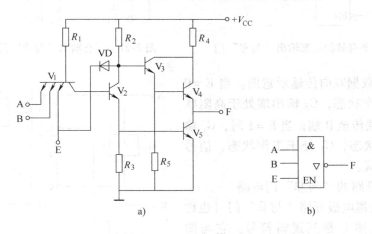

图 7-19　TTL 三态输出 "与非" 门电路及其逻辑符号

当控制端 E = 1 时，三态门的输出取决于输入端 A、B 的状态，实现 "与非" 逻辑关系，即 $F = \overline{AB}$。

当 E = 0（约 0.3V）时，不管 A、B 输入端的状态如何，V_2、V_5 均处于截止状态。同

时，二极管 VD 将 V_2 的集电极电位钳位在约 1V，使 V_4 也截止。V_4、V_5 都截止，输出端开路而处于高阻状态。

三态输出"与非"门的状态表（真值表）如表 7-9 所示。

表 7-9　三态输出"与非"门的状态表

控制端 E	输入端		输出端 F
	A	B	
1	0	0	1
	0	1	1
	1	0	1
	1	1	0
0	×	×	高阻

注："×"表示任意状态。

由于电路结构不同，还有另一类三态输出"与非"门，当控制端为 1 时，输出端处于高阻状态；而在控制端为 0 时，三态门的输出取决于输入端的状态，实现"与非"逻辑关系，其逻辑符号如图 7-20 所示。

三态门最重要的用途之一是用一根导线（或称为总线）传送几个不同的数据或控制信号，如图 7-21 所示。当 $E_1 = 1$、$E_2 = E_3 = 0$ 时，总线上的数据为 $\overline{A_1 B_1}$；当 $E_2 = 1$、$E_1 = E_3 = 0$ 时，总线上的数据为 $\overline{A_2 B_2}$。只要让各门的控制端轮流为 1（只能一个为 1），总线就能轮流传送各三态门输出的数据或信号，这种方法已在计算机中广泛采用。

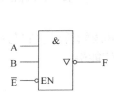

图 7-20　低电平有效的三态输出"与非"门

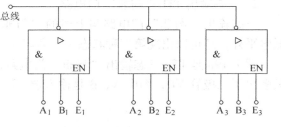

图 7-21　三态输出"与非"门的应用

图 7-22 是数据双向传输示意图。当 $\overline{E} = 0$ 时，G_1 处于工作状态，G_2 输出端处于高阻状态，信号从 A 端传至 B 端；当 $\overline{E} = 1$ 时，G_1 输出端处于高阻状态，G_2 处于工作状态，信号从 B 端传至 A 端。

3. 集电极开路的"与非"门电路

图 7-23a 是集电极开路"与非"门（也称 OC 门）电路，图 b 是其逻辑符号。它与图 7-14 普通 TTL"与非"门相比，少了 V_3 和 V_4 晶体管，并将 V_5 的集电极开路。工作时，V_5 的集电极（输出端）外接电源和电阻 R_L，作为 OC 门的有源负载。

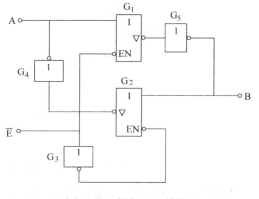

图 7-22　数据双向传输

OC 门的输出端可以直接接负载，如继电器、指示灯、发光二极管等。如图 7-24 所示，OC 门直接接继电器线圈 KA。普通 TTL "与非" 门不允许直接驱动工作电压高于 5V 的负载，否则 "与非" 门将被损坏。

若将几个 OC 门的输出端并联，可共用一个集电极负载电阻 R_L 和电源 V_{CC}，如图 7-25 所示。显然，当 F_1、F_2、$\cdots F_n$ 都为高电平时，F 才为高电平；其中有一个 OC 门输出为低电平时，F 就为低电平，实现了 "线与" 逻辑功能，其逻辑关系为

$$F = F_1 F_2 \cdots F_n$$

普通 "与非" 门的输出端不允许直接相连。否则，有可能会损坏门电路。

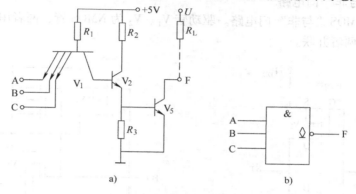

图 7-23 集电极开路 "与非" 门电路及其逻辑符号

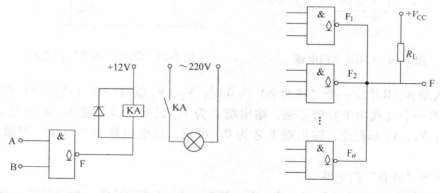

图 7-24 OC 门的输出端直接接继电器   图 7-25 OC 门线与电路图

二、CMOS 集成门电路

MOS 型集成门电路是由绝缘栅场效应晶体管组成，它具有制造工艺简单、集成度高、功耗低、输入电阻高、抗干扰能力强等优点，更适合大规模集成电路的应用。其主要缺点是工作速度较低。MOS 门电路可分为 NMOS 门电路、PMOS 门电路以及由 PMOS 和 NMOS 构成的互补型 CMOS 门电路，其中 CMOS 门电路的应用最多。因此，本节只介绍 CMOS 门电路。

1. CMOS "非" 门电路

图 7-26 是 CMOS 非门电路。驱动管 V_1 为 NMOS（N 沟道增强型）管，负载管 V_2 为 PMOS（P 沟道增强型）管，两者接成互补对称的结构。NMOS 管的栅源开启电压 $U_{GS(th)N}$ 为

正值，PMOS 管的栅源开启电压 $U_{\mathrm{GS(th)P}}$ 为负值，其数值在 $2 \sim 5\mathrm{V}$。要求电源电压 $U_{\mathrm{DD}} >$ $U_{\mathrm{GS(th)N}} + |U_{\mathrm{GS(th)P}}|$，$U_{\mathrm{DD}}$ 可在 $3 \sim 18\mathrm{V}$ 内工作，适用范围较宽。

当输入端 A 为 1（约为 U_{DD}）时，$U_{\mathrm{GS1}} = U_{\mathrm{DD}} > U_{\mathrm{GS(th)N}}$，则 V_1 导通；而 $U_{\mathrm{GS2}} = 0 < |U_{\mathrm{GS(th)P}}|$，因此，$\mathrm{V}_2$ 截止。这时，输出端 F 为 0。

当输入端 A 为 0（约为 0V）时，$U_{\mathrm{GS1}} = 0$，则 V_1 截止；此时 $U_{\mathrm{GS2}} < 0$，且 $|U_{\mathrm{GS2}}| > |U_{\mathrm{GS(th)P}}|$，因此，$\mathrm{V}_2$ 导通。这时，输出端 F 为 1。

可见，该电路实现了"非"逻辑功能，即 $F = \overline{A}$。

2. CMOS "与非" 门电路

图 7-27 是 CMOS "与非" 门电路。驱动管 V_1、V_2 为 NMOS 管，两者串联；负载管 V_3、V_4 为 PMOS 管，两者并联。

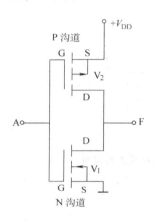
图 7-26　CMOS 非门电路

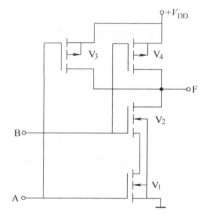
图 7-27　CMOS "与非" 门电路

当输入端 A、B 中有一个（或两个）为 0 时，V_1、V_2 就有一个（或两个）管截止，而 V_3、V_4 就有一个（或两个）管导通，输出端 F 为 1。只有当输入端 A、B 全为 1 时，V_1、V_2 都导通，V_3、V_4 都截止，输出端 F 才为 0。可见，该电路具有"与非"逻辑功能，即 $F = \overline{AB}$。

3. CMOS "或非" 门电路

图 7-28 是 CMOS "或非" 门电路。驱动管 V_1、V_2 为 NMOS 管，两者并联；负载管 V_3、V_4 为 PMOS 管，两者串联。

当输入端 A、B 中有一个（或两个）为 1 时，V_3、V_4 就有一个（或两个）截止，V_1、V_2 就有一个（或两个）导通，故输出端 F 为 0。只有当输入端 A、B 全为 0 时，V_3、V_4 都导通，V_1、V_2 都截止，输出端 F 才为 1。可见，该电路具有"或非"逻辑功能，即 $F = \overline{A + B}$。

4. CMOS 传输门电路

图 7-29a 是 CMOS 传输门电路，图 7-29b 是其逻辑符号。它由 NMOS 管 V_1 和 PMOS 管 V_2 并联而成，两个源极相连作为输入端；两个漏极相连作为输出端（输入端和输出端可以对调）。两个栅极作为控制端，分别用 C 和 $\overline{C}$ 进行控制。

设控制端高电平为 V_{DD}，低电平为 0V。当 $C = 0$ 和 $\overline{C} = 1$ 时，输入信号在 $0 \sim V_{\mathrm{DD}}$ 范围变

化时，则 V_1、V_2 管都截止，输入、输出之间呈高阻状态，传输门关断。当 $C=1$ 和 $\overline{C}=0$ 时，输入电压 u_I 在 $0 \sim (V_{DD} - U_{GS(th)N})$ 范围内变化时，则 V_1 管导通；若输入电压 u_I 在 $|U_{GS(th)P}| \sim V_{DD}$ 范围内变化时，则 V_2 管导通。因此，当在 u_I 在 $0 \sim V_{DD}$ 范围内变化时，V_1、V_2 至少有一个管导通，即传输门导通。此时，CMOS 传输门可以传输模拟信号，所以也称为模拟开关。

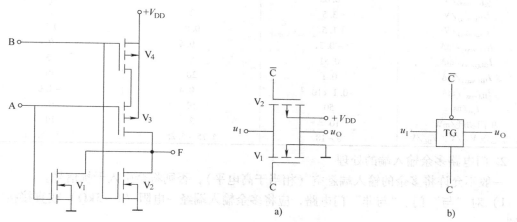

图 7-28　CMOS "或非" 门电路　　　　图 7-29　CMOS 传输门
　　　　　　　　　　　　　　　　　　　a) 电路　b) 逻辑符号

图 7-30 是 CC4066 型四模拟开关的电路及其逻辑符号。当 $E=1$ 时，开关电路接通；当 $E=0$ 时，开关电路关断。

5. 三态输出 CMOS 门电路

三态输出 CMOS 门电路比三态输出 TTL 门电路要简单得多，但两者的功能一样。图7-31 是三态输出 CMOS "非" 门电路及其逻辑符号。它由 "非" 门和模拟开关组成。

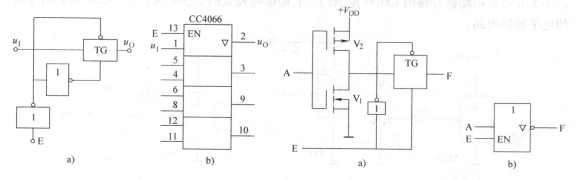

图 7-30　CC4066 型四模拟开关　　　　图 7-31　三态输出 CMOS 非门
　　　a) 单元电路　b) 逻辑符号　　　　　　a) 电路　b) 逻辑符号

当 E 端为 1 时，模拟开关 TG 接通，输出端 F 和输入端 A 满足 "非" 的逻辑关系，即 $F = \overline{A}$。当 E 端为 0 时，模拟开关 TG 断开，输出端 F 呈现高阻状态。

三、集成逻辑门电路使用中的几个实际问题

1. TTL 门电路与 CMOS 门电路的性能比较

集成逻辑门电路的部分性能参数如表 7-10 所示。可见，CMOS 门电路具有功耗很小，输入电流非常小的优点，但工作速度较慢；TTL 门电路具有工作速度快，但输入电流较大，功耗也较大。

表7-10 集成逻辑门电路的性能参数比较表

电路 参数	CMOS4000 系列	TTL74LS 系列	TTL74 系列
$U_{OH(min)}$/V	4.6	2.7	2.4
$U_{OL(max)}$/V	0.05	0.5	0.4
$U_{IH(min)}$/V	3.5	2	2
$U_{IL(max)}$/V	1.5	0.8	0.8
$I_{OH(max)}$/mA	−0.51	−0.4	−0.4
$I_{OL(max)}$/mA	0.51	8	16
$I_{IH(max)}$/μA	0.1	20	40
$I_{IL(max)}$/mA	-0.1×10^{-3}	−0.4	−1.6
t_{pd}/ns	50	10	10
单门功耗/mW	10^{-5}	2	10
电源电压 V_{CC}/V，V_{DD}/V	3~18	4.75~5.25	4.75~5.25

2. 门电路多余输入端的处理

一般不允许将多余的输入端悬空（相当于高电平），否则将会引入干扰信号。

1）对"与"门、"与非"门电路，应将多余输入端经一电阻（1~3kΩ）或直接接电源正端。

2）对"或"门、"或非"门电路，应将多余输入端接"地"。

3）如果前级有足够的驱动能力，也可将多余输入端与信号输入端联在一起。

3. CMOS 门电路与 TTL 门电路的连接

在数字电路中 CMOS 电路与 TTL 电路可以混合使用，但有一个连接问题。

（1）CMOS 电路驱动 TTL 电路 由于 CMOS 电路的驱动电流小，而 TTL 电路的输入电流大，为了使两者匹配，可采用图 7-32 所示的电路。图 7-32a 是通过晶体管将电流放大；图 7-32b 是采用漏极开路的 CMOS 逻辑门，它能吸收较大的负载电流；图 7-32c 是采用专用的电平转换电路。

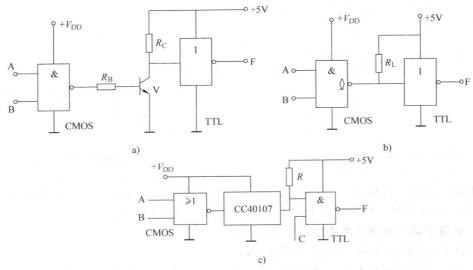

图 7-32 CMOS 电路驱动 TTL 电路

（2）TTL 电路驱动 CMOS 电路 由于 TTL 电路的输出高电平电压 $U_{OH} \geqslant 2.4V$，输出低电平电压 $U_{OL} \leqslant 0.4V$。如果 CMOS 电路的电源 V_{DD} 为 +5V，则 CMOS 电路要求输入高电平电压 $U_{IH} \geqslant 3.5V$，输入低电平电压 $U_{IL} \leqslant 1.5V$。为满足 CMOS 电路对输入电压幅度的要求，在 TTL 电路的输出接一个上拉电阻 R（几百～几千欧），以提高输出电压的幅度，如图 7-33a 所示。

若 CMOS 的电源电压较高，则 TTL 电路应采用集电极开路 OC 门，其输出端接一上拉电阻 R，如图 7-33b 所示。值得注意的是，上拉电阻的大小，对其工作速度有一定的影响。

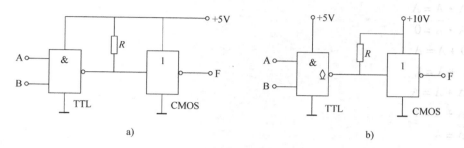

图 7-33 TTL 电路驱动 CMOS 电路

4. 门电路驱动分立元件电路

在实际应用中，门电路驱动分立元件的典型电路如图 7-34 所示。图 7-34a 用于驱动继电器；图 7-34b 用于驱动发光二极管；图 7-34c 用于驱动晶闸管。

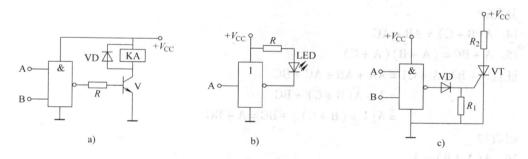

图 7-34 门电路驱动分立元件电路

练习与思考题

7.4.1 TTL 集成电路与 CMOS 集成电路各有什么优缺点？

7.4.2 什么叫"线与"？普通与非门能否实现"线与"？什么门能实现"线与"？

7.4.3 三态输出与非门有何特点？能否像 OC 门一样实现"线与"逻辑？它与 OC 门的"线与"有何不同之处？

第五节 逻 辑 代 数

逻辑代数是分析和设计数字电路的重要数学工具。根据三种最基本的逻辑运算，可推导出一些基本公式和定律，形成了一些运算法则，熟悉、掌握并且会运用这些法则，对于掌握数字电子技术是十分重要的。

一、逻辑代数运算法则与定律

基本运算法则：

1. $0 \cdot A = 0$

2. $1 \cdot A = A$

3. $A \cdot A = A$

4. $A \cdot \overline{A} = 0$

5. $0 + A = A$

6. $1 + A = 1$

7. $A + A = A$

8. $A + \overline{A} = 1$

9. $\overline{\overline{A}} = A$

交换律

10. $AB = BA$

11. $A + B = B + A$

结合律

12. $ABC = (AB)C = A(BC)$

13. $A + B + C = A + (B + C) = (A + B) + C$

分配律

14. $A(B + C) = AB + AC$

15. $A + BC = (A + B)(A + C)$

证：$(A + B)(A + C) = AA + AB + AC + BC$
$$= A + A(B + C) + BC$$
$$= A[1 + (B + C)] + BC = A + BC$$

吸收律

16. $A(A + B) = A$

证：$A(A + B) = AA + AB = A + AB = A(1 + B) = A$

17. $A(\overline{A} + B) = AB$

18. $A + AB = A$

19. $A + \overline{A}B = A + B$

证：$A + \overline{A}B = (A + \overline{A})(A + B) = A + B$

20. $AB + A\overline{B} = A$

21. $(A + B)(A + \overline{B}) = A$

证：$(A + B)(A + \overline{B}) = AA + AB + A\overline{B} + B\overline{B} = A + A(B + \overline{B}) = A + A = A$

反演律（摩根定律）

22. $\overline{AB} = \overline{A} + \overline{B}$

证：

A	B	$\overline{A}$	$\overline{B}$	$\overline{AB}$	$\overline{A}+\overline{B}$
0	0	1	1	1	1
1	0	0	1	1	1
0	1	1	0	1	1
1	1	0	0	0	0

23. $\overline{A+B} = \overline{A}\ \overline{B}$

证:

A	B	$\overline{A}$	$\overline{B}$	$\overline{A+B}$	$\overline{A}\ \overline{B}$
0	0	1	1	1	1
1	0	0	1	0	0
0	1	1	0	0	0
1	1	0	0	0	0

二、逻辑函数的表示方法

逻辑函数可以用真值表、逻辑表达式、逻辑图和卡诺图4种方法表示,它们之间可以相互转换,下面用一个例子加以说明。

设有一个3输入变量的奇数判别电路,输入变量用 A、B、C 表示,输出变量用 F 表示。当输入变量中有奇数个 1 时,F = 1;输入变量中有偶数个 1 时,F = 0。

1. 真值表

按照上列逻辑要求,三个输入变量共有 $2^3 = 8$ 个组合状态,将 8 个状态及其对应的输出状态列成表格,就得到真值表,如表 7-11 所示。

表 7-11 奇数判别电路的真值表

A	B	C	F	A	B	C	F
0	0	0	0	1	0	0	1
0	0	1	1	1	0	1	0
0	1	0	1	1	1	0	0
0	1	1	0	1	1	1	1

2. 逻辑表达式

逻辑表达式是用各变量的"与"、"或"、"非"逻辑运算的组合式来表示逻辑函数。

（1）由真值表写出逻辑式　根据真值表,列逻辑表达式的方法:将真值表中输出 F = 1 每个状态的全部输入变量写成一个"与"项,如果输入变量为1,则取其原变量,如果输入变量为"0",则取其反变量。这些"与"项的"或"运算就得到输出 F 的逻辑表达式。从表 7-11 真值表得出奇数判别电路的逻辑表达式

$$F = \overline{A}\ \overline{B}C + \overline{A}B\ \overline{C} + A\ \overline{B}\ \overline{C} + ABC \tag{7-12}$$

（2）由逻辑表达式列出真值表　例如逻辑表达式为 F = AB + BC + CA,有三个输入变量,共有 8 种组合,把各种组合的取值分别代入逻辑式中进行运算,求出相应的逻辑函数值,即可列出真值表,如表 7-12 所示。

表 7-12 $F = AB + BC + CA$ 真值表

A	B	C	F
0	0	0	0
0	0	1	0
0	1	0	0
0	1	1	1
1	0	0	0
1	0	1	1
1	1	0	1
1	1	1	1

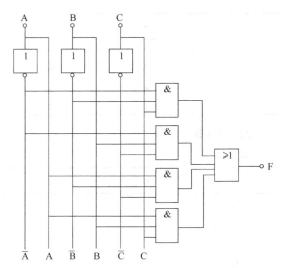

图 7-35 奇数判别电路的逻辑

3. 逻辑图

有了逻辑表达式，按照先"与"后"或"的运算顺序，用逻辑符号表示并正确连接起来就可以画出相应的逻辑图。式（7-12）所对应的逻辑图如图 7-35 所示。

因为逻辑式不是唯一的，所以逻辑图也不是唯一的，反之，由逻辑图也可以写出逻辑式，参见例 7-10、例 7-11。

4. 卡诺图

卡诺图也是表示逻辑函数的一种方法，利用卡诺图还能化简逻辑函数，详见下面介绍。

三、逻辑函数化简

一个逻辑函数可以有多种表达式，只有将逻辑函数化简到最简形式，才能方便、直观地分析其逻辑关系；而且在设计具体电路时，所用的元件最少，电路最简单，并提高可靠性。"与或"表达式是逻辑函数最常用的表达式，化简逻辑函数时，要使逻辑函数的"或"项数最少，且每个"与"项的变量数也最少。

化简逻辑函数的方法有代数化简法和卡诺图化简法。

1. 逻辑函数的代数化简法

代数化简法是利用逻辑代数的运算规则和定律来化简逻辑函数，常用的方法有：

（1）并项法 利用公式 $A + \overline{A} = 1$，将两项合并为一项，并可消去一个变量。如

$$F = ABC + A\overline{B}\ \overline{C} + AB\overline{C} + A\overline{B}C$$
$$= AB(C + \overline{C}) + A\overline{B}(C + \overline{C})$$
$$= AB + A\overline{B} = A(B + \overline{B}) = A$$

（2）吸收法 利用公式 $A + AB = A$，将多余的乘积项 AB 吸收掉，如

$$F = A\overline{B} + A\overline{B}CD(E + F) = A\overline{B}$$

（3）消去法 利用公式 $A + \overline{A}B = A + B$，消去多余的因子 $\overline{A}$，如

$$F = AB + \overline{A}C + \overline{B}C = AB + (\overline{A} + \overline{B})C$$
$$= AB + \overline{AB}C = AB + C$$

（4）配项法 利用 $A + A = A$，$A + \overline{A} = 1$，$AA = A$ 等基本公式，给某些逻辑函数配上适

当的项，再用有关公式化简以消去更多的项。如

$$F = AB + \overline{B}C + \overline{A}C$$
$$= AB(C + \overline{C}) + (A + \overline{A})\overline{B}C + \overline{A}(B + \overline{B})C$$
$$= ABC + AB\overline{C} + A\overline{B}C + \overline{A}\,\overline{B}C + \overline{A}BC$$
$$= (ABC + \overline{A}BC) + (A\overline{B}C + \overline{A}\,\overline{B}C) + AB\overline{C}$$
$$= BC + \overline{B}C + AB\overline{C}$$
$$= C + AB\overline{C}$$
$$= C + AB$$

在实际化简中，往往需要综合运用上述各种方法，才能求得最简结果。

例 7-3 试化简逻辑函数

$$F = AB + A\overline{C} + \overline{B}C + B\overline{C} + B\overline{D} + BD + ADE(F + G)$$

解 $F = A(B + \overline{C}) + \overline{B}C + B\overline{C} + B\overline{D} + BD + ADE(F + G)$

利用 $\overline{A} + \overline{B} = \overline{AB}$，得 $B + \overline{C} = \overline{\overline{B}C}$，所以

$$F = A\overline{\overline{B}C} + \overline{B}C + B\overline{C} + B\overline{D} + BD + ADE(F + G)$$

利用 $A + \overline{A}B = A + B$，得 $\overline{B}C + A\overline{\overline{B}C} = \overline{B}C + A$，所以

$$F = A + \overline{B}C + B\overline{C} + B\overline{D} + BD + ADE(F + G)$$

利用 $A + AB = A$，得 $A + ADE(F + G) = A$，所以

$$F = A + \overline{B}C + B\overline{C} + B\overline{D} + BD$$

利用 $A = A\ (B + \overline{B})$，得 $\overline{B}C = \overline{B}C(D + \overline{D}) = \overline{B}CD + \overline{B}C\overline{D}$，所以

$$F = A + \overline{B}CD + \overline{B}C\overline{D} + B\overline{C} + B\overline{D} + BD$$

利用 $A + AB = A$，得 $\overline{B}CD + BD = BD$，所以

$$F = A + BD + \overline{B}C\overline{D} + B\overline{C} + B\overline{D}$$

利用 $A = A(B + \overline{B})$，得 $B\overline{D} = B\overline{D}(C + \overline{C}) = BC\overline{D} + B\overline{C}\,\overline{D}$，所以

$$F = A + BD + \overline{B}C\overline{D} + B\overline{C} + BC\overline{D} + B\overline{C}\,\overline{D}$$

利用 $A + AB = A$，得 $B\overline{C} + B\overline{C}\,\overline{D} = B\overline{C}$，所以

$$F = A + BD + \overline{B}C\overline{D} + BC\overline{D} + B\overline{C}$$

利用 $AB + A\overline{B} = A$，得 $\overline{B}C\overline{D} + BC\overline{D} = (\overline{B} + B)C\overline{D} = C\overline{D}$，所以

$$F = A + BD + C\overline{D} + B\overline{C}$$

2. 逻辑函数的卡诺图化简法

用逻辑代数化简较复杂的逻辑函数时，往往难以确认化简结果是否是最简形式。利用卡诺图化简逻辑函数，不仅方法简单，而且能直接得出逻辑函数的最简表达式。

（1）逻辑函数的最小项 在 n 个输入变量的逻辑函数中，如果一个乘积项包含了所有的变量，而且每个变量都以原变量或反变量的形式在该乘积项中只出现一次，那么这样的乘积项就是 n 变量的最小项。n 个输入变量的最小项有 2^n 个。例如，A、B、C 三个输入变量，其最小项有 $2^3 = 8$ 个，即 $\overline{A}\,\overline{B}\,\overline{C}$、$\overline{A}\,\overline{B}C$、$\overline{A}B\overline{C}$、$\overline{A}BC$、$A\overline{B}\,\overline{C}$、$A\overline{B}C$、$AB\overline{C}$、$ABC$。逻辑式中不是最小项的可以用最小项表示。

例 7-4 写出 $F = AB + BC + CA$ 的最小项逻辑式。

解 $F = AB + BC + CA = AB(C + \overline{C}) + BC(A + \overline{A}) + CA(B + \overline{B})$
$\qquad = ABC + AB\overline{C} + ABC + \overline{A}BC + ABC + A\overline{B}C$

$$= ABC + AB\overline{C} + \overline{A}BC + A\overline{B}C$$

若两个最小项中只有一个变量互为反变量,其余各变量均相同,则称这两个最小项为相邻项。两个相邻项合并,可消去互为反变量的变量。如 $AB\overline{C}$ 和 ABC 为相邻项,$AB\overline{C} + ABC = AB(\overline{C} + C) = AB$,消去了变量 C。

(2)卡诺图 在逻辑函数的真值表中,输入变量的每一种组合都和一个最小项相对应,如表7-13所示,这种真值表也称最小项真值表。卡诺图就是根据最小项真值表按一定规则排列的方格图。每个小方格又称为单元,一个单元代表了逻辑函数的一个最小项,两个位置相邻单元中的最小项必须是相邻项。因此,卡诺图中不仅上下、左右之间的最小项都是相邻项,而且同一行里最左和最右端的单元、同一列里最上和最下端单元中的最小项也符合相邻性的原则。

表 7-13 最小项真值表

			最小项
0	0	0	$\overline{A}\,\overline{B}\,\overline{C}$
0	0	1	$\overline{A}\,\overline{B}C$
0	1	0	$\overline{A}B\overline{C}$
0	1	1	$\overline{A}BC$
1	0	0	$A\overline{B}\,\overline{C}$
1	0	1	$A\overline{B}C$
1	1	0	$AB\overline{C}$
1	1	1	ABC

n 个变量有 2^n 种组合,就有 2^n 个最小项,卡诺图也相应有 2^n 个小方格,图7-36a、b、c 分别为二变量、三变量和四变量的卡诺图,每个小方格中的 m_i 为最小项的编号,编号的方法是,将最小项中的原变量取1,反变量取0,所得二进制数对应的十进制数即为该最小项的编号,例如 $\overline{A}\,\overline{B}$、$\overline{A}B$、$A\overline{B}$、$AB$ 对应的二进制数分别为00、01、10、11,则最小项编号分别为 m_0、m_1、m_2、m_3。在卡诺图的行和列分别标出变量及其状态,变量状态的次序是00、01、11、10,而不是二进制递增的次序00、01、10、11。这样排列是为了使卡诺图中任意两个相邻最小项符合相邻性的原则。

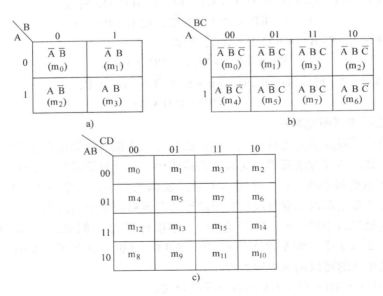

图 7-36 二变量、三变量和四变量的卡诺图

a) 二变量 b) 三变量 c) 四变量

用卡诺图表示逻辑函数的方法是，将该逻辑函数的最小项用 1 填入卡诺图相对应的方块中，其他方块填 0 或空着。例如，逻辑函数 $F = AB + \overline{A}B$，$F = AB\overline{C} + A\overline{B}C + \overline{A}B\overline{C} + \overline{A}\ \overline{B}\ \overline{C} + ABC$ 所对应的卡诺图分别如图 7-37a、b 所示。如果逻辑函数表达式不是由最小项构成，一般应先化为最小项（或列其逻辑真值表），也可按例 7-5 的方法直接填卡诺图。

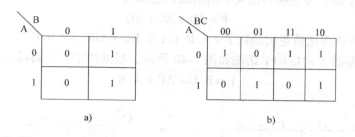

图 7-37　卡诺图表示逻辑函数

a) $F = AB + \overline{A}B$　b) $F = AB\overline{C} + A\overline{B}C + \overline{A}B\overline{C} + \overline{A}\ \overline{B}\ \overline{C} + ABC$

例 7-5　试用卡诺图表示逻辑函数 $F = A\ \overline{B} + C\ \overline{D} + \overline{B}CD + \overline{A}\ \overline{C}D + ABCD$。

解　这是一个四变量的逻辑函数，若先将逻辑函数化为最小项表达式，然后才填在卡诺图上，这种做法比较麻烦。实际上，根据"与或"表达式给出的逻辑函数，可以直接填卡诺图。以式中第一项 $A\ \overline{B}$ 为例，该项是 4 个相邻最小项合并的结果，它包含了所有含 $A\ \overline{B}$ 因子的最小项，而不管另外两个变量 C、D 的状态。因此可直接在卡诺图上对应 AB 变量为 10 所有单元填入 1，即在 m_8、m_9、m_{10}、m_{11} 单元中填 1。

AB\CD	00	01	11	10
00	0	1	1	1
01	0	1	0	1
11	0	0	1	0
10	1	1	1	1

图 7-38　例 7-5 的卡诺图

同理，对 $C\ \overline{D}$ 项，在 CD 为 10 所对应的 m_2、m_6、m_{10}、m_{14} 单元中填 1；$\overline{B}CD$ 项，在 B 为 0、CD 为 11 对应的 m_3、m_{11} 单元中填 1；$\overline{A}\ \overline{C}D$ 项，在 A 为 0、CD 为 01 所对应的 m_1、m_5 单元中填 1；ABCD 项，在 m_{15} 单元中填 1。其余单元填 0 或空着。则该函数的卡诺图如图 7-38 所示。

（3）用卡诺图化简逻辑函数　用卡诺图化简逻辑函数的过程，就是利用公式 $A + \overline{A} = 1$ 将相邻的最小项合并，消去互为反变量的因子。若卡诺图中两个相邻单元均为 1，则这两个相邻最小项的和将消去一个变量；若 4 个相邻单元均为 1，则 4 个相邻最小项的和将消去两个变量；…；2^n 个相邻最小项的和将消去 n 个变量。应用卡诺图化简逻辑函数步骤如下：

1）将卡诺图中取值为 1 的相邻小方格圈成"矩形"或"方形"圈，每个圈内 1 的个数要尽可能多（1 可被圈多次），但所圈取 1 的个数应为 2^n（$n = 0$，1，2，3，…），即 1，2，4，8，不允许 3，5，6，7，9 等。

2）圈的数目应尽可能少。每圈一个新的圈时，必须包含至少一个在已圈过的圈中未出现过的新 1，否则得不到最简式。圈的数目越少，化简后的函数项越少。

3）对每个圈写成一个乘积项。应保留圈内最小项的相同变量，除去不同的变量。

4）写出各乘积项之和为化简结果。

例 7-6　试用卡诺图化简逻辑函数 $F=ABC+AB\overline{C}+\overline{A}BC+A\overline{B}C$。

解　该逻辑函数 F 对应的卡诺图如图 7-39 所示。将相邻的两个 1 圈在一起，共有三个圈。

由图中的三个圈，可直接得出化简后的最简逻辑式

$$F=AB+BC+AC$$

例 7-7　用卡诺图化简逻辑函数 $F=\overline{A}\,\overline{B}\,\overline{C}+\overline{A}\,\overline{B}C+\overline{A}BC+A\overline{B}\,\overline{C}$。

解　该逻辑函数 F 对应的卡诺图如图 7-40 所示。根据图中三个圈得出

$$F=\overline{B}\,\overline{C}+\overline{A}C+\overline{A}\,\overline{B}$$

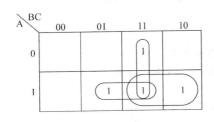

BC
A
00
01
11
10
0
1
1
1
1
1

图 7-39　例 7-6 的卡诺图

BC
A
00
01
11
10
0
1
1
1
1
1

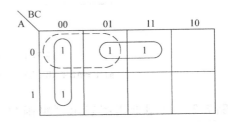

图 7-40　例 7-7 的卡诺图

但上式并非最简式，因为

$$\begin{aligned}F&=\overline{B}\,\overline{C}+\overline{A}C+\overline{A}\,\overline{B}\\&=\overline{B}\,\overline{C}+\overline{A}C+\overline{A}\,\overline{B}(C+\overline{C})\\&=\overline{B}\,\overline{C}+\overline{A}C+\overline{A}\,\overline{B}C+\overline{A}\,\overline{B}\,\overline{C}\\&=\overline{B}\,\overline{C}(1+\overline{A})+\overline{A}C(1+\overline{B})\\&=\overline{B}\,\overline{C}+\overline{A}C\end{aligned}$$

该式才是最简式，它是由图中两个实线圈得出的结果。这是因为先圈两个实线圈，所有的 1 已都被圈过，再圈虚线圈没有新的 1 是多余的圈，因此，多出 $\overline{A}\,\overline{B}$ 项。

例 7-8　用卡诺图化简逻辑函数 $F=\overline{A}\,\overline{B}\,\overline{C}\,\overline{D}+\overline{A}\,\overline{B}C\overline{D}+A\overline{B}\,\overline{C}\,\overline{D}+A\overline{B}C\overline{D}$。

解　该逻辑函数 F 对应的卡诺图如图 7-41 所示。

由于卡诺图中同一行里最左和最右端的单元、同一列里最上和最下端单元中的最小项符合相邻性，因此应将四个角的 1 圈在一起，由此直接得出

$$F=\overline{B}\,\overline{D}$$

CD
AB
00
01
11
10
00
01
11
10
1
1
1
1

图 7-41　例 7-8 的卡诺图

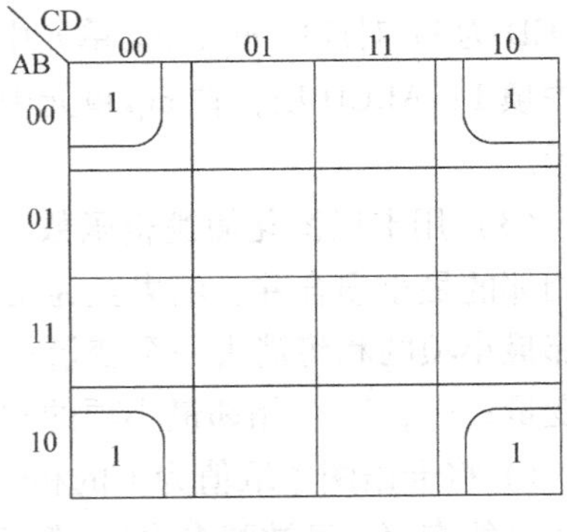

例 7-9　用卡诺图化简逻辑函数 $F=\overline{A}+\overline{A}\,\overline{B}+BC\overline{D}+B\overline{D}$。

解　该逻辑函数 F 对应的卡诺图如图 7-42 所示，图 a 中的一个圈只圈两个 1（应圈 4 个 1），则得出的逻辑函数

$$F=\overline{A}+AB\overline{D}$$

不是最简式。而由图 b 的两个圈可得出逻辑函数的最简式

$$F = \overline{A} + B\,\overline{D}$$

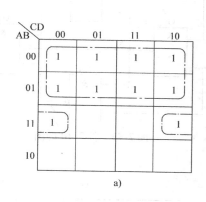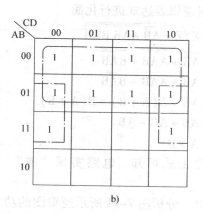

图 7-42　例 7-9 的卡诺图

练习与思考题

7.5.1　逻辑代数和普通代数有何不同之处？

7.5.2　逻辑函数有几种表示方法？它们之间如何转换？

7.5.3　什么是逻辑函数的最小项？它有什么特点？如何把逻辑函数写成最小项表达式？

7.5.4　什么是卡诺图？卡诺图上变量的取值顺序是如何排列的？

7.5.5　卡诺图化简逻辑函数的依据是什么？在卡诺图上画圈的原则是什么？

第六节　组合逻辑电路的分析与设计

组合逻辑电路是由门电路按一定的逻辑功能组合成的电路，其输出状态只与当前的输入状态有关，而与电路原来所处的状态无关。

一、组合逻辑电路的分析

组合逻辑电路的分析，是对给定的逻辑电路，通过分析确定其逻辑功能，或者检查电路设计是否合理，验证其逻辑功能是否正确。

组合逻辑电路分析的一般步骤是：

1）由已知的逻辑图，逐级写出逻辑函数表达式。

2）逻辑化简与逻辑变换。

3）由化简后的逻辑最简式列真值表。

4）依真值表分析电路的逻辑功能。

例 7-10　分析图 7-43 所示逻辑图的功能。

解　（1）由逻辑图，写出各级逻辑函数表达式

G_1 门：$X = \overline{AB}$

G_2 门：$Y = \overline{AX} = \overline{A\,\overline{AB}}$

G_3 门：$Z = \overline{BX} = \overline{B\,\overline{AB}}$

G_4门：$F=\overline{XYZ}=\overline{\overline{AB}\;\overline{A\overline{AB}}\;\overline{B\overline{AB}}}$

(2) 对逻辑表达式进行化简

$$
\begin{aligned}
F&=\overline{XYZ}=\overline{\overline{AB}\;\overline{A\overline{AB}}\;\overline{B\overline{AB}}}\\
&=\overline{\overline{AB}}+\overline{\overline{A\overline{AB}}}+\overline{\overline{B\overline{AB}}}\\
&=AB+A\overline{AB}+B\overline{AB}\\
&=AB+A(\overline{A}+\overline{B})+B(\overline{A}+\overline{B})\\
&=AB+A\overline{B}+\overline{A}B\\
&=A+B
\end{aligned}
$$

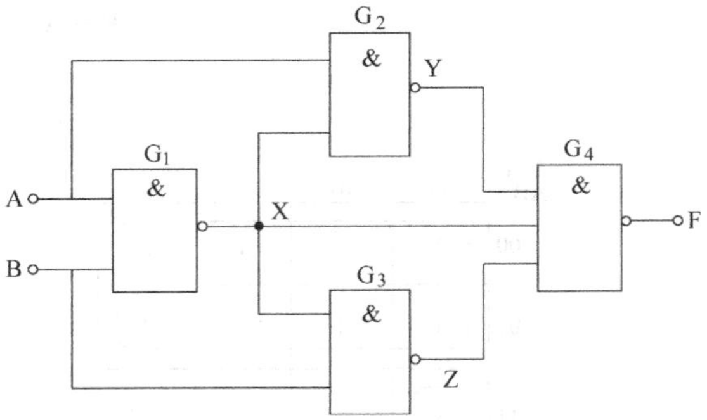

图7-43　例7-10的图

(3) 由上式可知，电路实现“或”逻辑功能。

例7-11　分析图7-44所示逻辑图的功能。

图7-44　例7-11的图

解　(1) 由逻辑图，写出各级逻辑函数表达式，并对输出F的逻辑式化简。

G_1门：$X=\overline{AB}$

G_2门：$Y=\overline{AX}=\overline{A\overline{AB}}$

G_3门：$Z=\overline{BX}=\overline{B\overline{AB}}$

$$
\begin{aligned}
G_4\text{门：}F&=\overline{YZ}=\overline{\overline{A\overline{AB}}\;\overline{B\overline{AB}}}=\overline{\overline{A\overline{AB}}}+\overline{\overline{B\overline{AB}}}\\
&=A\overline{AB}+B\overline{AB}=A(\overline{A}+\overline{B})+B(\overline{A}+\overline{B})\\
&=A\overline{A}+A\overline{B}+\overline{A}B+B\overline{B}=A\overline{B}+\overline{A}B
\end{aligned}
$$

(2) 由化简后的逻辑最简式列真值表如表7-14所示。

表7-14　例7-11的真值表

A	B	F
0	0	0
0	1	1
1	0	1
1	1	0

(3) 依真值表分析电路的逻辑功能。

当输入端A和B同为0或1时，输出为0；不是同为0或1时，输出为1。这种电路称为“异或”门，其图形符号如图7-45a所示。逻辑式也可写成

$$F=A\overline{B}+\overline{A}B=A\oplus B$$

将“异或”逻辑取反得

$$
\begin{aligned}
\overline{A\oplus B}&=\overline{A\,\overline{B}+\overline{A}B}\\
&=AB+\overline{A}\,\overline{B}\\
&=A\odot B
\end{aligned}
$$

称为“同或”逻辑，实现“同或”逻辑的电路称为“同或”门，其逻辑符号如图7-45b所示。

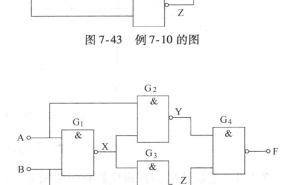

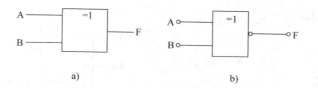

图 7-45 "异或"门和"同或"门逻辑符号

a)"异或"门 b)"同或"门

二、组合逻辑电路的设计

组合逻辑电路的设计,就是根据给定的逻辑要求,设计出能实现逻辑功能的最简逻辑电路。组合逻辑电路设计的步骤如下:

1)根据给定的逻辑要求列真值表。

2)根据真值表写出逻辑表达式。

3)化简逻辑式,并按规定的逻辑门进行变换。

4)画出相应的逻辑电路图。

例 7-12 设计一个三人投票表决逻辑电路。三人分别用 A、B、C 表示,赞成用 1 表示,反对用 0 表示;表决结果用 F 表示,多数赞成为 1,多数反对为 0。

解 (1)根据逻辑要求列真值表,如表 7-15 所示。

表 7-15 例 7-12 的真值表

A	B	C	F
0	0	0	0
0	0	1	0
0	1	0	0
0	1	1	1
1	0	0	0
1	0	1	1
1	1	0	1
1	1	1	1

(2)根据真值表写出逻辑表达式

$$F = \overline{A}BC + A\overline{B}C + AB\overline{C} + ABC$$

(3)化简逻辑函数。本题对应的卡诺图如图 7-46 所示,由卡诺图得出逻辑最简式

$$F = AB + AC + BC = AB + (A + B)C$$

(4)由逻辑最简式画出逻辑图,如图 7-47 所示。

如果要求用"与非"门来实现上述逻辑功能,则要对逻辑最简式进行变换。

$$F = AB + AC + BC$$
$$= \overline{\overline{AB + AC + BC}}$$
$$= \overline{\overline{AB} \cdot \overline{AC} \cdot \overline{BC}}$$

所对应的逻辑图如图 7-48 所示。

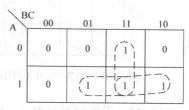

图 7-46 例 7-12 的卡诺图

例 7-13 设三台电动机 A、B、C,要求:(1)A 开机时则 B 也必须开机;(2)B 开机时则 C 也必须开机,如果不满足上述要求则发出报警信号 F = 1。试写出报警信号的逻辑表

达式,并画出逻辑图。

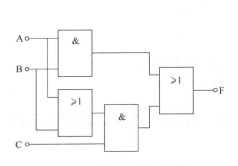

图7-47 例7-12的逻辑图

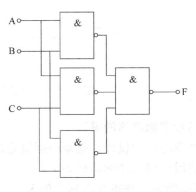

图7-48 例7-12 "与非"门逻辑图

解 (1)根据逻辑要求,列真值表,如表7-16所示。

表7-16 例7-13的真值表

A	B	C	F
0	0	0	0
0	0	1	0
0	1	0	1
0	1	1	0
1	0	0	1
1	0	1	1
1	1	0	1
1	1	1	0

(2)由真值表写逻辑表达式:

$$F = \overline{A}B\overline{C} + A\overline{B}\,\overline{C} + A\overline{B}C + AB\overline{C}$$

(3)化简逻辑表达式。本题对应的卡诺图如图7-49所示。由卡诺图得出逻辑最简式

$$F = B\overline{C} + A\overline{B}$$

(4)由逻辑最简式画出逻辑图,如图7-50所示。

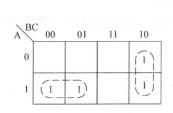

图7-49 例7-13的卡诺图

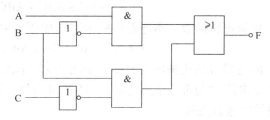

图7-50 例7-13的逻辑图

例7-14 设医院某科有 A、B、C、D 共4个监护病房,在护士值班室对应设置4个呼唤指示灯 L_1、L_2、L_3、L_4。要求当 A 病房有呼唤时,无论其他病房是否有呼唤,只有 L_1 灯亮;当 A 病房无呼唤,而 B 病房有呼唤时,无论 C、D 病房是否有呼唤,只有 L_2 灯亮;当 A、B 病房无呼唤,而 C 病房有呼唤时,无论 D 病房是否有呼唤,只有 L_3 灯亮;只有当 A、

B、C 病房无呼唤，而 D 病房有呼唤时，L_4 灯才亮。试画出满足上述要求的优先照顾病重患者的呼唤逻辑图。

解　先设 A、B、C、D 病房有呼唤为 1，无呼唤为 0。L_1、L_2、L_3、L_4 呼唤指示灯亮为 1，灭为 0。

（1）按照逻辑要求列真值表，如表 7-17 所示。

表 7-17　例 7-14 的真值表

A	B	C	D	L_1	L_2	L_3	L_4
1	×	×	×	1	0	0	0
0	1	×	×	0	1	0	0
0	0	1	×	0	0	1	0
0	0	0	1	0	0	0	1

注："×"表示任意状态。

（2）由逻辑状态表写出逻辑式

$$L_1 = A$$
$$L_2 = \overline{A}B$$
$$L_3 = \overline{A}\,\overline{B}C$$
$$L_4 = \overline{A}\,\overline{B}\,\overline{C}D$$

（3）由逻辑式画出逻辑图，如图 7-51 所示。

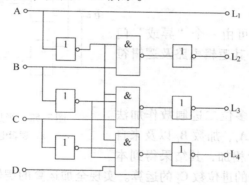

图 7-51　例 7-14 的逻辑图

练习与思考题

7.6.1　什么是组合逻辑电路？它有什么特点？对组合逻辑电路如何进行分析？

7.6.2　组合逻辑电路的设计步骤有哪些？

7.6.3　由真值表写出逻辑函数式时，能否根据逻辑值为"0"的变量组合写出逻辑式？

7.6.4　如何得到一个逻辑函数的最简"与非—与非"式和最简"或非—或非"式。

第七节　典型的集成组合逻辑电路

人们在生产与生活实践中发现，有些逻辑电路经常、大量地出现在各种数字系统当中。为了使用方便，目前已经把这些逻辑电路的设计标准化，并制成集成电路产品。常见的有加法器、编码器、译码器、数值比较器、数据选择器、数据分配器等。下面就分别介绍这些器件的工作原理和使用方法。

一、加法器

两个二进制数之间的算术运算无论是加、减、乘、除，目前在数字计算机中都是化作若干步加法运算进行的。因此，加法器是构成算术运算器的基本单元，加法器按功能可分为半加器和全加器。

1. 半加器

不考虑来自低位进位的两个一位二进制数的相加为半加，实现半加运算的电路称为半加器。设 A、B 为被加数和加数，S 为半加和数，C 为进位数。根据二进制数相加的运算规律可得半加器的真值表如表 7-18 所示。

表 7-18　半加器真值表

A	B	S	C
0	0	0	0
0	1	1	0
1	0	1	0
1	1	0	1

由真值表得出半加器本位和数 S 与进位数 C 的逻辑表达式

$$S = A\bar{B} + \bar{A}B = A \oplus B$$

$$C = AB$$

由上式可知，半加器可由一个"异或"门和一个"与"门来实现，其逻辑电路及逻辑符号如图 7-52 所示。

2. 全加器

所谓全加，是指两个多位二进制数作加法运算时，第 i 位的被加数 A_i、加数 B_i 以及来自相邻低位的进位 C_{i-1} 三者相加，其结果得到本位和数 S_i 以及向相邻高位的进位数 C_i 的运算。实现全加运算的逻辑电路叫全加器。全加器的真值表如表 7-19 所示。

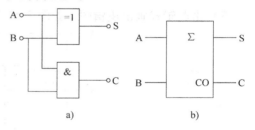

图 7-52　半加器逻辑电路及符号
a）逻辑电路　b）逻辑符号

表 7-19　全加器真值表

A_i	B_i	C_{i-1}	S_i	C_i
0	0	0	0	0
0	0	1	1	0
0	1	0	1	0
0	1	1	0	1
1	0	0	1	0
1	0	1	0	1
1	1	0	0	1
1	1	1	1	1

由真值表得出全加器本位和数 S_i 与进位数 C_i 的逻辑表达式

$$S_i = \overline{A}_i\overline{B}_iC_{i-1} + \overline{A}_iB_i\overline{C}_{i-1} + A_i\overline{B}_i\overline{C}_{i-1} + A_iB_iC_{i-1}$$
$$= (\overline{A}_iB_i + A_i\overline{B}_i)\ \overline{C}_{i-1} + (A_iB_i + \overline{A}_i\overline{B}_i)\ C_{i-1}$$
$$= (A_i \oplus B_i)\ \overline{C}_{i-1} + \overline{(A_i \oplus B_i)}C_{i-1}$$
$$= A_i \oplus B_i \oplus C_{i-1}$$
$$C_i = \overline{A}_iB_iC_{i-1} + A_i\overline{B}_iC_{i-1} + A_iB_i\overline{C}_{i-1} + A_iB_iC_{i-1}$$
$$= (\overline{A}_iB_i + A_i\overline{B}_i)\ C_{i-1} + A_iB_i\ (\overline{C}_{i-1} + C_{i-1})$$
$$= (A_i \oplus B_i)\ C_{i-1} + A_iB_i$$

由上式可知，全加器可由两个半加器和一个"或"门来实现，其逻辑电路及逻辑符号如图 7-53 所示。

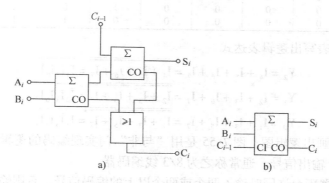

图 7-53　全加器逻辑电路及符号

a）逻辑电路　b）逻辑符号

3. 多位加法器

要实现两个多位二进制数的加法运算，需要多个全加器（最低位可用半加器）。图 7-54 是一个 4 位串行进位加法器的逻辑电路，它由 4 个全加器组成，低位全加器的进位输出 CO 接到高位的进位输入 CI，任意一位的加法运算必须在低一位的运算完成之后才能进行，故称为串行进位。实际应用

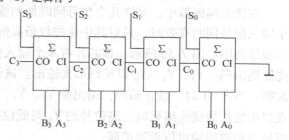

图 7-54　4 位串行进位加法器

中，该电路可选用两片 74LS183 或一片 74LS283 集成全加器芯片来完成。74LS183 为 2 位二进制全加器，74LS283 为 4 位二进制全加器。

二、编码器

为了区分一系列不同的事物，把具有特定含义的输入信号（文字、数字、符号）转换成二进制代码的过程叫编码，能够实现编码的电路称为编码器。常用的有二进制编码器、二 – 十进制编码器等。

1. 二进制编码器

将某种信号转换成二进制代码的电路称为二进制编码器。例如要把 I_0、I_1、I_2、…、I_7 等 8 个输入信号进行编码，其步骤如下：

（1）确定二进制代码的位数　有 8 个输入信号要编码，根据 $2^n = 8$，可知 $n = 3$，即输出

应为 3 位二进制代码，输出端有 3 个逻辑变量，用 Y_0、Y_1、Y_2 表示。

（2）列编码表　编码表是将待编码的 I_0、I_1、I_2、…、I_7 等 8 个信号与 Y_0、Y_1、Y_2 相对应的二进制代码列成表格，如表 7-20 所示。

表 7-20　3 位二进制编码表

输　　入								输　　出		
I_0	I_1	I_2	I_3	I_4	I_5	I_6	I_7	Y_2	Y_1	Y_0
1	0	0	0	0	0	0	0	0	0	0
0	1	0	0	0	0	0	0	0	0	1
0	0	1	0	0	0	0	0	0	1	0
0	0	0	1	0	0	0	0	0	1	1
0	0	0	0	1	0	0	0	1	0	0
0	0	0	0	0	1	0	0	1	0	1
0	0	0	0	0	0	1	0	1	1	0
0	0	0	0	0	0	0	1	1	1	1

（3）根据编码表写出逻辑表达式

$$Y_2 = I_4 + I_5 + I_6 + I_7 = \overline{\overline{I_4 + I_5 + I_6 + I_7}} = \overline{\overline{I_4}\,\overline{I_5}\,\overline{I_6}\,\overline{I_7}}$$

$$Y_1 = I_2 + I_3 + I_6 + I_7 = \overline{\overline{I_2 + I_3 + I_6 + I_7}} = \overline{\overline{I_2}\,\overline{I_3}\,\overline{I_6}\,\overline{I_7}}$$

$$Y_0 = I_1 + I_3 + I_5 + I_7 = \overline{\overline{I_1 + I_3 + I_5 + I_7}} = \overline{\overline{I_1}\,\overline{I_3}\,\overline{I_5}\,\overline{I_7}}$$

（4）由逻辑式画出逻辑图　图 7-55 是用"与非"门实现编码的逻辑图。由于该电路有 8 个输入信号，3 个输出信号，通常称之为 8/3 线编码器。

这种普通编码器不允许同时输入两个或两个以上的编码信号，否则输出会发生混乱。为克服上述电路的局限性，产生了优先编码器。

在优先编码器中，允许几个信号同时加到输入端，不过输入信号按优先顺序编码，当几个输入信号同时有效时，只对其中优先权最高的一个进行编码。如 T4148 优先编码器，其外引线排列图如图 7-56 所示，该芯片有 8 个输入信号 $\overline{I_7}$、$\overline{I_6}$、…、$\overline{I_0}$，低电平有效，按高位优先原则编码，$\overline{Y_2}$、$\overline{Y_1}$、$\overline{Y_0}$ 以反码形式输出。该编码器设有选通输入端 $\overline{S}$。当 $\overline{S}=0$ 时，允许编码；当 $\overline{S}=1$ 时，禁止编码，输出端 $\overline{Y_2}$、$\overline{Y_1}$、$\overline{Y_0}$ 和 $\overline{Y_S}$、$\overline{Y_{EX}}$ 均被封锁。$\overline{Y_S}$ 为选通输出端，在以串接扩展优先编码时，高位片的 $\overline{Y_S}$ 与低位片 $\overline{S}$ 相连。$\overline{Y_{EX}}$ 为优先扩展输出端，应用它可以使所编数码输出位得到扩展。

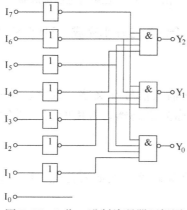

图 7-55　3 位二进制编码器逻辑图

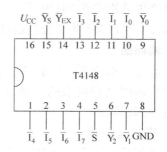

图 7-56　T4148 优先编码器外引线排列图

表 7-21 是 T4148 优先编码器的编码表。当 $\bar{I}_7 = 0$ 时，无论其他输入端是 0 或 1，编码器只对 $\bar{I}_7$ 编码，输出 $\bar{Y}_2$、$\bar{Y}_1$、$\bar{Y}_0$ 为 000（原码为 111）。当 $\bar{I}_7 = 1$，$\bar{I}_6 = 0$ 时，无论其他输入端为何值，编码器只对 $\bar{I}_6$ 编码，输出为 001，依此类推。

表 7-21 T4148 优先编码器的编码表

输　　　　　　　入								输　　出		
$\bar{I}_0$	$\bar{I}_1$	$\bar{I}_2$	$\bar{I}_3$	$\bar{I}_4$	$\bar{I}_5$	$\bar{I}_6$	$\bar{I}_7$	$\bar{Y}_2$	$\bar{Y}_1$	$\bar{Y}_0$
×	×	×	×	×	×	×	0	0	0	0
×	×	×	×	×	×	0	1	0	0	1
×	×	×	×	×	0	1	1	0	1	0
×	×	×	×	0	1	1	1	0	1	1
×	×	×	0	1	1	1	1	1	0	0
×	×	0	1	1	1	1	1	1	0	1
×	0	1	1	1	1	1	1	1	1	0
0	1	1	1	1	1	1	1	1	1	1

2. 二－十进制编码器

二－十进制编码器是将十进制的 10 个数码 0、1、2、…、9 编成二进制代码（BCD 码）的电路。其步骤如下：

（1）确定二进制代码的位数　输入有 10 个数码，而 3 位二进制只有 8 种状态，所以输出应为 4 位二进制代码。这种编码器也称为 10/4 线编码器。

（2）列编码表　4 位二进制代码共有 16 种状态，其中任何 10 种状态都可用来表示 0～9 的 10 个数码，形成了多种编码，其中，最常用的是 8421BCD 编码，如表 7-22 所示。

表 7-22 8421BCD 编码表

输　　入	输　　出			
十进制数	Y_3	Y_2	Y_1	Y_0
0（I_0）	0	0	0	0
1（I_1）	0	0	0	1
2（I_2）	0	0	1	0
3（I_3）	0	0	1	1
4（I_4）	0	1	0	0
5（I_5）	0	1	0	1
6（I_6）	0	1	1	0
7（I_7）	0	1	1	1
8（I_8）	1	0	0	0
9（I_9）	1	0	0	1

（3）由编码表写出逻辑式

$$Y_3 = I_8 + I_9 = \overline{\bar{I}_8 \bar{I}_9}$$
$$Y_2 = I_4 + I_5 + I_6 + I_7 = \overline{\bar{I}_4 \bar{I}_5 \bar{I}_6 \bar{I}_7}$$
$$Y_1 = I_2 + I_3 + I_6 + I_7 = \overline{\bar{I}_2 \bar{I}_3 \bar{I}_6 \bar{I}_7}$$
$$Y_0 = I_1 + I_3 + I_5 + I_7 + I_9 = \overline{\bar{I}_1 \bar{I}_3 \bar{I}_5 \bar{I}_7 \bar{I}_9}$$

（4）由逻辑式画出逻辑图　图 7-57 是十个（S_0、S_1、…、S_9）按键的 BCD 码编码器的逻辑图。按下某一个按键时，输出端便产生一个相应的 BCD 码。例如，按下 S_5 键，输入 $\bar{I}_5 = 0$，输出为 0101，即将十进制数 5 编成二进制码 0101；按下 S_0 键，则输出为 0000。

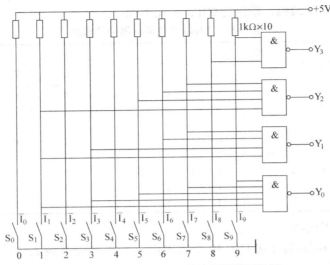

图 7-57   十键 8421BCD 码编码器的逻辑图

图 7-57 是普通编码器，同时按两个或两个以上的按键，输出将会发生混乱。T4147 是二－十进制优先编码器，与 3 位优先编码器 T4148 相同，也是按高位优先原则编码，输入信号 $\bar{I}_9$、$\bar{I}_8$、$\cdots$、$\bar{I}_0$ 低电平有效，$\bar{Y}_3$、$\bar{Y}_2$、$\bar{Y}_1$、$\bar{Y}_0$ 以反码形式输出。

三、译码器和数字显示

译码是编码的逆过程，即将输入的一组二进制代码"翻译"成一个相应的输出信号。实现译码功能的逻辑电路称为译码器。译码器按用途分为三大类：①变量译码器。用来表示输入变量状态的译码器，如二进制译码器；②码制变换译码器。用于一个数据的不同代码之间的相互变换，如二－十进制译码器；③显示译码器。用于驱动数码管等显示器件的译码器。

1. 二进制译码器

二进制译码器有 2－4 线译码器、3－8 线译码器、4－16 线译码器等。这里以广泛应用的集成 3－8 线译码器为例介绍二进制译码器的原理与应用。

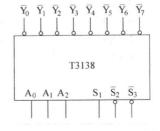

图 7-58 是 T3138 集成 3/8 线译码器的外引线图，其中 A、B、C 输入 3 位二进制代码，高电平有效，$\bar{Y}_0 \sim \bar{Y}_7$ 是 8 个输出信号，低电平有效。使能端 S_1 与控制端 $\bar{S}_2$、$\bar{S}_3$ 决定译码器的工作状态。T3138 的真值表（功能表）如表 7-23 所示。当 $S_1 = 1$，$\bar{S}_2 = \bar{S}_3 = 0$ 时，译码器处于工作状态。否

图 7-58   T3138 译码器的外引线图

则，译码器被禁止，$\bar{Y}_0 \sim \bar{Y}_7$ 输出全为 1。当 T3138 译码器处于工作状态时，输出端的表达式为

$$\bar{Y}_0 = \overline{\bar{A}\,\bar{B}\,\bar{C}} \qquad\qquad \bar{Y}_1 = \overline{\bar{A}\,\bar{B}C}$$

$$\bar{Y}_2 = \overline{\bar{A}B\,\bar{C}} \qquad\qquad \bar{Y}_3 = \overline{\bar{A}BC}$$

$$\bar{Y}_4 = \overline{A\,\bar{B}\,\bar{C}} \qquad\qquad \bar{Y}_5 = \overline{A\,\bar{B}C}$$

$$\overline{Y}_6 = \overline{AB\,\overline{C}} \qquad\qquad \overline{Y}_7 = \overline{ABC}$$

表 7-23　T3138 译码器真值表

使能	控制		输　入			输　　出							
S_1	$\overline{S}_2$	$\overline{S}_3$	A_2	A_1	A_0	$\overline{Y}_0$	$\overline{Y}_1$	$\overline{Y}_2$	$\overline{Y}_3$	$\overline{Y}_4$	$\overline{Y}_5$	$\overline{Y}_6$	$\overline{Y}_7$
0	×	×											
×	1	×	×	×	×	1	1	1	1	1	1	1	1
×	×	1											
1	0	0	0	0	0	0	1	1	1	1	1	1	1
1	0	0	0	0	1	1	0	1	1	1	1	1	1
1	0	0	0	1	0	1	1	0	1	1	1	1	1
1	0	0	0	1	1	1	1	1	0	1	1	1	1
1	0	0	1	0	0	1	1	1	1	0	1	1	1
1	0	0	1	0	1	1	1	1	1	1	0	1	1
1	0	0	1	1	0	1	1	1	1	1	1	0	1
1	0	0	1	1	1	1	1	1	1	1	1	1	0

译码器的 S_1、$\overline{S}_2$、$\overline{S}_3$ 为扩展功能提供了方便，图 7-59 是利用两片 T3138 扩展成为 4－16 线译码器的接线图。当最高位 $D_3 = 0$ 时，第二片 T3138 被禁止，第一片 T3138 处在译码状态，将 0000～0111 的 8 个输入代码译码，分别在 $\overline{Y}_{10}$～$\overline{Y}_{17}$ 输出。当 $D3 = 1$ 时，第一片 T3138 被禁止，第二片 T3138 处在译码状态，将 1000～1111 的 8 个输入代码译码，分别在 $\overline{Y}_{20}$～$\overline{Y}_{27}$ 输出。这样就构成一个 4/16 线的译码器。

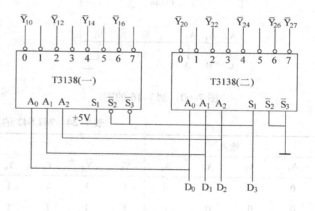

图 7-59　两片 T3138 扩展成为 4－16 线译码器的接线图

由于 n 个地址变量译码器的输出包含了 n 个地址变量的全部最小项，因此，只要在它的输出端加上或门（译码器输出高电平有效）或者与非门（译码器输出低电平有效），就可以实现变量数不大于 n 的逻辑函数。

例 7-15　利用 T3138 实现一组多输出逻辑函数：

$$F_1 = \overline{A}B + \overline{B}C$$
$$F_2 = \overline{A}\,\overline{B} + A\,\overline{C}$$

解　由于 F_1、F_2 是三变量函数，故选用 3/8 线译码器，如 T3138 型。将输入变量 A、B、C 与译码器的输入端 A_2、A_1、A_0 对应。

将逻辑式用最小项表示为

$$F_1 = \overline{A}B\,(C + \overline{C})\ +\ (A + \overline{A})\,\overline{B}C = \overline{A}\,\overline{B}C + \overline{A}B\overline{C} + \overline{A}BC + A\overline{B}C = m_1 + m_2 + m_3 + m_5$$
$$F_2 = \overline{A}\,\overline{B}\,(C + \overline{C})\ +\ A\,(B + \overline{B})\,\overline{C} = \overline{A}\,\overline{B}\,\overline{C} + \overline{A}\,\overline{B}C + A\overline{B}\,\overline{C} + AB\,\overline{C} = m_0 + m_1 + m_4 + m_6$$

将最小项表达式化为译码器的输出函数形式

$$F_1 = Y_1 + Y_2 + Y_3 + Y_5 = \overline{\overline{Y_1}\,\overline{Y_2}\,\overline{Y_3}\,\overline{Y_5}}$$

$$F_2 = Y_0 + Y_1 + Y_4 + Y_6 = \overline{\overline{Y_0}\,\overline{Y_1}\,\overline{Y_4}\,\overline{Y_6}}$$

用 T3138 型译码器实现 F_1、F_2 逻辑函数的逻辑图如图 7-60 所示。

2. 二-十进制译码器

二-十进制译码器具有将 4 位二进制代码转换为十进制数的功能，所以又称 4-10 线译码器。图 7-61 是 74LS42 集成二-十进制译码器的外引线排列图。$A_0 \sim A_3$ 为 4 位二进制代码输入端，译码器的输出信号 $\overline{Y_0} \sim \overline{Y_9}$ 低电平有效，其真值表如表 7-24 所示。

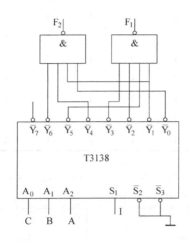

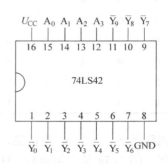

图 7-60　例 7-16 的图　　　　　　　图 7-61　74LS42 的外引线排列图

表 7-24　74LS42 的真值表

输入				输出									
A_3	A_2	A_1	A_0	$\overline{Y_9}$	$\overline{Y_8}$	$\overline{Y_7}$	$\overline{Y_6}$	$\overline{Y_5}$	$\overline{Y_4}$	$\overline{Y_3}$	$\overline{Y_2}$	$\overline{Y_1}$	$\overline{Y_0}$
0	0	0	0	1	1	1	1	1	1	1	1	1	0
0	0	0	1	1	1	1	1	1	1	1	1	0	1
0	0	1	0	1	1	1	1	1	1	1	0	1	1
0	0	1	1	1	1	1	1	1	1	0	1	1	1
0	1	0	0	1	1	1	1	1	0	1	1	1	1
0	1	0	1	1	1	1	1	0	1	1	1	1	1
0	1	1	0	1	1	1	0	1	1	1	1	1	1
0	1	1	1	1	1	0	1	1	1	1	1	1	1
1	0	0	0	1	0	1	1	1	1	1	1	1	1
1	0	0	1	0	1	1	1	1	1	1	1	1	1

3. 显示译码器

显示译码器能够将数字、文字和符号翻译成人们习惯的形式直观显示出来。数字显示电路由译码器、驱动器和显示器等部分组成。

（1）七段字形数码显示器　常见的数码显示器有半导体数码管、液晶数码管和荧光数码管等，下面只介绍最常用的半导体数码管。

半导体数码管也称 LED 数码管，其基本单元是发光二极管。把 7 个发光二极管按一定形状封装成半导体数码管，如图 7-62 所示。当二极管外加正向电压时，就能发出清晰的光线。选择不同的字段发光，可显示 0~9 不同的字形。例如，当 7 个字段 a、b、c、d、e、f、g 全亮时，显示出 8；当 b、c 段亮时，显示出 1。

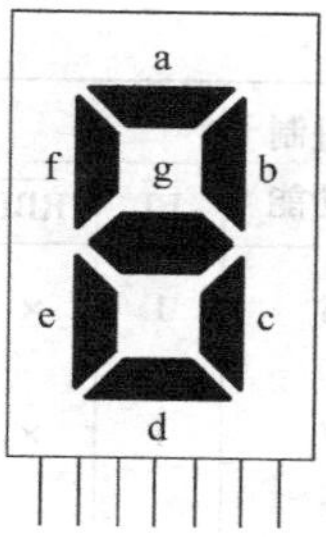

发光二极管的工作电压为 1.5~3V，工作电流为几毫安到十几毫安。半导体数码管中，7 个发光二极管有共阴极和共阳极两种接法，如图 7-63 所示。对共阴极接法，接高电平的字段发光；对共阳极接法，接低电平的字段发光。使用时，每个发光管要串接限流电阻（约几百欧）。

图 7-62　七段字形数码管

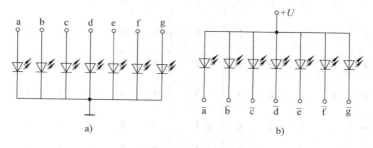

图 7-63　半导体数码管的接法

a）共阴极接法　b）共阳极接法

（2）七段字形译码器　七段字形显示译码器的输入是 4 位 8421BCD 代码，输出是数码管的 7 个字段信号。与共阴极数码管配合使用的显示译码器输出应为高电平有效，如 74LS248 显示译码器，其真值表如表 7-25 所示；与共阳极数码管配合使用的显示译码器输出应为低电平有效，如 74LS247 显示译码器，其输出状态与表 7-25 所示的相反，即 1 和 0 对换。

图 7-64 是 74LS248 的外引线排列图。该电路除了基本输入端和输出端外，还有三个控制端：试灯输入端 $\overline{LT}$，灭零输入端 $\overline{RBI}$，灭灯输入/灭零输出端 $\overline{BI}/\overline{RBO}$，其功能如下：

表 7-25　74LS248 显示译码器真值表

十进制或功能	输入						$\overline{BI}/\overline{RBO}$	输出							显示字形
	$\overline{LT}$	$\overline{RBI}$	D	C	B	A		a	b	c	d	e	f	g	
0	1	1	0	0	0	0	1	1	1	1	1	1	1	0	
1	1	×	0	0	0	1	1	0	1	1	0	0	0	0	
2	1	×	0	0	1	0	1	1	1	0	1	1	0	1	
3	1	×	0	0	1	1	1	1	1	1	1	0	0	1	
4	1	×	0	1	0	0	1	0	1	1	0	0	1	1	
5	1	×	0	1	0	1	1	1	0	1	1	0	1	1	

（续）

十进制或功能	输入						$\overline{BI}/\overline{RBO}$	输出							显示字形
	$\overline{LT}$	$\overline{RBI}$	D	C	B	A		a	b	c	d	e	f	g	
6	1	×	0	1	1	0	1	1	0	1	1	1	1	1	
7	1	×	0	1	1	1	1	1	1	1	0	0	0	0	
8	1	×	1	0	0	0	1	1	1	1	1	1	1	1	
9	1	×	1	0	0	1	1	1	1	1	1	0	1	1	
10	1	×	1	0	1	0	1	0	0	0	1	1	0	1	
11	1	×	1	0	1	1	1	0	0	1	1	0	0	1	
12	1	×	1	1	0	0	1	0	1	0	0	0	1	1	
13	1	×	1	1	0	1	1	1	0	0	1	0	1	1	
14	1	×	1	1	1	0	1	0	0	0	1	1	1	1	
15	1	×	1	1	1	1	1	0	0	0	0	0	0	0	
试灯	0	×	×	×	×	×	1	1	1	1	1	1	1	1	
灭灯	×	×	×	×	×	×	0	0	0	0	0	0	0	0	
灭零	1	0	0	0	0	0	1	0	0	0	0	0	0	0	

1）试灯功能。当 $\overline{LT}=0$，$\overline{BI}/\overline{RBO}=1$ 时，无论其他输入端为何状态，输出 a～g 均为1，数码管七段全亮，显示 8。该功能用于检查 74LS248 显示译码器及数码管是否完好。

2）灭灯功能。$\overline{BI}/\overline{RBO}=0$ 时，无论其他输入端为何状态，输出 a～g 均为低电平 0，数码管各段均熄灭，不显示。

3）灭零功能。当 $\overline{LT}=1$、$\overline{BI}/\overline{RBO}=1$，$\overline{RBI}=0$，只有当 $A_3A_2A_1A_1=0000$ 时，输出 a～g 均为低电平 0，不显示 0；这时，如果 $\overline{RBI}=1$，则译码器正常输出，显示 0。当 $A_3A_2A_1A_1$ 为其他组合时，不论 $\overline{RBI}$ 是 0 或 1，译码器均可正常输出。此功能常用来消除无效的 0。例如，可消除 000.001 前两个 0，则显示出 0.001。

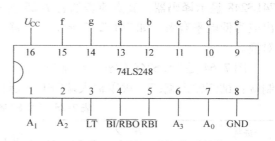

图 7-64　74LS248 外引线排列图

74LS48 显示译码器可直接驱动共阴极半导体数码管，当发光二极管所需的驱动电流较大时，应接适当的上拉电阻 R，如图 7-65 所示。

* 四、数据分配器

数据分配器的功能是将一路输入数据按要求分配到指定的输出端。在实际应用中，并没有专门的数据分配器产品，而是将译码器改接而成。如将 T3138 型 3－8 线译码器改接成 1/8 路数据分配器，如图 7-66 所示。两个控制端 $\overline{S}_2$ 和 $\overline{S}_3$ 相连作为数据输入端 D，S_1 接高电平 1，译码器的输入端作为分配器的地址输入端 A、B、C，输出端就是分配器的输出端，其真值表如表 7-26 所示。当 ABC = 000 时，输入数据 D 分配到 $\overline{Y}_0$ 端；ABC = 001 时，就分配到 $\overline{Y}_1$ 端。

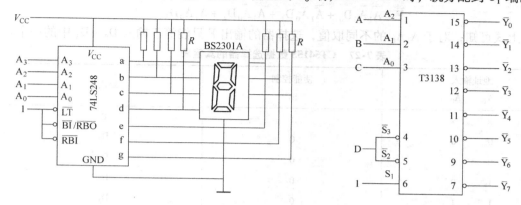

图 7-65　74LS48 与共阴极数码管的连接示意图　　　图 7-66　将 T3138 型译码器改接为 1/8 路分配器

表 7-26　1/8 路分配器真值表

输入			输出							
A_2	A_1	A_0	$\overline{Y}_7$	$\overline{Y}_6$	$\overline{Y}_5$	$\overline{Y}_4$	$\overline{Y}_3$	$\overline{Y}_2$	$\overline{Y}_1$	$\overline{Y}_0$
0	0	0	1	1	1	1	1	1	1	D
0	0	1	1	1	1	1	1	1	D	1
0	1	0	1	1	1	1	1	D	1	1
0	1	1	1	1	1	1	D	1	1	1
1	0	0	1	1	1	D	1	1	1	1
1	0	1	1	1	D	1	1	1	1	1
1	1	0	1	D	1	1	1	1	1	1
1	1	1	D	1	1	1	1	1	1	1

* 五、数据选择器

数据选择器又称多路选择器或多路开关，它的功能就是能从多路输入数据中选择一路作为输出。4 选 1 数据选择器的功能示意框图如图 7-67 所示。

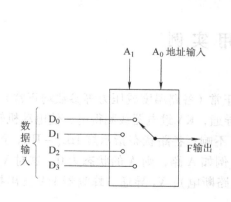

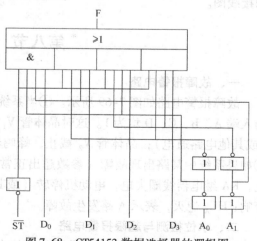

图 7-67　4 选 1 数据选择器功能示意框图　　　图 7-68　CT54153 数据选择器的逻辑图

图 7-68 是 CT54153 型 4 选 1 数据选择器的逻辑图，其真值表如表 7-27 所示。当 $\overline{ST} = 1$ 时，选择器输入的数据被封锁，输出为 0；当 $\overline{ST} = 0$ 时，选择器正常工作。由逻辑图可写出逻辑式

$$F = \overline{A_1}\,\overline{A_0} D_0 + \overline{A_1} A_0 D_1 + A_1 \overline{A_0} D_2 + A_1 A_0 D_3$$

由上式可知，对于 $A_1 A_0$ 的不同取值，选择器的输出 F 只能等于输入 $D_0 \sim D_3$ 中的一个。

表 7-27　CT54153 数据选择器的真值表

地址输入		使能控制	输出 F
A_1	A_0	$\overline{ST}$	
×	×	1	0
0	0	0	D_0
0	1	0	D_1
1	0	0	D_2
1	1	0	D_3

练习与思考题

7.7.1　什么是半加器？什么是全加器？半加器与全加器有何不同？

7.7.2　如何用全加器构成多位串行加法器？串行加法器速度慢的原因是什么？

7.7.3　什么是编码器和译码器？它们有何区别？有何用途？

7.7.4　译码器的功能如何扩展？若需 5-32 线译码器，需多少块 74LS138 译码器？应如何连线？

7.7.5　如何用译码器实现逻辑函数？如受条件限制，对 $F_1 = A \oplus B \oplus C$，$F_2 = （A \oplus B）C + AB$ 的逻辑函数用译码器和与门能否实现？

7.7.6　二进制编码（译码）与二-十进制编码（译码）有何不同？

7.7.7　译码器和显示器配合使用时应注意什么问题？

7.7.8　数据选择器的功能是什么？怎样扩展其功能？画出把两片 4 选 1 扩展为 8 选 1 的接线图。

*第八节　应用实例

一、故障报警电路

故障报警电路如图 7-69 所示。①当系统工作正常（各路温度或压力等参数均正常）时，输入端 A、B、C、D 均为 1。这时晶体管 V_1 饱和导通，KA 继电器线圈得电，使电动机转动（或其他电路通电）；晶体管 V_2 截止，蜂鸣器 HA 不响；各路状态指示灯 $HL_A - HL_D$ 全亮。②如果系统中某路出现故障（参数超出正常值），例如 A 路，则 A 的状态为 0，这时 V_1 截止，KA 继电器线圈失电，电动机停转（或其他电路断电）；V_2 导通，蜂鸣器 HA 发出报警声响；HL_A 熄灭，表示 A 路发生故障。

二、水位检测与超限报警电路

图 7-70 所示是用 CMOS 与非门组成的水位检测与超限报警电路。当水箱无水时，检测

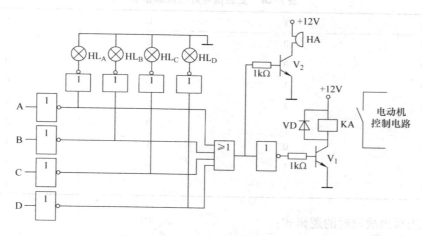

图7-69 故障报警电路

杆上的铜箍 A ~ D 与 U 端（电源正极）之间断开，与非门 G_1 ~ G_4 的输入端均为低电平，输出端均为高电平，使 G_5 输出为低电平，晶体管 V_1 和 V_2 截止。调整 3.3kΩ 电阻的阻值，使发光二极管处于微导通状态，微亮度适中。

当水箱注水时，先注到高度 A，U 与 A 之间通过水接通，这时 G_1 的输入为高电平，输出为低电平，将发光二极管 VL_A 点亮。随着水位的升高，发光二极管 VL_A – VL_D 逐个依次点亮。当 VL_D 点亮时，说明水已注满。这时 G_4 输出为低电平，而使 G_5 输出为高电平，晶体管 V_1 和 V_2 因而饱和导通。V_1 饱和导通，KA 继电器线圈得电，断开电动机的控制电路，电动机停止注水；V_2 饱和导通，使蜂鸣器 HA 发出报警声响。

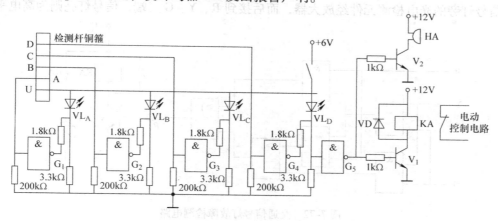

图7-70 水位检测与超限报警电路

三、交通信号灯故障检测电路

交通信号灯在正常情况下：红灯（R）亮—停车；黄灯（Y）亮—准备；绿灯（G）亮—通行；正常时只有一个灯亮。如果灯全不亮或全亮或两个灯同时亮，都是故障。

输入变量为 1，表示灯亮；输入变量为 0，表示灯不亮。有故障时输出为 1，正常时输出为 0。由此，可列出真值表7-28。

表 7-28 交通信号灯故障真值表

R	Y	G	F
0	0	0	1
0	0	1	0
0	1	0	0
0	1	1	1
1	0	0	0
1	0	1	1
1	1	0	1
1	1	1	1

由真值表写出故障时的逻辑式：

$$F = \bar{R}\bar{Y}\bar{G} + \bar{R}YG + R\bar{Y}G + RY\bar{G} + RYG$$

应用卡诺图（见图 7-71）化简上式，得

$$F = \bar{R}\bar{Y}\bar{G} + RG + YG + RY$$

为了减少所用门数，将上式变换为

$$F = \bar{R}\bar{Y}\bar{G} + R\ (Y+G)\ + RY$$
$$= \overline{R+Y+G} + R\ (Y+G)\ + YG$$

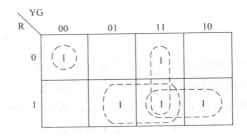

图 7-71 交通信号灯故障检测卡诺图

由此可画出交通信号灯故障检查电路，如图 7-72 所示。发生故障时组合电路输出 F 为高电平，晶体管 V 导通，继电器 KA 线圈通电，其触点闭合，故障指示灯 HL 亮。

信号灯旁的光电检测元件经放大器，而后接到 R、Y、G 三端，信号灯亮则为高电平。

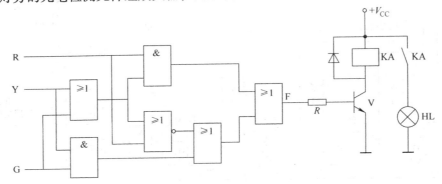

图 7-72 交通信号灯故障检测电路

四、两地控制电路

在 A、B 两地控制一台电动机（或照明灯）的电路如图 7-73 所示。当 F = 1 时，电动机运行；反之电动机停止。由图 7-73 可以写出逻辑式：

$$F = \overline{\overline{AB}\ \overline{\bar{A}B}}$$

由逻辑式可以列出真值表 7-29。

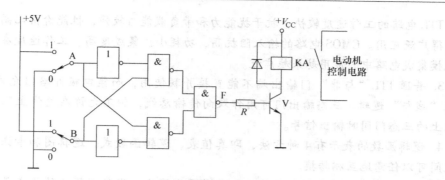

图 7-73 两地控制电路

表 7-29 两地控制真值表

开关		输出	电动机
A	B	F	
0	0	0	停止
0	1	1	运行
1	0	1	运行
1	1	0	停止

该逻辑控制电路可以用两片 74LS00 型四 2 输入与非门实现，具体逻辑连接图如图 7-74 所示。

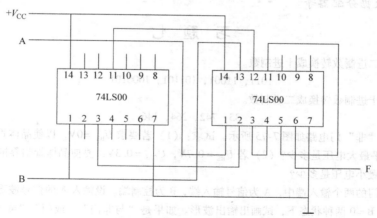

图 7-74 74LS00 连接图

本 章 小 结

1. 数字电路的输入、输出之间有 3 种基本的逻辑关系"与"、"或"、"非"，实现这些基本逻辑关系的电路分别称为"与门"、"或门"、"非门"。

2. 数字集成电路可分为两大类：双极型数字集成电路（TTL 系列）和单极型数字集成电路（主要为 CMOS 系列）。

TTL 电路的工作速度较快，抗干扰能力和带负载能力较强，性能价格比高，在工业控制中获得广泛应用。CMOS 电路的输入阻抗高、功耗小、集成度高、工作速度在逐步提高，在大规模集成电路中的应用越来越广泛。

3. 普通 TTL "与非" 门输出端不能直接并联使用，而集电极开路门允许输出端并联，实现 "线与" 逻辑。三态输出门可用作双向传输总线，但不允许在总线上同时有两个或两个以上的三态门同时输出信号。

4. 逻辑函数的表示有 4 种方法，即真值表、逻辑函数式、逻辑图和卡诺图。这 4 种方法之间可以任意地互相转换。

5. 逻辑函数的化简有代数化简法和卡诺图化简法。代数化简法的优点是使用不受任何条件的限制，但这种方法没有固定的步骤可循，所以在化简一些复杂的逻辑函数时，不仅需要熟练地运用各种公式和定理，而且需要有一定的运算技巧和经验。卡诺图化简方法的优点是简单、直观、有一定步骤可循，且可直接得出逻辑函数的最简式。

6. 组合逻辑电路的特点是：输出信号取决于当时的输入信号，而与电路原来的状态无关。

7. 组合逻辑电路的分析方法：逐级写出逻辑函数式，然后进行逻辑化简，再列出真值表，最后分析电路的逻辑功能。

8. 组合逻辑电路的设计：根据逻辑功能要求列出真值表，再写出逻辑式并进行化简，最后画出逻辑电路图。

9. 集成电路标准产品，除门电路外，常见的有加法器、编码器、译码器、数值比较器、数据选择器、数据分配器等。

习 题 七

7-1 把下列二进制数转换成十进制数。

$$1011, 11001, 101101, 1000101$$

7-2 把下列十进制数转换成二进制数。

$$35, 742, 264, 146$$

7-3 晶体管 "非" 门电路如图 7-75 所示。试求：（1）若要求 $U_{BE} = 0V$，以使晶体管可靠截止，则允许输入 U_I 的低电平最大电压是多少？（2）若 $U_{BE} = 0.7V$，$U_{CES} = 0.3V$，要使晶体管临界饱和导通，则允许输入 U_I 的高电平最小电压是多少？

7-4 如果与门的两个输入端中，A 为信号输入端，B 为控制端。设输入 A 的信号波形如图 7-76 所示，在控制端 B = 1 和 B = 0 两种状态下，试画出输出波形。如果是 "与非门" "或门" "或非门" 则又如何，分别画出输出波形。并总结这 4 种门电路的控制作用。

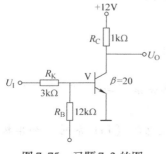

图 7-75　习题 7-3 的图

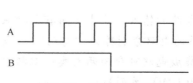

图 7-76　习题 7-4 的图

7-5 逻辑门及其输入端 A、B、C 的波形如图 7-77 所示，试分别画出各逻辑门输出端 F_1、F_2、F_3 的波形。

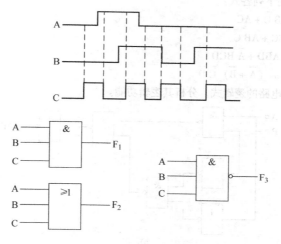

图 7-77 习题 7-5 的图

7-6 图 7-78 中均为 CMOS 门电路，试指出各门电路的输出 $F_1 \sim F_4$ 是高电平，还是低电平。

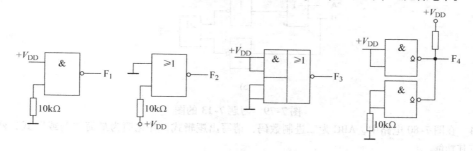

图 7-78 习题 7-6 的图

7-7 用"与非"门实现以下逻辑关系式，并画出逻辑图。

(1) $F = AB + \overline{A}C$ (2) $F = AC + B + \overline{C}$

(3) $F = \overline{A}\,\overline{B} + (\overline{A} + B)\,\overline{C}$ (4) $F = A\,\overline{B} + A\,\overline{C} + \overline{A}BC$

7-8 最简的"与或"表达式 $F = B\,\overline{C} + \overline{A}C + C\,\overline{D}$；(1) 将 F 的逻辑函数化成"与非"表达式；(2) 将 F 的逻辑函数化成"与或非"表达式。

7-9 试用 74LS00"与非"门实现 $F = \overline{\overline{AB}\ \overline{CD}}$，并画出接线图。

7-10 应用逻辑代数运算法则化简下列各式：

(1) $F = ABC + \overline{A}B + AB\overline{C}$

(2) $F = \overline{(A + B)} + AB$

(3) $F = (AB + \overline{A}B + A\,\overline{B})(A + B + D + \overline{A}\,\overline{B}\,\overline{D})$

(4) $F = ABC + \overline{A} + \overline{B} + \overline{C} + D$

7-11 应用逻辑代数运算法则证明下列等式：

(1) $AB + \overline{A}\,\overline{B} = \overline{\overline{A}B + A\,\overline{B}}$

(2) $\overline{A}\,\overline{B} + \overline{A}B + A\,\overline{B} = \overline{A} + \overline{B}$

(3) $A(\overline{A} + B) + B(B + C) + B = B$

(4) $\overline{\overline{(A+B)} + \overline{(A+\overline{B})} + \overline{(AB)} \cdot \overline{(A\overline{B})}} = 1$

7-12　应用卡诺图化简下列各式：

(1) $F = AB + \overline{A}BC + AB\overline{C} + AC$

(2) $F = \overline{B}C + A\overline{C} + \overline{A}BC + \overline{A}B\overline{C}$

(3) $F = A\overline{B} + B\overline{C}\overline{D} + ABD + \overline{A}\overline{B}CD$

(4) $F = AB(C+D) + (\overline{A}+\overline{B})\overline{C}\overline{D}$

7-13　写出图 7-79 各电路的逻辑式，分析其逻辑功能。

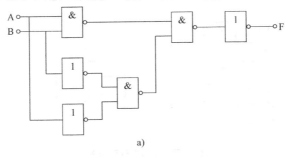

a)

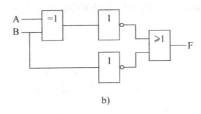

b)

图 7-79　习题 7-13 的图

7-14　在图 7-80 电路中，ABC 为二进制数码，请写出逻辑式，并化简为最简"与或"式，列出真值表，分析其功能。

7-15　写出图 7-81 电路的逻辑式，并化简为最简"与或"式，列出真值表，分析其功能。

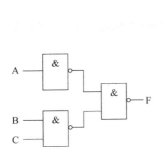

图 7-80　习题 7-14 的图

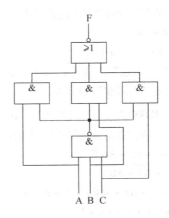

图 7-81　习题 7-15 的图

7-16　某一组合逻辑电路如图 7-82 所示，试分析其逻辑功能。

7-17　如图 7-83 电路，试分析输入端开关 A、B、C、D 接在什么位置时指示灯 HL 亮？

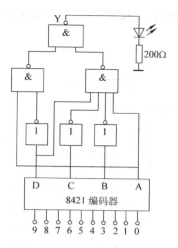

图 7-82 习题 7-16 的图

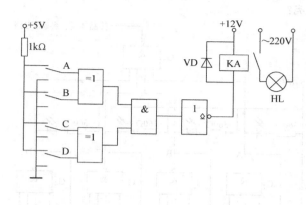

图 7-83 习题 7-17 的图

7-18 图 7-84 是楼梯上、下（A、B）端两处控制照明灯的电路，单刀双投开关 A 装在一处，B 装在另一处，两处都可以开闭电灯。设 F = 1 表示电灯亮，F = 0 表示电灯灭；A = 1 表示开关向上扳，A = 0 表示开关向下扳，B 亦如此。试写出电灯亮的逻辑式。

7-19 图 7-85 是一密码锁控制电路。开锁条件是：拨对密码；钥匙插入锁将开关 S 闭合。当两个条件同时满足时，开锁信号为 1，将锁打开。否则，报警信号为 1，接通警铃。试分析密码 ABCD 是多少？

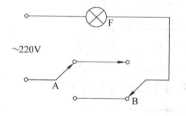

图 7-84 习题 7-18 的图

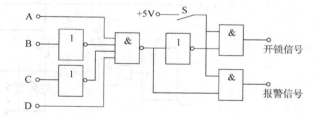

图 7-85 习题 7-19 的图

7-20 旅客列车分特快、直快和普快三种，并依此为优先通行次序。某车站在同一时间只能有一趟列车可从车站开出，即只能给出一个开车信号，试画出满足上述要求的逻辑电路。设 A、B、C 分别代表特快、直快、普快，开车信号分别为 F_A、F_B、F_C。

7-21 设有三台电动机 A、B、C，要求：A 开机，C 必须开机；B 开机，C 也必须开机；C 可单独开机；如不满足上述要求，则发出报警信号，试写出输出报警的逻辑表达式（电动机开机及发出报警均用 1 表示），并画出逻辑电路图。

7-22 试用"与非"门设计一个交通信号灯报警电路。信号灯正常工作时，只能是红、或绿、或黄、或绿黄灯亮，其他情况视为故障，电路报警输出为 1。

7-23 图 7-86 是一智力竞赛抢答电路，供 4 组使用。每一路由 TTL 四输入"与非"门、指示灯（发光二极管）、抢答开关 S 组成。"与非"门 G_5 输出高电平时，蜂鸣器响。（1）当抢答开关如图示位置，问指示灯能否发亮？蜂鸣器能否响？（2）分析 A 组扳动抢答开关 S_1（扳到 + 6 V）时，此后其他组再扳动各自的抢答开关是否起作用？（3）试画出接在 G_5 输出端的晶体管电路和蜂鸣器电路。

7-24 试设计一个 4/2 线二进制编码器，输入信号为 $\overline{I_0}$、$\overline{I_1}$、$\overline{I_2}$、$\overline{I_3}$ 低电平有效。输出的二进制代码用 Y_0、Y_1 表示。

7-25 试用双 2 - 4 线译码器 74LS139 连接成一个 3 - 8 线译码器。

7-26　二进制编码电路如图7-87所示，试写出灯 HL 的逻辑表达式，并说明灯 HL 在什么情况下可以发亮？

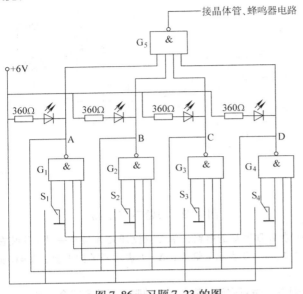

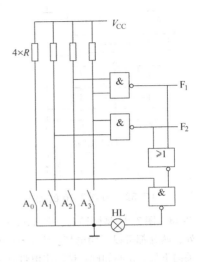

图 7-86　习题 7-23 的图　　　　　　　　　　　图 7-87　习题 7-26 的图

7-27　在图7-88中，若 u 为正弦电压，其频率 f 为1Hz，试问七段 LED 数码管显什么字母？

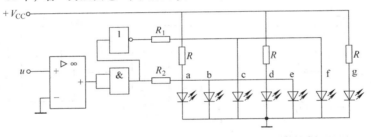

图 7-88　习题 7-27 的图

7-28　图 7-89 所示是 4 选一数据选择器的逻辑电路，数据输入为 $D_0 \sim D_3$，A、B 为选择控制信号，$\overline{E}$ 为使能端。试分析其工作原理，写出逻辑表达式，列出真值表。

7-29　试用 74LS138 型译码器实现下列逻辑函数，并画出逻辑图。

（1）$F = \overline{A}\overline{B}\overline{C} + \overline{A}BC + AB$

（2）$F = A\overline{B}CD + \overline{A}BC + ACD$

7-30　试用 CT54153 型双 4 选 1 数据选择器来实现全加器。

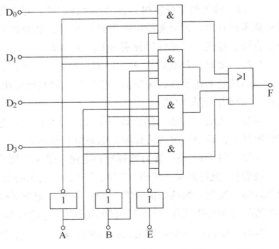

图 7-89　习题 7-28 的图

第八章 触发器和时序逻辑电路

时序逻辑电路与组合电路不同，它的输出状态不仅与当时的输入状态有关，而且还与电路的原来状态有关，即时序电路具有记忆功能。时序电路的基本单元是触发器，本章将主要介绍各种触发器的功能，并讨论几种常见的时序逻辑电路，如寄存器、计数器、振荡器等。

第一节 双稳态触发器

触发器按其稳定输出状态可分为双稳态触发器、单稳态触发器、无稳态触发器等。双稳态触发器按其逻辑功能可分为 RS 触发器、JK 触发器、D 触发器和 T 触发器等；按其结构可分为主从型触发器、维持阻塞型触发器和边沿型触发器等。

一、RS 触发器

（一）基本 RS 触发器

由两个"与非"门交叉连接组成基本 RS 触发器，如图 8-1a 所示，图 8-1b 是其逻辑符号。它有输入端 $\overline{S}_D$ 和 $\overline{R}_D$，输出端 Q 与 $\overline{Q}$ 在正常条件下保持相反状态。这种触发器有两种稳定状态，故称之为双稳态触发器。$Q=1$，$\overline{Q}=0$，称为 1 态或置位状态；$Q=0$，$\overline{Q}=1$，称为 0 态或复位状态。相应的输入端 $\overline{S}_D$ 称为直接置位端或直接置 1 端，$\overline{R}_D$ 称为直接复位端或直接置 0 端。下面分析基本 RS 触发器输出与输入的逻辑关系。

1. $\overline{S}_D=0$，$\overline{R}_D=1$

当 $\overline{S}_D=0$（加一负脉冲），不管触发器的原状态如何，"与非"门 G_1 的输出 $Q=1$，这时"与非"门 G_2 的两个输入全为 1，则 G_2 输出 $\overline{Q}=0$。由于 $\overline{Q}=0$ 反馈到 G_1 的输入端，即使 $\overline{S}_D$ 负脉冲消失（$\overline{S}_D=1$），仍使 $Q=1$，$\overline{Q}=0$。

2. $\overline{S}_D=1$，$\overline{R}_D=0$

当 $\overline{R}_D=0$，不管触发器的原状态如何，G_2 的输出 $\overline{Q}=1$，这时 G_1 的两个输入全为 1，则 G_1 输出 $Q=0$。由于 $Q=0$ 反馈到 G_2 的输入端，即使 $\overline{R}_D$ 负脉冲消失（$\overline{R}_D=1$），仍使 $\overline{Q}=1$，$Q=0$。

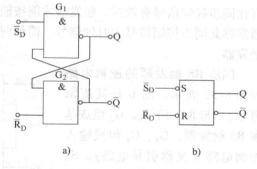

图 8-1 基本 RS 触发器

a) 逻辑电路图　b) 逻辑符号

3. $\overline{S}_D=1$，$\overline{R}_D=1$

$\overline{S}_D=\overline{R}_D=1$，即两输入端均为高电平，触发器保持原状态不变。

4. $\overline{S}_D=0$，$\overline{R}_D=0$

当 $\overline{S}_D=\overline{R}_D=0$，即两输入端同时加负脉冲时，$G_1$、$G_2$ 输出都为 1，这不满足 Q 与 $\overline{Q}$ 的状态相反的逻辑要求。当两输入端同时从 0 变为 1（称为上升沿）时，由于不能确定 G_1、G_2 状态的变换速度，触发器转换为什么状态将不能确定。因此这种情况在使用中不允许出现。

在分析触发器输出与输入之间的逻辑关系，通常用 Q^n 表示触发器原来的状态，简称为原态或初态。用 Q^{n+1} 表示触发器接收触发信号后新的状态，简称为新态或次态。由上述可知，基本 RS 触发器的真值表如表 8-1 所示。由真值表得出基本 RS 触发器的特性方程

$$\begin{cases} Q^{n+1} = S_D + \overline{R}_D Q^n \\ \overline{S}_D + \overline{R}_D = 1 (约束条件) \end{cases} \tag{8-1}$$

表 8-1　基本 RS 触发器真值表

$\overline{S}_D$	$\overline{R}_D$	Q^{n+1}
1	0	0
0	1	1
1	1	Q^n
0	0	不定

图 8-2 是基本 RS 触发器的工作波形图。基本 RS 触发器也可以用"或非"门组成，所不同的是它的输入信号为高电平有效，其功能相同。

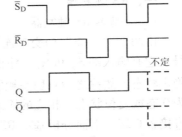

图 8-2　基本 RS 触发器工作波形图

（二）同步 RS 触发器

基本 RS 触发器输入一变，输出就立即变化。在数字系统中，常常要求多个触发器在同一时刻动作，以避免各触发器之间产生逻辑混乱，这就需要触发器增加同步控制电路，只有在同步控制信号有效时，触发器才能按输入信号改变状态。通常称此同步控制信号为时钟信号，简称时钟，用 CP 表示。因此，同步触发器又称为钟控触发器。

同步 RS 触发器的逻辑电路如图 8-3a 表示，图 b 是其逻辑符号。"与非"门 G_1、G_2 组成基本 RS 触发器，G_3、G_4 组成输入控制电路（又称引导电路）。S、R 是信号输入端，CP 是时钟信号输入端。$\overline{S}_D$ 和 $\overline{R}_D$ 分别为直接置位端和直接复位端，用来设置初始状态，不用时使 $\overline{S}_D = \overline{R}_D = 1$。电路的逻辑功能分析如下。

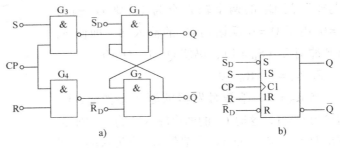

图 8-3　同步 RS 触发器
a) 电路图　b) 逻辑符号

当 CP = 0 时，不论 S、R 输入端的状态如何，"与非"门 G_3、G_4 输出均 1，基本 RS 触发器的状态保持不变。当 CP = 1 时，触发器的输出状态由 S、R 端的输入状态决定。

1. S = 0，R = 1

S = 0，G_3 输出为 1；R = 1，G_4 的两个输入全为 1，输出为 0，使 G_2 输出 $\overline{Q} = 1$。此时 G_1

的三个输入全为 1，其输出 Q = 0。即触发器置 0。

2. S = 1，R = 0

R = 0，G_4 输出为 1；S = 1，G_3 的两个输入端全为 1，输出为 0，使 G_1 输出 Q = 1。此时 G_2 的三个输入全为 1，其输出 $\overline{Q}$ = 0。即触发器置 1。

3. S = 0，R = 0

S = R = 0，使 G_3、G_4 输出均为 1，触发器的状态保持不变。

4. S = 1，R = 1

S = R = 1，则 G_3、G_4 输出均为 0，使 G_1、G_2 输出均为 1，即触发器的 Q = $\overline{Q}$ = 1，这不满足 Q 与 $\overline{Q}$ 的状态相反的逻辑要求。当 CP 从 1 变为 0（称为下降沿）时，由于 G_3、G_4 状态的变换速度不能确定，触发器的状态也不能确定，这在使用中不允许出现。

同步 RS 触发器的真值表如表 8-2 所示。由真值表得出同步 RS 触发器的特性方程

$$\begin{cases} Q^{n+1} = S + \overline{R}Q^n \\ SR = 0 (约束条件) \end{cases} \tag{8-2}$$

表 8-2　同步 RS 触发器真值表

S	R	Q^{n+1}
0	0	Q^n
0	1	0
1	0	1
1	1	不定

例 8-1　同步 RS 触发器如图 8-3 所示，时钟脉冲 CP 及输入信号 S、R 的波形如图 8-4 所示，试画出输出端 Q 与 $\overline{Q}$ 的波形（设触发器初始状态 Q = 0）。

解　CP = 0 时，触发器保持原态不变。CP = 1 时，触发器按照表 8-2 改变状态。在 CP 第一个脉冲时，S = 1，R = 0，则其 Q = 1；在 CP 第二个脉冲时，S = 0，R = 1，则其 Q = 0；在第三个脉冲 CP = 1 期间，当 S = 1，R = 0，则 Q = 1，而后 S = 0，R = 1 则 Q = 0；在第四个脉冲 CP = 1 期间，S = R = 1 使 G_3、G_4 输出均为 0，触发器 Q = $\overline{Q}$ = 1，当 CP 从 1 变为 0 时，由于 G_3、G_4 状态的变换速度不能确定，触发器的状态也不能确定，图中用虚线表示。波形见图 8-4。

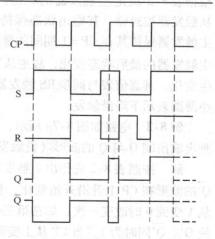

图 8-4　例 8-1 的波形

将同步 RS 触发器的 $\overline{Q}$ 端连到 S 端，Q 端连到 R 端，如图 8-5a 所示，该电路具有对 CP 脉冲计数的功能。设 Q = 0，$\overline{Q}$ = 1，当计数脉冲到来时，G_3 输出为 0，使触发器由 0 态翻转为 1 态。在第二个计数脉冲到来时，由于 Q = 1、$\overline{Q}$ = 0，G_4 输出为 0，使触发器由 1 态翻转

为0态。可见每来一个脉冲触发器状态翻转一次，翻转的次数等于脉冲的数目。该触发器的输出波形如图8-5b所示。

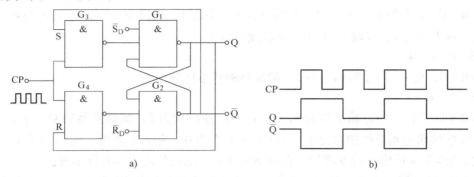

图8-5　计数式RS触发器

a）逻辑图　b）波形图

事实上，图8-5a电路对CP脉冲的宽度有严格的要求，如果脉冲太宽就会出现一个CP脉冲作用期间，触发器产生两次或两次以上的翻转，即产生所谓的"空翻"现象。如图8-6所示，当较宽的CP脉冲来到时，若触发器为0态，G_3输出为0，使触发器由0态翻转为1态。此时CP脉冲仍为高电平，G_4输出为0，使触发器由1态翻转为0态……。触发器在一个计数脉冲作用期间，产生多次翻转，达不到对脉冲计数的目的。

为了防止触发器的"空翻"，在结构上大多采用主从型触发器或维持阻塞型触发器。

（三）主从RS触发器

主从RS触发器由两个同步RS触发器构成，如图8-7a所示。当CP=1时，主触发器工作，输入信号S、R根据表8-2决定主触发器的状态。这时，由于$\overline{CP}=0$，从触发器被封锁，其输出状态保持不变。当CP=0时，主触发器保持其在CP=1期间的最后状态；从触发器依

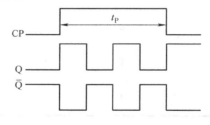

图8-6　计数式RS触发器
"空翻"波形图

主触发器的最后状态变化，故主从RS触发器的输出状态只在CP从1变为0（下降沿）时发生变化。其真值表与同步RS触发器完全相同。逻辑符号如图8-7b所示，图中CP输入端的小圆圈表示下降沿触发。

例8-2　电路如图8-7a所示，时钟脉冲CP及输入信号S、R的波形如图8-8所示，试画出输出端Q与$\overline{Q}$的波形（设触发器初始状态Q=0）。

解　按照表8-2先作出主触发器Q'、$\overline{Q}'$的波形，再画从触发器Q、$\overline{Q}$的波形。尽管Q'、$\overline{Q}'$的波形在CP上升沿开始变化，且在CP=1期间可以多次变化，但Q、$\overline{Q}$的波形只在CP从1变到0时改变一次，如在第三个脉冲CP=1期间。在第四个脉冲CP=1期间，S=R=1使Q'、$\overline{Q}'$同时为1，当CP从1变到0时，Q'、$\overline{Q}'$出现不确定状态，因而使Q、$\overline{Q}$也出现不定。

根据上述分析，可得出主从RS触发器具有以下两个特点：

1）在CP=1期间主触发器接收输入端（S、R）的信号，被置成相应的状态，而从触发器状态保持不变。在CP下降沿到来时从触发器按照主触发器的状态翻转，因此，主从触

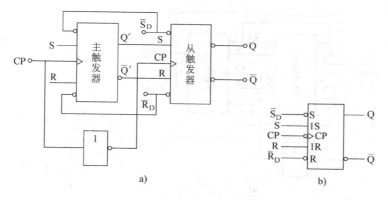

图 8-7　主从 RS 触发器

a) 电路图　b) 逻辑符号

发器不存在"空翻"问题。

2）在 CP = 1 期间，如果输入信号有多次变化，输出端不能跟着作相应的变化，使信息丢失；如果输入变量因干扰信号引起主触发器状态翻转，则在干扰信号消失后，该变量的变化不能使主触发器再翻转到原来的状态，在 CP 下降沿到来时从触发器输出信号也将相应地出现错误。这就是所谓主从触发器的"一次翻转"问题。

二、JK 触发器

由两个同步 RS 触发器可组成主从型 JK 触发器，如图 8-9a 所示。可见，主从型 JK 触发器在 CP = 1 主触发器接收输入信号，其输出状态由 J、K、Q^n、$\overline{Q^n}$决定。在 CP 从 1 变到 0（下降沿），从触发器按照主触发器的状态改变输出的状态。图 8-9b 是主从型 JK 触发器的逻辑符号。

图中，主触发器的 $S = J\overline{Q^n}$，$R = KQ^n$，主从型 JK 触发器的逻辑功能分析如下：

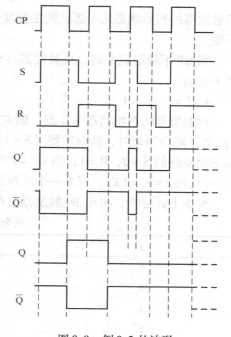

图 8-8　例 8-2 的波形

1. J = 0，K = 0

在 CP = 1 时，主触发器的 S = 0，R = 0，则主触发器的输出状态保持不变。当 CP 下降沿到来时，从触发器的输出状态也不变。即 J = K = 0 时，具有保持功能，$Q^{n+1} = Q^n$。

2. J = 0，K = 1

设触发器初始状态为 0 态，则主触发器的 S = 0，R = 0，则主触发器、从触发器都将保持 0 态不变。

若触发器初始状态为 1 态，主触发器的 S = 0，R = 1，当 CP = 1 时，主触发器置 0；当 CP 下降沿到来时，从触发器（S = 0，R = 1）也置 0。即 J = 0，K = 1 时，触发器具有置 0 功能。

3. J = 1，K = 0

设触发器的初始状态为 0 态，则主触发器的 S = 1，R = 0，当 CP = 1 时，主触发器置 1；

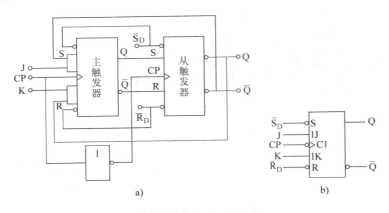

图 8-9　主从型 JK 触发器

a) 逻辑图　b) 逻辑符号

若触发器的初始状态为 1 态，则主触发器的 S = 0，R = 0，当 CP = 1 时，主触发器保持 1 态不变。

当 CP 下降沿到来时，从触发器（S = 1，R = 0）置 1。即 J = 1，K = 0 时，触发器具有置 1 功能。

4. J = 1，K = 1

设触发器的初始状态为 0 态，则主触发器的 S = 1，R = 0，当 CP = 1 时，主触发器置 1；当 CP 下降沿到来时，从触发器（S = 1，R = 0）置 1。反之，若触发器的初始状态为 1 态，则主触发器的 S = 0，R = 1，当 CP = 1 时，主触发器置 0；当 CP 下降沿到来时，从触发器置 0。可见在 J = K = 1 时，每来一个时钟脉冲，触发器的状态就翻转一次。即 $Q^{n+1} = \overline{Q^n}$。

根据上述分析，得出 JK 触发器的真值表如表 8-3 所示。

表 8-3　JK 触发器真值表

J	K	Q^{n+1}
0	0	Q^n
0	1	0
1	0	1
1	1	$\overline{Q^n}$

由真值表可写出 JK 触发器的特性方程为

$$Q^{n+1} = J\overline{Q^n} + \overline{K}Q^n \tag{8-3}$$

JK 触发器按电路结构不同可分为同步 JK 触发器、主从 JK 触发器和边沿 JK 触发器。同步触发器存在"空翻"问题，主从触发器存在"一次翻转"问题，边沿触发器克服了这两个问题，它只在 CP 处于某个边沿（下降沿或上升沿）的瞬间，触发器才采样输入信号，同时进行状态转换，而其他时刻输入信号的状态对触发器的状态没有影响，因此触发器的抗干扰能力较强。目前集成 JK 触发器大多采用边沿触发型，如 T078 是下降沿触发的 JK 触发器，CC4027 是上升沿触发的 JK 触发器。

例 8-3　集成边沿 JK 触发器 T078 的时钟脉冲 CP 及输入信号 J、K 的波形如图 8-10 所示，试画出输出端 Q 的波形（设触发器初始状态 Q = 0）。

解　T078 JK 触发器是下降沿改变状态，根据
表 8-3 JK 触发器真值表，可画出触发器输出端 Q
的波形，如图 8-10 所示。

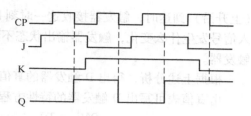

图 8-10 中，在第 4 个脉冲 CP = 1 期间，J = 0，
而 K 先是 1，而后变为 0，边沿 T078 JK 触发器只
在 CP 下降沿才采样输入信号（J = K = 0），所以 Q
保持为 1。如果是一般的主从 JK 触发器，在第 4

图 8-10　例 8-3 的波形图

个脉冲 CP = 1 期间，先是 J = 0，K = 1 使主触 Q′ = 0，而后 J = K = 0，主触发器 Q′ 保持为 0。
当 CP 从 1 变到 0 时，使从触发器 Q 为 0。

三、D 触发器

图 8-11 a 是维持阻塞型 D 触发器的逻辑图，图 8-11b 是其逻辑符号。其中 G_1、G_2 组成
基本触发器，G_3、G_4 组成时钟控制电路，G_5、G_6 组成数据输入电路。维持阻塞型 D 触发器
的逻辑功能分析如下：

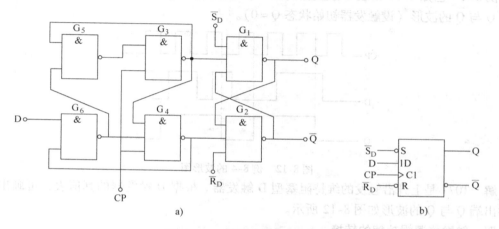

图 8-11　维持阻塞型 D 触发器
a）逻辑图　b）逻辑符号

1. D = 0

当 CP = 0 时，G_3、G_4 输出为 1，触发器的状态保持不变。这时，G_6 输出为 1，G_5 输入
全为 1，则其输出为 0。

当 CP 从 0 变为 1 时，G_6、G_5 和 G_3 的输出状态保持不变；而 G_4 输入全为 1，其输出由
1 变为 0，则 G_2 输出为 1，即触发器置 0。同时 G_4 输出 0 反馈封锁 G_6，此时，不论 D 输入
信号发生什么变化，触发器保持 0 态不变。

2. D = 1

当 CP = 0 时，G_3 和 G_4 的输出为 1，触发器的状态保持不变。这时，G_6 的输出为 0，G_5
的输出为 1。

当 CP 从 0 变为 1 时，G_3 输入全为 1，其输出由 1 变为 0，则 G_1 输出为 1，即触发器置
1。同时 G_3 输出 0 反馈封锁 G_4、G_5，此时，不论 D 输入信号发生什么变化，触发器保持 1
态不变。

从上述分析可知，维持阻塞型 D 触发器在 CP = 0 时，输出保持不变；在 CP 从 0 变为 1

（上升沿）到达时，触发器接收这一时刻 D 输入的信号并改变输出状态，这一时刻后无论输入信号发生什么变化，触发器输出状态不再改变。即该触发器是一种脉冲上升沿触发的边沿触发器。

根据上述分析，得出 D 触发器的真值表如表 8-4 所示。

由真值表可写出 D 触发器的特性方程为

$$Q^{n+1} = D^n \qquad (8\text{-}4)$$

常用的 D 触发器有维持阻塞型，如 T077；主从型边沿触发器，如 CC4013。两者功能相同，且都在 CP 脉冲上升沿改变状态（注意：无特殊说明的主从型触发器为下降沿改变状态、维持阻塞型触发器为上升沿改变状态）。不同的是 T077 直接置位端 $\overline{S}_D$、复位端 $\overline{R}_D$ 低电平有效。而 CC4013 直接置位端 S_D、复位端 R_D 高电平有效。

表 8-4　D 触发器真值表

D	Q^{n+1}
1	1
0	0

例 8-4　已知 T077 集成 D 触发器的 CP 与 D 输入波形如图 8-12 所示，试画出触发器输出端 Q 与 $\overline{Q}$ 的波形（设触发器初始状态 Q = 0）。

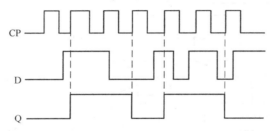

图 8-12　例 8-4 的波形图

解　T077 是上升沿触发的维持阻塞型 D 触发器。根据 D 触发器的真值表，可画出触发器输出端 Q 与 $\overline{Q}$ 的波形如图 8-12 所示。

四、触发器逻辑功能的转换

1. 将 JK 触发器转换为 D 触发器

如图 8-13a 所示，当 D = 1 时，则 J = 1、K = 0，在 CP 的下降沿到来时，触发器置 1；当 D = 0 时，则 J = 0、K = 1，在 CP 的下降沿到来时，触发器置 0。其逻辑符号如图 8-13b 所示。

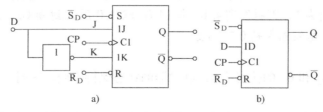

图 8-13　JK 触发器转换为 D 触发器
a）逻辑图　b）逻辑符号

2. 将 JK 触发器转换为 T 触发器

如图 8-14 所示，将 J、K 连在一起作为 T 输入端。当 T = 0 时，则 J = K = 0，即使有 CP

脉冲，触发器状态保持不变；当 T = 1 时，则 J = K = 1，触发器具有计数功能，即 $Q^{n+1} = \overline{Q^n}$，其真值表如表 8-5 所示。

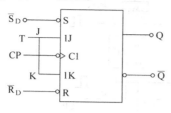

图 8-14　将 JK 触发器
转换为 T 触发器

表 8-5　T 触发器的真值表

T	Q^{n+1}
0	Q^n
1	$\overline{Q^n}$

由真值表可写出 T 触发器的特性方程

$$Q^{n+1} = T\overline{Q^n} + \overline{T}Q^n \tag{8-5}$$

3. 将 D 触发器转换为 T′触发器

将 D 触发器的 D 端和 $\overline{Q}$ 端相连，就转换为 T′触发器，如图 8-15 所示。它的逻辑功能是每来一个 CP 脉冲，触发器的输出状态翻转一次，具有计数功能。其特性方程

$$Q^{n+1} = \overline{Q^n} \tag{8-6}$$

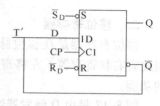

图 8-15　D 触发器转
换为 T′触发器

练习与思考题

8.1.1　什么是 RS 触发器的不定状态？在基本 RS 触发器中，当 $\overline{S}_D = 0$，$\overline{R}_D = 0$ 时，触发器的状态是否不定？

8.1.2　在触发器中直接置位端 $\overline{S}_D$ 和直接复位端 $\overline{R}_D$ 起什么作用？触发器正常工作时应将它们置于何种状态？

8.1.3　什么是触发器的空翻现象？怎样克服空翻现象？

8.1.4　叙述 RS、JK、D、T 等各种触发器的逻辑功能，画出其逻辑符号与状态表。

第二节　寄　存　器

在计算机和数字系统中，寄存器常用来暂时存放参与运算的数据和运算结果。一个触发器只能寄存一位二进制数，要存 n 位数时，就得用 n 个触发器。

寄存器存取数码方式有并行和串行两种。并行方式是在一个时钟脉冲作用下，数码各位同时存入或取出；串行方式是在一个时钟脉冲作用下，数码从某一端只存入或取出一位数码，n 位数需要 n 个时钟脉冲作用才能全部存入或取出。

寄存器按其功能可分为数码寄存器和移位寄存器，两者区别在于有无移位的功能。

一、数码寄存器

图 8-16 是由 D 触发器组成的 4 位数码寄存器。在一个时钟脉冲（寄存指令）作用下，$D_0 \sim D_3$ 4 位数码存入寄存器。若要取出数码时，可向"与"门发出取数指令（正脉冲），各位数码就在输出端 $Q_0 \sim Q_3$ 上输出，这电路是并行输入并行输出的寄存器。$\overline{R}_D$ 为清零端，该电路存数前不需要专门清零，一个脉冲可完成存数过程。常用的数码寄存器产品有 74LS175、T451 等。

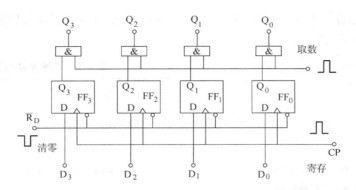

图 8-16　由 D 触发器组成的 4 位数码寄存器

二、移位寄存器

移位寄存器是在移位脉冲（时钟脉冲）作用下，寄存器中的数码依次向右或向左移，因此有右移寄存器、左移寄存器、双向移位寄存器。移位寄存器不仅有存放数码而且有移位的功能。

图 8-17 是由 D 触发器组成的 4 位串行输入、串行/并行输出左移寄存器。图中各位触发器的 CP 端连在一起作为移位脉冲的控制端，最低位触发器 FF_0 的 D 端作为数码输入端，输入数据前应清零（$\overline{R_D}$ 加一个负脉冲），使各触发器均为 0 态。设要存入的 4 位二进制数码 $d_3 d_2 d_1 d_0 = 1101$，按移位脉冲的工作节拍，从高位到低位逐位送到输入端，经过第一个 CP 脉冲后，$Q_0 = d_3$，经过第二个 CP 脉冲后，FF_0 的状态移入 FF_1，FF_0 又移入新数码 d_2，即 $Q_1 = d_3$、$Q_0 = d_2$，依此类推，经过 4 个 CP 脉冲后，$Q_3 = d_3$、$Q_2 = d_2$、$Q_1 = d_1$、$Q_0 = d_0$，4 位数码全部存入寄存器中。

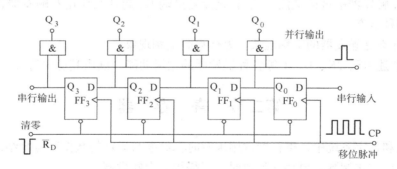

图 8-17　4 位串行输入、串行/并行输出左移寄存器

上述移位过程各触发器的状态如表 8-6 所示。

表 8-6　左移寄存器状态表

$\overline{R_D}$	CP	Q_3	Q_2	Q_1	Q_0
0	0	0	0	0	0
1	1	0	0	0	d_3
1	2	0	0	d_3	d_2
1	3	0	d_3	d_2	d_1
1	4	d_3	d_2	d_1	d_0

数据存入后，采用串行方式取数时，将D接地，即 D = 0，再送4个CP脉冲，则所存的1101数码逐位从 Q_3 端串行输出，串行输入、串行输出各触发器的输出波形如图8-18表示。若采用并行方式取数时，在并行输出端加一取数正脉冲，4位数码便同时出现在4个"与门"的输出端。

例 8-5 试分析图 8-19 所示时序电路的逻辑功能。若输入数码 $d_3d_2d_1d_0 = 1101$，经过 4 个 CP 后，各触发器的状态 $Q_3Q_2Q_1Q_0$ 如何？

解 图 8-19 中，各触发器 CP 端连在一起作移位脉冲输入端，最高位触发器 FF_3 接成 D 触发器，D 作串行数据输入端。需要存入的数码 $d_3d_2d_1d_0 = 1101$，按时钟脉冲工作节拍，从低位到高位将数码逐位送到 D 端。根据 JK 触发器特性方程得

$$Q_3^{n+1} = D$$

$$Q_2^{n+1} = J_2\overline{Q_2^n} + \overline{K_2}Q_2^n = Q_3\overline{Q_2^n} + Q_3Q_2^n = Q_3$$

$$Q_1^{n+1} = J_1\overline{Q_1^n} + \overline{K_1}Q_1^n = Q_2\overline{Q_1^n} + Q_2Q_1^n = Q_2$$

$$Q_0^{n+1} = J_0\overline{Q_0^n} + \overline{K_0}Q_0^n = Q_1\overline{Q_0^n} + Q_1Q_0^n = Q_1$$

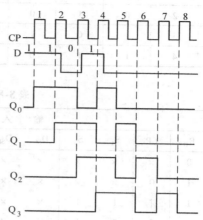

图 8-18　4 位串行输入、串行输出左移寄存器波形图

由此可见，经过 4 个脉冲后，4 位数码从低位到高位逐位移入寄存器中，移位过程各触发器的状态如表 8-7 所示。

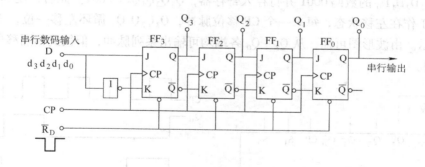

图 8-19　例 8-5 的图

由表 8-7 可知，该电路是 4 位串行输入、串行/并行输出右移寄存器。经 4 个 CP 后，各触发器的状态 $Q_3Q_2Q_1Q_0 = 1101$。

双向移位寄存器：双向移位寄存器中的数码既能左移，又能右移，因而在实际中得到广泛应用。较为常用的有 74LS194（4 位）、CC40194（4 位）、74LS198（8 位）等。这里，以 74LS194 为例，其外引线排列图如图 8-20 所示。图中 D_3、D_2、D_1、D_0 为并行输入端，Q_3、Q_2、Q_1、Q_0 为并行输出端，D_{SR} 为数据右移输入端，D_{SL} 为数据左移输入端，$\overline{R_D}$ 为清零端，S_1、S_0 为工作模式控制端。其逻辑功能表如表 8-8 所示。

表 8-7 例 8-1 的状态表

$\overline{R}_D$	CP	Q_3	Q_2	Q_1	Q_0
0	0	0	0	0	0
1	1	1	0	0	0
1	2	0	1	0	0
1	3	1	0	1	0
1	4	1	1	0	1

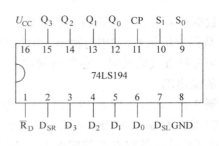

图 8-20 74LS194 外引线排列图

表 8-8 74LS194 功能表

功能	输 入										输 出			
	$\overline{R}_D$	CP	S_1	S_0	D_{SL}	D_{SR}	D_3	D_2	D_1	D_0	Q_3	Q_2	Q_1	Q_0
清零	0	×	×	×	×	×			×		0	0	0	0
保持	1	0	×	×	×	×			×		Q_{3n}	Q_{2n}	Q_{1n}	Q_{0n}
存数	1	↑	1	1	×	×	d_3	d_2	d_1	d_0	d_3	d_2	d_1	d_0
右移	1	↑	0	1	×	d			×		d	Q_{3n}	Q_{2n}	Q_{1n}
左移	1	↑	1	0	d	×			×		Q_{2n}	Q_{1n}	Q_{0n}	d
保持	1	×	0	0	×	×			×		Q_{3n}	Q_{2n}	Q_{1n}	Q_{0n}

例 8-6   用 74LS194 构成的 4 位脉冲分配器（亦称环形计数器）如图 8-21 所示，试分析工作原理，画出其工作波形。

解   工作前首先使 $S_1 = S_0 = 1$，寄存器处于并行输入工作状态，在 CP 端加一个（预置）脉冲，将 $D_3 D_2 D_1 D_0$ 的数码 0001 并行存入寄存器，$Q_3 Q_2 Q_1 Q_0 = 0001$。此后，使 $S_1 = 1$、$S_0 = 0$，寄存器工作在左移状态，每来一个 CP 移位脉冲，$Q_3 Q_2 Q_1 Q_0$ 循环左移一位，工作波形如图 8-22 所示。由波形图可知，从 $Q_3 \sim Q_0$ 各端均可输出系列脉冲，但彼此相隔移位脉冲的一个周期时间。

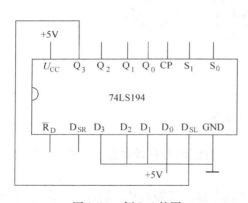

图 8-21 例 8-6 的图

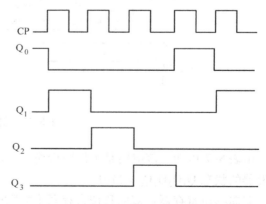

图 8-22 例 8-6 的波形图

练习与思考题

8.2.1   数码寄存器和移位寄存器有何不同？

8.2.2 什么是并行输入、串行输入、并行输出和串行输出？

8.2.3 怎样由移位寄存器构成环形计数器？

第三节 计 数 器

在电子计算机和数字系统中，计数器是最常用的时序电路，它除了用于对时钟脉冲的计数，还可以用作分频、定时、产生节拍脉冲和进行数字运算等。计数器的种类繁多，按时钟脉冲输入方式分类，可分为同步计数器和异步计数器；按计数过程中数字的增减分类，可分为加法计数器、减法计数器和可逆计数器；按计数的进制数分类，可分为二进制计数器、十进制计数器和任意进制计数器。

一、二进制计数器

二进制只有 0 和 1 两个数码，双稳态触发器有 0 和 1 两个状态，所以一个触发器可以表示一位二进制数。如果要表示 n 位二进制数，就得用 n 个触发器。

1. 异步二进制计数器

图 8-23 是由 4 个主从 JK 触发器组成的 4 位异步二进制加法计数器，每个触发器的 J、K 端悬空，相当于 1，具有计数功能。计数脉冲从最低位触发器 FF_0 的 CP 端输入，每来一个计数脉冲，FF_0 触发器翻转一次。而其他触发器则由相邻低一位触发器的输出 Q 进行触发，4 个触发器的状态只能依次翻转，故称为异步计数器。

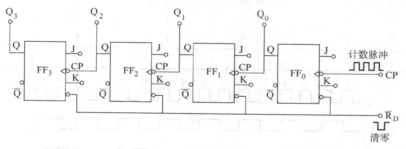

图 8-23 4 位异步二进制加法计数器

电路首先清零，各触发器的状态 $Q_3Q_2Q_1Q_0 = 0000$。当第一个 CP 脉冲下降沿到来时，FF_0 翻转，Q_0 由 0 变 1，$FF_1 \sim FF_3$ 的状态保持不变，计数器 $Q_3Q_2Q_1Q_0 = 0001$。当第二个 CP 脉冲下降沿到来时，FF_0 又翻转，Q_0 由 1 变 0，Q_0 的下降沿使 FF_1 翻转，Q_1 由 0 变 1，FF_2、FF_3 的状态保持不变，$Q_3Q_2Q_1Q_0 = 0010$。…，当第十五个 CP 脉冲下降沿到来时，$Q_3Q_2Q_1Q_0 = 1111$，当第十六个 CP 脉冲下降沿到来时，计数器 $Q_3Q_2Q_1Q_0 = 0000$，并从 Q_3 输出一个进位信号。即 4 位二进制加法计数器，可以累计 16（2^4）个脉冲，能记的最大十进制数为 $2^4 - 1 = 15$。因此，n 位二进制加法计数器可以累计 2^n 个脉冲，能记的最大十进制数为 $2^n - 1$。

根据上述，可以列出 4 位二进制加法计数器的真值表，如表 8-9 所示。该计数器的工作波形图如图 8-24 所示。图中 Q_0 波形的周期是计数脉冲 CP 的两倍，即频率是 CP 脉冲的一半，故称 Q_0 为（对 CP 脉冲）2 分频。同理 Q_1 为 4 分频，Q_2 为 8 分频，Q_3 为 16 分频。

将图 8-23 电路稍作变动，即将触发器 FF_3、FF_2、FF_1 的时钟信号分别与相邻低一位触

发器的 $\overline{Q}$ 端相连，就构成 4 位异步二进制减法计数器。

表8-9　4位二进制加法计数器真值表

计数脉冲数	二进制数				十进制数
	Q_3	Q_2	Q_1	Q_0	
0	0	0	0	0	0
1	0	0	0	1	1
2	0	0	1	0	2
3	0	0	1	1	3
4	0	1	0	0	4
5	0	1	0	1	5
6	0	1	1	0	6
7	0	1	1	1	7
8	1	0	0	0	8
9	1	0	0	1	9
10	1	0	1	0	10
11	1	0	1	1	11
12	1	1	0	0	12
13	1	1	0	1	13
14	1	1	1	0	14
15	1	1	1	1	15
16	0	0	0	0	0

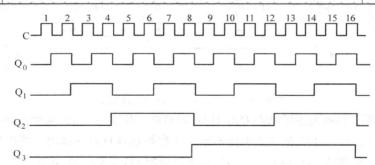

图 8-24　4位二进制加法计数器的工作波形图

例 8-7　试分析图 8-25 所示 D 触发器组成的逻辑电路的功能。

解　图 8-25 中 D 触发器接成 T′触发器，具有计数功能，在 CP 脉冲上升沿触发翻转。图 8-25a 触发器 FF_2、FF_1 的时钟信号分别与相邻低一位触发器的 $\overline{Q}$ 端相连，则 FF_2、FF_1 分别在 Q_1、Q_0 的下降沿触发翻转。图 8-25b 触发器 FF_2、FF_1 的时钟信号分别与相邻低一位触发器的 Q 端相连，则 FF_2、FF_1 分别在 Q_1、Q_0 的上升沿触发翻转。因此，图 8-25a、b 的工作波形分别为图 8-26、图 8-27，其真值表分别如表 8-10、表 8-11 所示。

由上述分析可以得出图 8-25a 为 3 位二进制异步加法计数器，图 8-25b 为 3 位二进制异步减法计数器。

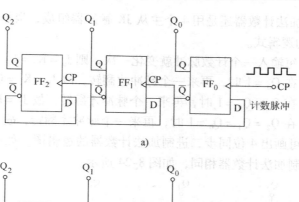

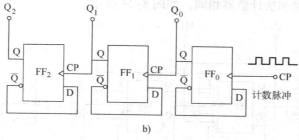

图 8-25 例 8-7 的图

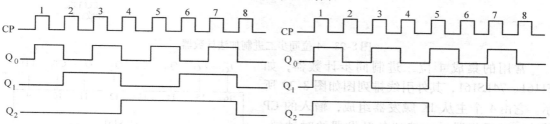

图 8-26 例 8-7 图 a 的波形图　　　　　　　　图 8-27 例 8-7 图 b 的波形图

表 8-10 例 8-7 图 a 的真值表

计数脉冲数	二进制数			十进制数
	Q_2	Q_1	Q_0	
0	0	0	0	0
1	0	0	1	1
2	0	1	0	2
3	0	1	1	3
4	1	0	0	4
5	1	0	1	5
6	1	1	0	6
7	1	1	1	7
8	0	0	0	0

表 8-11 例 8-7 图 b 的真值表

计数脉冲数	二进制数			十进制数
	Q_2	Q_1	Q_0	
0	0	0	0	0
1	1	1	1	7
2	1	1	0	6
3	1	0	1	5
4	1	0	0	4
5	0	1	1	3
6	0	1	0	2
7	0	0	1	1
8	0	0	0	0

2. 同步二进制计数器

同步计数器是指输入的计数脉冲同时送到各触发器的时钟输入端，所有应该翻转的触发器同时动作。因此，同步计数器的计数速度比异步计数器快得多。

如果同步二进制加法计数器还是用 4 个主从 JK 触发器组成，根据表 8-9 真值表可得出各触发器输入 J、K 的逻辑式。

1）触发器 FF_0：每输入一个计数脉冲就变化一次，则 $J_0 = K_0 = 1$。

2）触发器 FF_1：在 $Q_0 = 1$ 时，再来一个脉冲才翻转，故 $J_1 = K_1 = Q_0$。

3）触发器 FF_2：在 $Q_1 = Q_0 = 1$ 时，再来一个脉冲才翻转，故 $J_2 = K_2 = Q_1 Q_0$。

4）触发器 FF_3：在 $Q_2 = Q_1 = Q_0 = 1$ 时，再来一个脉冲才翻转，故 $J_3 = K_3 = Q_2 Q_1 Q_0$。

由上述逻辑式，可画出 4 位同步二进制加法计数器的逻辑图，如图 8-28 所示。其工作波形与 4 位异步二进制加法计数器相同，如图 8-24 所示。

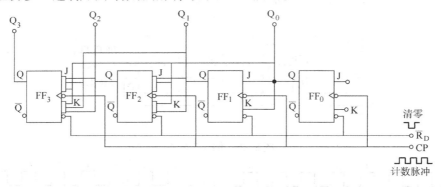

图 8-28　4 位同步二进制加法计数器

常用的集成 4 位二进制同步计数器，如 T1161、74LS161，其外引线排列图如图 8-29 所示。它由 4 个主从 JK 触发器组成，输入的 CP 脉冲经过反相器后才接到各触发器的时钟端，所以各触发器在 CP 脉冲的上升沿翻转。其逻辑功能如表 8-12 所示。

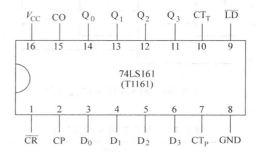

图 8-29　74LS161（T1161）外引线排列图

1）当复位信号 $\overline{CR} = 0$ 时，不管其他输入端状态如何，各触发器清零，即 $Q_3 Q_2 Q_1 Q_0 = 0000$。

2）当 $\overline{CR} = 1$、$\overline{LD} = 0$ 时，不管 CT_P、CT_T 状态如何，在 CP 脉冲上升沿到来时，输入数据 D_3、D_2、D_1、D_0 置入相应的触发器，即 $Q_3 Q_2 Q_1 Q_0 = D_3 D_2 D_1 D_0$。

表 8-12　74LS161（T1161）功能表

$\overline{CR}$	$\overline{LD}$	CT_P	CT_T	CP	Q_3	Q_2	Q_1	Q_0	说明
0	×	×	×	×	0	0	0	0	清零
1	0	×	×	↑	D_3	D_2	D_1	D_0	置数
1	1	0	×	×	Q_3	Q_2	Q_1	Q_0	保持
1	1	×	0	×	Q_3	Q_2	Q_1	Q_0	保持
1	1	1	1	↑		加法	计数		

3）当 $\overline{CR} = \overline{LD} = 1$，$CT_P \cdot CT_T = 0$（即 CT_P、CT_T 至少有一个为 0）时，各触发器状态保持不变，进位输出端 CO 状态也保持不变。

4）当 $\overline{CR} = \overline{LD} = CT_P = CT_T = 1$ 时，计数器在 CP 脉冲的上升沿进行同步加法计数。

5）当计数溢出时，进位输出端 CO 输出一个高电平进位脉冲。

74LS161 可直接用来构成十六进制计数器，通过 $\overline{CR}$、$\overline{LD}$ 也可以方便地组成小于 16 的任意进制计数器（详见例 8-10）。

二、十进制计数器

二进制计数器电路结构简单，但人们对二进制的读数不习惯，因此在日常生产、生活中常使用十进制计数器。十进制计数器是在二进制计数器的基础上得出的，用 4 位二进制数来代表十进制的每一位数，所以也称为二 – 十进制计数器。

8421BCD 码十进制加法计数器的真值表，如表 8-13 所示。

表 8-13 十进制加法计数器真值表

计数脉冲数	二进制数				十进制数
	Q_3	Q_2	Q_1	Q_0	
0	0	0	0	0	0
1	0	0	0	1	1
2	0	0	1	0	2
3	0	0	1	1	3
4	0	1	0	0	4
5	0	1	0	1	5
6	0	1	1	0	6
7	0	1	1	1	7
8	1	0	0	0	8
9	1	0	0	1	9
10	0	0	0	0	进位

1. 同步十进制加法计数器

从表 8-13 可见，与二进制加法计数器不同的是当十进制加法计数器计到 1001 时，再来一个脉冲就变为 0000（而不是 1010），经过 10 个脉冲循环一次。即要求第二位触发器 Q_1 不得翻转，应保持 0 态，第四位触发器 Q_3 应翻转为 0。如果十进制加法计数器由 4 个主从型 JK 触发器组成，各触发器输入 J、K 的逻辑式如下：

1）最低位触发器 FF_0：每输入一个计数脉冲就变化一次，则 $J_0 = K_0 = 1$。

2）第二位触发器 FF_1：在 $Q_0 = 1$ 时，再来一个脉冲才翻转，但在 $Q_3 = 1$ 时不得翻转，故 $J_1 = Q_0 \overline{Q_3}$，$K_1 = Q_0$。

3）第三位触发器 FF_2：在 $Q_1 = Q_0 = 1$ 时，再来一个脉冲才翻转，故 $J_2 = K_2 = Q_1 Q_0$。

4）第四位触发器 FF_3：在 $Q_2 = Q_1 = Q_0 = 1$ 时，再来一个脉冲才翻转，且在 $Q_3 Q_2 Q_1 Q_0 = 1001$ 时，再来一个脉冲也翻转。故 $J_3 = Q_2 Q_1 Q_0$，$K_3 = Q_0$。

由上述逻辑式可画出由 JK 触发器组成的 1 位同步十进制加法计数器，如图 8-30 所示。该计数器的工作波形如图 8-31 所示。

74LS160 是常用的集成同步十进制加法计数器，它的外引线排列图、功能表与前述的 74LS161 同步 4 位二进制加法计数器完全相同。

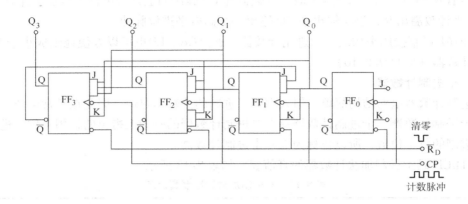

图 8-30　1 位同步十进制加法计数器

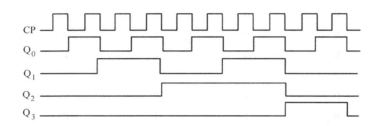

图 8-31　1 位同步十进制加法计数器工作波形图

2. 二－五－十进制异步加法计数器

74LS290、T4290 是常用的二－五－十进制计数器，其逻辑电路、外引线排列图分别如图 8-32、图 8-33 所示，其逻辑功能表如表 8-14 所示。

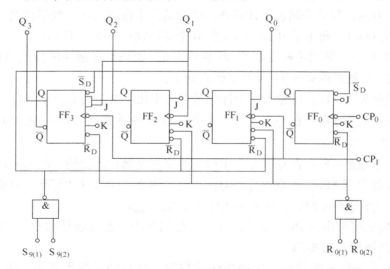

图 8-32　74LS290 逻辑电路

表 8-14　　74LS290 逻辑功能表

$R_{0(1)}$	$R_{0(2)}$	$S_{9(1)}$	$S_{9(2)}$	Q_3	Q_2	Q_1	Q_0
1	1	0	×	0	0	0	0
		×	0				
×	×	1	1	1	0	0	1
×	0	×	0		计数		
0	×	0	×		计数		
0	×	×	0		计数		
×	0	0	×		计数		

当 $S_{9(1)} = S_{9(2)} = 1$ 时，不管其他输入端的状态如何，计数器 $Q_3Q_2Q_1Q_0 = 1001$，即实现置 9 功能。

当 $R_{0(1)} = R_{0(2)} = 1$，且 $S_{9(1)}$ 与 $S_{9(2)}$ 不全为 1 时，不管其他输入端的状态如何，计数器 $Q_3Q_2Q_1Q_0 = 0000$，即实现清零功能。

当 $R_{0(1)}$ 与 $R_{0(2)}$ 不全为 1，且 $S_{9(1)}$ 与 $S_{9(2)}$ 也不全为 1 时，计数器具有计数功能，选择不同的输入、输出方式，可实现二－五－十进制三种计数功能。

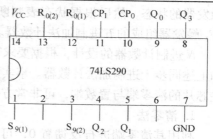

图 8-33　74LS290 外引线排列图

1）从 CP_0 输入计数脉冲，由 Q_0 端输出，实现 1 位二进制计数器。

2）从 CP_1 输入计数脉冲，由 Q_3、Q_2、Q_1 端输出，实现五进制计数器。其逻辑功能分析如下：

图中 FF_3、FF_2、FF_1 触发器输入端的逻辑式

$$J_1 = \overline{Q_3} \qquad K_1 = 1 \qquad CP_1 \text{ 触发}$$
$$J_2 = 1 \qquad K_2 = 1 \qquad Q_1 \text{ 触发}$$
$$J_3 = Q_1Q_2 \qquad K_3 = 1 \qquad CP_1 \text{ 触发}$$

首先清零，使 $Q_3Q_2Q_1 = 000$。在 CP_1 第一个脉冲下降沿到来后，各触发器的状态：①因 $J_1 = 1$，$K_1 = 1$，CP_1 有下降沿，则触发器 FF_1 翻转状态，即 Q_1 从 0 变为 1；②因 $J_2 = K_2 = 1$，但 $CP_2 = Q_1$ 是 0 变为 1，则触发器 FF_2 保持 0 状态；③$J_3 = 0$，$K_3 = 1$，$CP_3 = CP_1$ 有下降沿，触发器 FF_3 置 0。因此，在 CP_1 第一个脉冲到来后，计数器的状态 $Q_3Q_2Q_1 = 001$。在 CP_1 第二个脉冲下降沿到来后，Q_1 从 1 变为 0，即 CP_2 有下降沿，此时 $J_2 = K_2 = 1$，所以 FF_2 触发器翻转，Q_2 从 0 变为 1；$J_3 = 0$，$K_3 = 1$，Q_3 仍为 0。因此，在 CP_1 第二个脉冲到来后，计数器的状态 $Q_3Q_2Q_1 = 010$。一直分析到恢复 000 为止，该过程的状态表如表 8-15 所示。由表得出，这是五进制加法计数器。

表 8-15　　五进制计数器状态表

计数脉冲数	$J_3 = Q_1Q_2$	$K_3 = 1$	$J_2 = 1$	$K_2 = 1$	$J_1 = \overline{Q_3}$	$K_1 = 1$	Q_3	Q_2	Q_1
0	0	1	1	1	1	1	0	0	0
1	0	1	1	1	1	1	0	0	1
2	0	1	1	1	1	1	0	1	0
3	1	1	1	1	1	1	0	1	1
4	0	1	1	1	0	1	1	0	0
5	0	1	1	1	1	1	0	0	0

3）从 CP_0 输入计数脉冲，将 Q_0 端与 CP_1 端连接，由 Q_3、Q_2、Q_1、Q_0 端输出，实现异步十进制加法计数器。

结合 $S_{9(1)}$ 与 $S_{9(2)}$、$R_{0(1)}$ 与 $R_{0(2)}$ 端，用一片 74LS290 可以构成十进制以内的任意进制加法计数器（详见例8-8、例8-9）。

三、任意进制计数器

在实际工作中，除最常用的是二进制和十进制计数器外，还有其他任意进制（如3，4，5，6，7，…）的计数器，通称为 N 进制计数器。

N 进制计数器的分析步骤是：首先根据电路图写出驱动方程和触发脉冲，再依此决定各触发器的状态，然后根据状态表判断是几进制计数器。如上述分析 74LS290 中 FF_3、FF_2、FF_1 触发器组成的五进制加法计数器。

N 进制计数器的设计，根据要求写出状态表，再写出激励方程，最后画出逻辑电路图。如上述同步十进制加法计数器。事实上，集成二进制和十进制计数器已被普遍使用，利用这些芯片的清零端与置数端，可非常方便地构成任意进制计数器。

1. 清零法

利用其清零端进行反馈置0，可得出小于原进制的任意进制计数器。这一方法的原理是，当计数器累计到需要翻转复位的状态（数）时，通过门电路产生一个清零信号加到计数器复位端，强制计数器清零。下面以 74LS290 为例介绍采用清零法构成的任意进制计数器。

例8-8　利用 74LS290 分别构成异步七进制和九进制加法计数器。

解　（1）将 74LS290 的 Q_0 端与 CP_1 端相连，构成十进制计数器。

（2）7 的 8421BCD 码为 0111，故将 Q_2、Q_1、Q_0 分别接到三输入"与"门的输入端，"与"门的输出接到 $R_{0(1)}$ 和 $R_{0(2)}$ 端上，如图 8-34a 所示。当计数器计到 0111 时，"与"门输出清零信号，使计数器强迫清零，0111 状态转瞬即逝，显示不出，立即回到 0000。它经过 7 个脉冲循环一次故为七进制计数器，状态循环如图 8-35 所示。

9 的 8421BCD 码为 1001，由于只有 Q_3 和 Q_0 为 1，所以直接把 Q_3 和 Q_0 分别连到 $R_{0(1)}$ 和 $R_{0(2)}$ 端即可使计数器清零。图 8-34b 为九进制计数器的接线图。

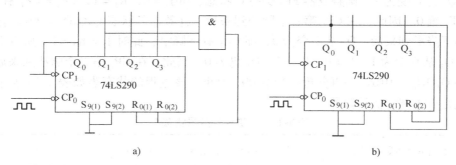

图 8-34　例8-8 的图

a）七进制计数器　b）九进制计数器

例8-9　用 74LS290 构成八十四进制计数器

解　由于 84 大于 10 小于 100，所以需要两片 74LS290 才能构成八十四进制计数器。先把两片 74LS290 接成一百进制计数器，然后利用清零功能把一百进制计数器改造为八十四进

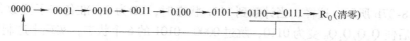

图 8-35 图 8-34a 七进制计数器状态循环图

制计数器。

（1）两片 74LS290 均接成十进制计数器，即 Q_0 端与 CP_1 端相连。再把个位片（Ⅰ）的进位端 Q_3 连到 10 位片（Ⅱ）的 CP_0 端，这是因为当个位片 $Q_3Q_2Q_1Q_0$ 从 1001 变为 0000 时，Q_3 端出现一个下降沿，因此把 Q_3 作为 10 位片的计数脉冲。

（2）由于 84 所对应的输出状态为 1000 0100，所以将 10 位片的 Q_3（即 Q_7）、个位片的 Q_2 分别连到两片的 $R_{0(1)}$、$R_{0(2)}$ 端，使计数器在第 84 个计数脉冲下降沿到来时复位为 0000 0000，如图 8-36 所示。

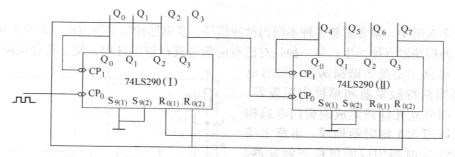

图 8-36 例 8-9 的图

2. 置数法

此法适用于具有并行预置数的计数器，如 74LS161 构成的任意进制计数器，既可以采用清零法，也可以采用置数法，置数法克服了清零法存在的有过渡状态和清零脉冲过窄、可靠性降低的缺点。下面以 74LS161 为例介绍采用置数法构成的任意进制计数器。

例 8-10 试用置数法将 74LS161 构成一个同步十进制加法计数器。

解 将预置数据输入端 $D_3 \sim D_0$ 预置为 0000，当第九个计数脉冲来到后，即 $Q_3Q_2Q_1Q_0 = 1001$，Q_3Q_0 通过"与非"门送至 $\overline{LD}$ 端，使 $\overline{LD} = 0$，当第十个计数脉冲来到后，$D_3 \sim D_0$ 预置的 0000 将送到 $Q_3 \sim Q_0$ 端，计数器清零。图 8-37a 为该计数器的外部接线图。

图 8-37a 中十进制计数器的状态 $Q_3Q_2Q_1Q_0$ 的变化规律为 0000 ~ 1001，相当于用原十六进制计数器前 10 个状态构成的十进制计数器。其实也可用后 10 个状态构成十进制计数器，这只需把 74LS161 的初态设置为 $16-10=6$（二进制码为 0110），进位输出 CO 经非门送至 $\overline{LD}$ 端即

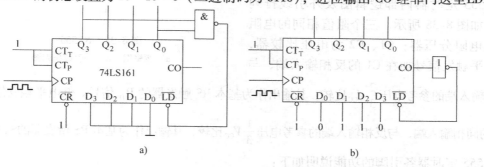

图 8-37 例 8-10 的图

可，如图8-37b 所示。这样，当计数到1111 状态时，$\overline{LD}$为 0，准备好了置数条件，当下一个脉冲到来后使 $Q_3Q_2Q_1Q_0$ 变为 0110，跳过 0000 ~ 0101 的 6 个状态，实现十进制计数。

练习与思考题

8.3.1　什么是异步计数器？什么是同步计数器？两者有何区别？

8.3.2　用维持阻塞型 D 触发器构成 4 位异步二进制加法计数器和减法计数器应如何连线？

8.3.3　利用集成计数器 74LS290 的异步置 9 端如何构成任意进制计数器（如 36）？

第四节　脉冲信号的产生与整形电路

在数字系统中，常常需要各种不同的脉冲信号，获取脉冲信号的方法通常有两种：一种是利用脉冲振荡器直接产生；另一种是对已有的信号进行整形处理，使之符合电路的要求。

脉冲产生电路主要是多谐振荡器；整形电路主要是施密特触发器和单稳态触发器。它们可以用分立元件或集成逻辑门电路构成，也可以用 555 定时器构成。本章主要讨论用 555 定时器构成的单稳态触发器、多谐振荡器、施密特触发器。

一、555 定时器

555 定时器是一种多用途的中规模集成电路，它的型号很多，但最后三位为 555（单定时器）或 556（双定时器），各种型号的 555 定时器芯片的功能和外引线排列图完全相同。CMOS 型 555 定时器有 CC7555、CC7556、ICM555、ICM7556。TTL 型 555 定时器有 5G1555、NE555。下面以 NE555 为例分析 555 定时器的工作原理及逻辑功能。

555 定时器内部逻辑图及外引线排列图，如图 8-38 所示。三个阻值相同的电阻组成电阻分压器；C1、C2 为电压比较器，高电平触发信号加在 C1 的反相输入端，与

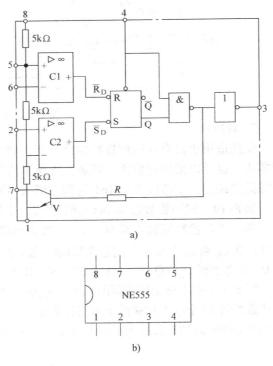

图 8-38　NE555

a）逻辑图　b）外引线排列图

同相输入端的参考电压 $\frac{2}{3}V_{CC}$ 比较，其输出作为基本 RS 触发器的 $\overline{R}_D$ 信号。低电平触发信号加在 C2 的同相输入端，与反相输入端的参考电压 $\frac{1}{3}V_{CC}$ 比较，其输出作为基本 RS 触发器的 $\overline{S}_D$ 信号。

555 定时器各引脚的功能说明如下：

8 是电源端，电源电压 V_{CC} 在 5 ~ 18V 范围内工作。

1 是接地端 GND。

6 是高电平触发端，当输入的触发电压低于 $\frac{2}{3}V_{CC}$ 时，C1 的输出为 1；当输入电压高于 $\frac{2}{3}V_{CC}$ 时，C1 输出 0，使 RS 触发器置 0。

2 是低电平触发端，当输入的触发电压高于 $\frac{1}{3}V_{CC}$ 时，C2 输出高电平 1；当输入电压低于 $\frac{1}{3}V_{CC}$ 时，C2 输出低电平 0，使 RS 触发器置 1。

3 是输出端，输出电流达 200mA，可直接驱动继电器、发光二极管、扬声器、指示灯等。输出高电平电压约低于电源电压 1 ~ 3V。

4 是复位端，输入负脉冲时，触发器直接置 0，平时 4 端保持高电平。

5 是电压控制端，若在该端外加一电压，可改变比较器的参考电压值。此端不用时，一般用 0.01μF 电容接地，以防止干扰电压的影响。

7 是放电端，当触发器的 $\overline{Q} = 1$ 时，晶体管 V 导通，外接电容器通过 V 放电。

由 555 定时器的逻辑图可得出其功能表如表 8-16 所示。

表 8-16　555 定时器的功能表

输　入			输　出	
高电平触发端	低电平触发端	复位端	输　出	放电管 V
×	×	0	0	导通
$< \frac{2}{3}V_{CC}$	$< \frac{1}{3}V_{CC}$	1	1	截止
$> \frac{2}{3}V_{CC}$	$> \frac{1}{3}V_{CC}$	1	0	导通
$< \frac{2}{3}V_{CC}$	$> \frac{1}{3}V_{CC}$	1	不变	不变

二、单稳态触发器

单稳态触发器有两个工作状态：一个为稳态；另一个为暂稳态。未加触发脉冲时，电路的工作状态为稳定状态；加触发脉冲后，电路从稳定状态翻转到暂稳态，暂稳态持续一段时间后，又自动翻转到原来的稳定状态。因为只有一个稳定状态，故称之单稳态触发器。

1. 555 定时器构成的单稳态触发器

图 8-39a 是由 555 定时器构成的单稳态触发器。R 和 C 是外接元件，触发脉冲由 2 端输入，电路的工作波形如图 8-39b 所示，工作原理分析如下：

（1）稳态　在触发脉冲输入之前 $(0 ~ t_1)$，u_I 为高电平，其电压大于 $\frac{1}{3}V_{CC}$，则比较器 C2 输出为 1，即 $\overline{S}_D = 1$。

若基本 RS 触发器的原状态 $Q = 0$，$\overline{Q} = 1$，则晶体管 V 饱和导通，$u_C \approx 0.3V$，故比较器 C1 的输出 1，即 $\overline{R}_D = 1$，触发器的状态保持不变，$Q = 0$。

若触发器的原状态 $Q = 1$，$\overline{Q} = 0$，则晶体管 V 截止，电源经 R 对电容 C 充电，u_C 上升，当 $u_C \geqslant \frac{2}{3}V_{CC}$ 时，比较器 C1 的输出 0，即 $\overline{R}_D = 0$，触发器置 0，使 $Q = 0$。

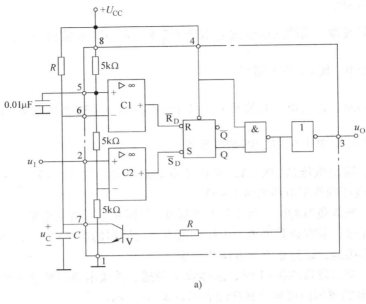

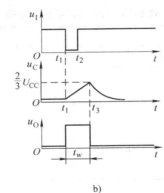

图 8-39　555 定时器构成的单稳态触发器

a) 电路图　b) 工作波形

由上述可得，在触发负脉冲未加入时，电路的稳定状态输出 $u_0 = 0$。

（2）暂稳态　在 t_1 时刻，u_I 输入触发负脉冲，其电压小于 $\frac{1}{3} V_{CC}$，比较器 C2 输出为 0，即 $\overline{S}_D = 0$，触发器置 1，即输出 $u_0 = 1$，电路进入暂稳状态。此时，$Q = 1$，$\overline{Q} = 0$，晶体管 V 截止，电源经 R 对电容 C 充电，u_C 上升，到 t_3 时刻，u_C 略高于 $\frac{2}{3} V_{CC}$，比较器 C1 输出为 0，即 $\overline{R}_D = 0$，触发器置 0，使输出恢复 $u_0 = 0$。同时电容 C 迅速放电，为下次触发做好准备。

从图 8-39b 的工作波形可知，u_0 输出脉冲的宽度 t_w，是 u_C 从 0（V 的饱和压降近似为 0）上升到 $\frac{2}{3} V_{CC}$ 所需的时间，u_C 的零状态响应方程为

$$u_C(t) = V_{CC}(1 - e^{-t/\tau})$$

其中充电时间常数 $\tau = RC$，当 $u_C = \frac{2}{3} V_{CC}$ 解得脉冲的宽度

$$t_w = RC\ln 3 \approx 1.1 RC \tag{8-7}$$

由上式可知改变电阻 R 或电容 C 的参数，可改变脉冲宽度。为保证电路正常工作，u_I 输入触发负脉冲的脉冲宽度应远小于 t_w。

2. 单稳态触发器的应用

单稳态触发器具有脉冲整形、定时和延时等功能，因而得到广泛应用。

（1）脉冲整形 当某一连续脉冲前、后沿的陡度不能满足要求，或者不能满足脉冲宽度与幅度均相同的要求时，可将其作为单稳态触发器的输入触发信号，就可在触发器的输出端获得具有相同脉冲宽度与幅度且前沿和后沿较陡的整形脉冲信号，如图 8-40 所示。

（2）定时 图 8-41 是单稳态触发器定时的典型应用。调整 R、C 的参数，可使单稳态触发器的输出脉冲宽度为 1s（某一定值），并把它作为"与"门输入信号之一，只有在 $u_B = 1$ 时，信号 u_A 才能通过"与"门，则计数器所计的数就是 1s 内"与"门输出的脉冲个数，也就是输入脉冲 u_A 的频率。

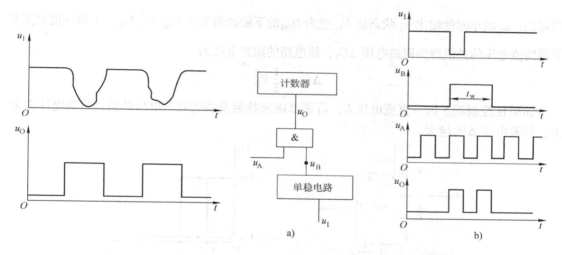

图 8-40 脉冲整形

图 8-41 单稳态触发器定时控制
a）逻辑图 b）波形图

（3）延时 指的是单稳态输出脉冲波形的下降沿较之触发脉冲的下降沿滞后了 t_w 时间。

图 8-42 是一个楼道照明灯控制电路。平时照明灯不亮，按下按钮 SB，照明灯 HL 被点亮，延时一定时间后照明灯自动熄灭，其工作原理如下。

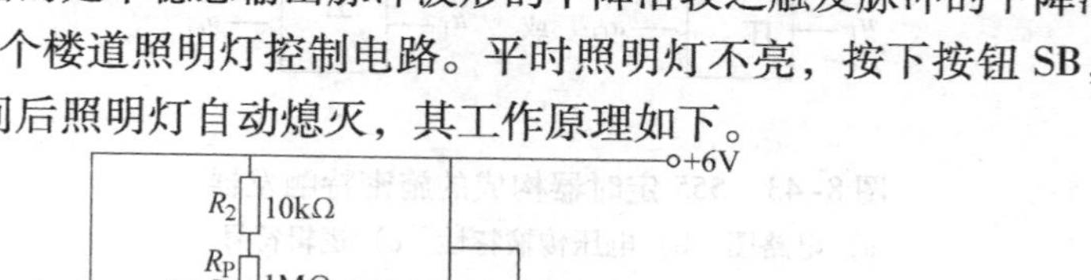

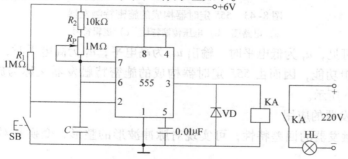

图 8-42 楼道照明灯控制电路

　　555 定时器构成单稳态触发器，接通 +6V 电源后，由于 SB 断开，2 端为高电平。电路处在稳态，触发器 3 端输出为低电平，继电器 KA 无电流通过，照明灯 HL 不亮。当按下 SB 时，2 端被接地，即 0V，单稳态触发器 3 端输出为高电平，继电器 KA 线圈得电吸合，其常开触点闭合，照明灯 HL 被点亮；经延时 t_w 后，单稳态电路恢复到稳态，即 3 端输出为低电平，照明灯 HL 熄灭。改变电路中电阻 R_P 或电容 C 的参数，均可改变 HL 亮灯持续时间 t_w。

*三、施密特触发器

1. 555 定时器构成的施密特触发器

　　将 555 定时器的高电平触发端 6 和低电平触发端 2 接到一起作为信号输入端，如图 8-43a 所示，就构成一施密特触发器。其电压传输特性如图 8-43b 所示。当输入电压 $u_I < \frac{1}{3}V_{CC}$ 时，输出 u_o 为高电平 U_{OH}；当 $\frac{1}{3}V_{CC} < u_I < \frac{2}{3}V_{CC}$ 时，u_o 保持高电平；当 $u_I > \frac{2}{3}V_{CC}$ 时，输出 u_o 为低电平 U_{OL}。u_I 增加时使输出 u_o 状态从 U_{OH} 变为 U_{OL} 的上限阈值电压 $U_{TH} = \frac{2}{3}V_{CC}$。由图可知，$u_I$ 减小时使输出 u_o 状态从 U_{OL} 变为 U_{OH} 的下限阈值电压 $U_{TL} = \frac{1}{3}V_{CC}$。上限阈值电压和下限阈值电压的差值称为回差电压 ΔU_T，该电路的回差电压为

$$\Delta U_T = \frac{1}{3}V_{CC}$$

　　如果在控制端 5 加一直流电压 U，可调节施密特触发器的回差电压的值，直流电压 U 越大，回差电压 ΔU_T 越大。

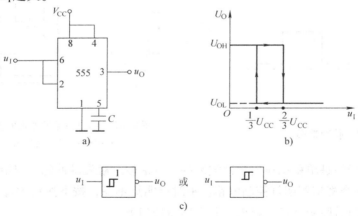

图 8-43　555 定时器构成的施密特触发器

a）电路图　b）电压传输特性　c）逻辑符号

　　由图 8-43b 可见，u_I 为低电平时，输出 u_o 为高电平；u_I 为高电平时，u_o 为低电平，呈现"非"门的逻辑功能，因而由 555 定时器构成的施密特触发器又称为施密特"非"门，其符号如图 8-43c 所示。

2. 施密特触发器的应用

　　利用施密特触发器的回差特性，可实现对脉冲波形的整形、变换和对脉冲幅度的鉴别等。

　　（1）脉冲整形　脉冲在传输中，常常会发生波形的畸变。例如，使波形前、后沿变得不

陡；在上升沿和下降沿产生振荡等。畸变的矩形脉冲通过施密特触发器整形，都可以得到比较理想的矩形波。两种整形的波形分别如图 8-44、图 8-45 所示。

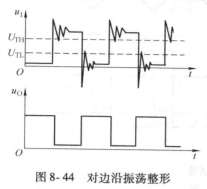

图 8-44 对边沿振荡整形

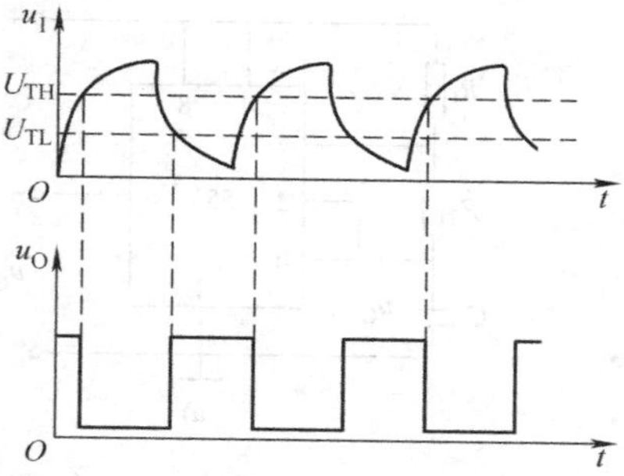

图 8-45 对边沿不陡整形

（2）波形变换 施密特触发器可以把边沿缓慢变化的波形变成矩形波，图 8-46 是将带有直流分量的正弦波变换成矩形波。

（3）脉冲幅度鉴别 利用施密特触发器可从信号幅度不等的一系列脉冲中，鉴别出幅度较大的脉冲。图 8-47 是在一系列脉冲中选出幅度大于 U_{TH} 的波形。U_{TH} 可通过 5 端加控制电压来调节。

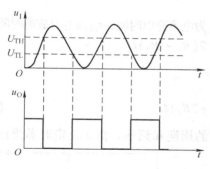

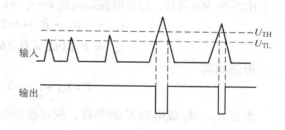

图 8-46 正弦波变换成矩形波

图 8-47 鉴别幅度大于 U_{TH} 的波形

四、多谐振荡器

多谐振荡器也称无稳态触发器，它没有稳定状态，同时不需外加触发脉冲，就能输出一定频率的矩形脉冲（自激振荡）。因为矩形波含有丰富的谐波，故称为多谐振荡器。图 8-48a 是由 555 定时器组成的多谐振荡器，R_1、R_2 和 C 是外接元件，电路的工作原理如下：

设接通电源时电容的初始电压 $u_C = 0$，即高电平触发端与低电平触发端的电压小于 $\frac{1}{3}V_{CC}$，比较器 C_2 输出为 0，C_1 输出为 1，即 $\overline{S}_D = 0$，$\overline{R}_D = 1$，基本 RS 触发器置 1，定时器输出 $u_O = 1$。此时，放电晶体管截止，电源 U_{CC} 经 R_1、R_2 向电容 C 充电，u_C 逐渐升高。当 u_C 上升到 $\frac{1}{3}V_{CC}$ 时，C_2 输出翻转为 1，这时 $\overline{S}_D = 1$，$\overline{R}_D = 1$ 触发器状态保持不变，输出 $u_O = 1$。

当 u_C 上升略高于 $\frac{2}{3}V_{CC}$ 时，比较器 C_1 输出为 0，这时 $\overline{S}_D = 1$，$\overline{R}_D = 0$，触发器置 0，定时器输出 $u_O = 0$。此时，放电晶体管导通，电容 C 通过 R_2 放电。u_C 按指数规律下降，u_C 小于

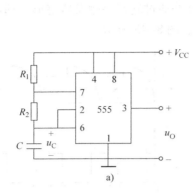
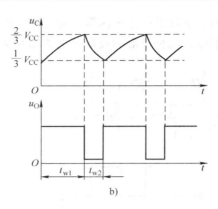

图 8-48　多谐振荡器

a) 电路图　b) 波形图

$\frac{2}{3}V_{CC}$，触发器状态保持不变（$\overline{S}_D = 1$，$\overline{R}_D = 1$），输出 $u_o = 0$。当 u_c 下降略低于 $\frac{1}{3}V_{CC}$ 时，C_2 比较器输出为 0，基本 RS 触发器置 1（$\overline{S}_D = 0$，$\overline{R}_D = 1$），输出 $u_o = 1$。此时，放电晶体管截止，电源 V_{CC} 又经 R_1、R_2 向电容 C 充电（初始电压 $u_c = \frac{1}{3}V_{CC}$），重复上述过程，此后的波形如图 8-48b 所示。

由图 8-48b 可知，矩形波振荡周期 $T = t_{w1} + t_{w2}$，t_{w1} 为电容充电时间，t_{w2} 为电容放电时间。

$$t_{w1} = (R_1 + R_2)C\ln2 = 0.7(R_1 + R_2)C$$
$$t_{w2} = R_2 C\ln2 = 0.7 R_2 C$$

振荡周期

$$T = t_{w1} + t_{w2} = 0.7(R_1 + 2R_2)C \tag{8-8}$$

改变 R_1、R_2 或电容 C 的参数，便可改变矩形波的周期和频率。由 555 定时器组成的多谐振荡器，最高工作频率可达 500kHz。

矩形波的占空比为一个周期内正脉宽与周期之比。图 8-48b 矩形波的占空比

$$D = \frac{t_{w1}}{t_{w1} + t_{w2}} = \frac{R_1 + R_2}{R_1 + 2R_2}$$

图 8-49 所示电路是占空比可以调整的多谐振荡器。利用二极管 VD_1、VD_2 将电容 C 的充放电电路分开，其充电回路是 V_{CC} 经 R_A、VD_1、C 到地；放电回路是电容 C 经 VD_2、R_B、V（555 内部的放电晶体管，7 端）到地。因此

图 8-49　占空比可以调整的多谐振荡器

$$t_{w1} = 0.7 R_A C$$
$$t_{w2} = 0.7 R_B C$$

占空比

$$D = \frac{t_{w1}}{t_{w1} + t_{w2}} = \frac{R_A}{R_A + R_B}$$

练习与思考题

8.4.1　单稳态触发器，施密特触发器和多谐振荡器各有什么用途？

8.4.2　怎样把 555 定时器接成施密特触发器？它的上限电平，下限电平各为多大？

8.4.3　由 555 定时器构成的单稳态触发器图 8-39，如果输入信号 U_1 的脉宽大于输出脉冲 U_0 的脉宽，则该单稳态触发器还能否正常工作？如不能，应怎样解决此问题？

*第五节　应 用 实 例

一、D 触发器组成的 4 人抢答电路

图 8-50 所示为 4 人参加智力竞赛的抢答控制电路。74LS175 是 4 上升沿 D 触发器，它的清零端 $\overline{R}_D$ 和时钟脉冲 CP 是 4 个 D 触发器共用的。抢答前先清零，$Q_1 \sim Q_4$ 均为 0，相应的发光二极管 LED 都不亮；$\overline{Q}_1 \sim \overline{Q}_4$ 均为 1，与非门 G_1 输出为 0，扬声器不响；同时，G_2 输出为 1，将 G_3 开通，时钟脉冲 CP 可以经过 G_3 进入 D 触发器的 CP 端。此时，由于 $S_1 \sim S_4$ 均未按下，$D_1 \sim D_4$ 均为 0，所以触发器的状态不变。

抢答开始，若 SB_1 首先按下，D_1 和 Q_1 均变为 1，相应的发光二极管亮；$\overline{Q}_1$ 变为 0，G_1 的输出为 1，扬声器响。同时，G_2 输出为 0，将 G_3 关断，时钟脉冲 CP 便不能经过 G_3 进入 D 触发器。由于没有时钟脉冲，因此再接着按其他按钮，就不起作用了，触发器的状态不会改变。

抢答判决完毕，清零，准备下次抢答用。

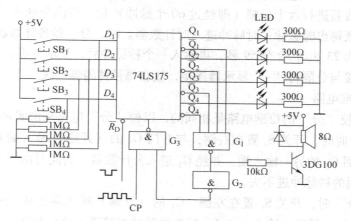

图 8-50　4 人参加智力竞赛的抢答控制电路

二、数字时钟

图 8-51 所示是数字钟的原理框图，它由下列三部分组成。

1. 标准秒脉冲发生电路

这部分电路由石英晶体振荡器和六级十分频器组成。

石英晶体的振荡频率极为稳定，因而用它构成的多谐振荡器产生的矩形波脉冲的稳定性很高。为了进一步改善输出波形，在其输出端再接一非门，作整形用。如果石英晶体振荡器的振荡频率为 1MHz（即 10^6 Hz），则经六级十分频后，输出脉冲的频率为 1Hz，即周期为

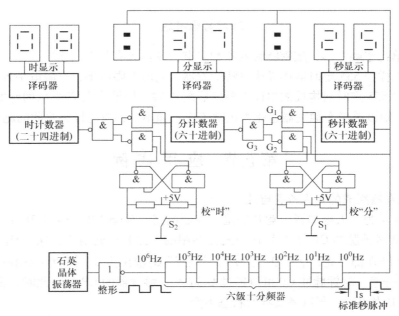

图 8-51　数字时钟原理框图

$1s$。此脉冲即为标准秒脉冲。

2. 时、分、秒计数、译码、显示电路

这部分包括两个六十进制计数器、一个二十四进制计数器以及相应的译码显示器。标准秒脉冲进入秒计数器进行六十分频（即经过 60 个脉冲）后，得出分脉冲；分脉冲进入分计数器再经六十分频得出时脉冲；时脉冲进入时计数器。时、分、秒各计数器的计数经译码显示。最大显示值为 23 小时 59 分 59 秒，再输入一个秒脉冲后，显示复零。

秒脉冲还直接与分隔符":"显示器连接，让它每秒钟闪烁一次。

3. 时、分校准电路

校"时"和校"分"的校准电路是相同的，以校"分"电路来说明时间的校准方法。

1）在正常计时时，开关 S_1 置在右侧，与非门 G_1 的（开通）输入端为 1，使秒计数器输出的分脉冲加到 G_1 的另一输入端，并经 G_3 进入分计数器。而此时由于 G_2 的（开通）输入端为 0，校准用的秒脉冲进不去。

2）在校"分"时，开关 S_1 置在左侧，G_1 的（开通）输入端为 0，秒计数器输出的分脉冲进不去；而 G_2（开通）输入端为 1，标准秒脉冲直接进入分计数器进行快速校"分"。

可见，G_1、G_2、G_3 构成的是一个 2 选 1 电路。

同理，在校"时"时，开关 S_2 置在左侧时，标准秒脉冲直接进入时计数器进行快速校"时"。

三、步进电动机的驱动电路

步进电动机的驱动电路主要由环行分配器和功率放大器两部分组成。

1. 环行分配器

图 8-52 所示是一种六拍通电方式的环行分配器。先清零，$Q_1Q_2Q_3 = 000$，即预置状态 $UVW = 001$。E 是转向控制端，E = 1，正转；E = 0，反转。6 个输入端表示与触发器相应输出端

相连，它们经过三个与非门和一个非门来控制各个触发器 J 和 K 的状态。其状态表如表 8-17 所示。

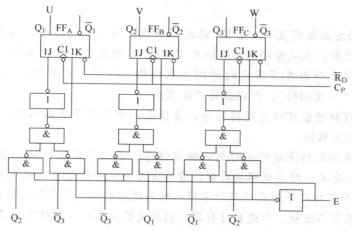

图 8-52 六拍环行分配器

表 8-17 六拍环行分配器的状态表

E	$\overline{R}_D$	J_1	K_1	J_2	K_2	J_3	K_3	Q_1 (U)	Q_2 (V)	$\overline{Q}_3$ (W)
1	0	1	0	0	1	0	1	0	0	1
1	1	1	0	0	1	1	0	1	0	1
1	1	1	0	1	0	1	0	1	0	0
1	1	0	1	1	0	1	0	1	1	0
1	1	0	1	1	0	0	1	0	1	0
1	1	0	1	0	1	0	1	0	1	1
1	1	1	0	0	1	0	1	0	0	1
0	0	0	1	1	0	0	1	0	0	1
0	1	0	1	1	0	1	0	0	1	1
0	1	1	0	1	0	1	0	1	1	0
0	1	1	0	0	1	1	0	1	0	0
0	1	1	0	0	1	0	1	1	0	0
0	1	0	1	1	0	0	1	1	1	1
0	1	0	1	1	0	0	1	0	1	1

　　由表可见，正转时，按 U→U，V→V→V，W→W→W，U→U→⋯的顺序轮流通电；反转时，按 U→U，W→W→W，V→V→V，U→U→⋯的顺序轮流通电。

2. 功率放大器

　　功率放大器的主要作用是将环行分配器输出的信号进行放大，并实现电流快速切换。在小型步进电动机的驱动电路中，常采用图 8-53 所示的功率放大电路，其中只显示出步进电动机的 U 相绕组。电阻 R 值较大，以减小时间常数 $\tau\left(\tau=\dfrac{L}{r+R}\right)$，从而加快电流的上升和下降。

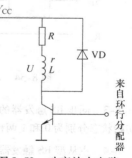

图 8-53 功率放大电路

本 章 小 结

1. 基本RS触发器具有置0、置1、保持等功能；同步触发器可以实现时钟同步控制，但存在"空翻"现象；主从型触发器能防止"空翻"，但存在"一次翻转"现象。而边沿型触发器在时钟脉冲上升沿或下降沿的瞬间才采样输入信号，同时进行状态转换，能防止"空翻"，且没有"一次翻转"，所以获得广泛应用。

2. 触发器的逻辑功能可以用逻辑符号、真值表、波形图等不同的形式来表示，触发器的逻辑功能可以相互转换。

3. 时序逻辑电路的特点是任一时刻的输出信号，不仅和当时的输入信号有关，而且还与电路原来的状态有关。时序电路按时钟特点可分为异步时序电路和同步时序电路两种。

4. 由触发器和逻辑门等组成的两种常用的时序逻辑电路：寄存器和计数器。

常用的计数器有二进制、十进制计数器。利用反馈清零法、反馈置数法等可将集成计数器（二进制、十进制）改接成任意进制计数器。

寄存器用于存放多位二进制数码，它分为数码寄存器和移位寄存器，数码寄存器具有串行、并行输入输出及保持（记忆）等功能。移位寄存器除了具有数码寄存器的功能外，还具有移位功能。

5. 555定时器外接适当的电阻与电容，可构成单稳态触发器、施密特触发器和多谐振荡器等电路。

单稳态触发器和施密特触发器能将其他形状的周期性信号变换成矩形波，起到整形作用。

多谐振荡器不需要外加输入信号，只要接通供电电源，就自动产生矩形脉冲信号，其振荡频率取决于外接电阻与电容的参数值。

习 题 八

8-1　基本RS触发器输入端$\overline{R}_D$和$\overline{S}_D$的波形如图8-54所示，试画出输出端Q和$\overline{Q}$的波形（初始状态分别为0和1两种情况）。

8-2　如图8-55所示逻辑图，试分析其逻辑功能，说明它是什么类型的触发器，画出它的逻辑符号。

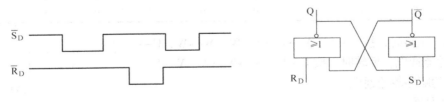

图8-54　习题8-1的图　　　　　　　图8-55　习题8-2的图

8-3　同步RS触发器的时钟脉冲CP、输入端R、S的波形如图8-56所示，试画出输出端Q的波形（初始状态分别为0和1两种情况）。

8-4　主从型RS触发器各输入端的波形如图8-57所示，画出对应时刻的Q和$\overline{Q}$端波形。

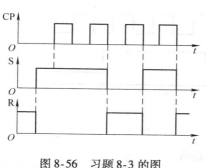

图 8-56 习题 8-3 的图

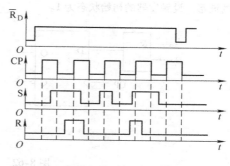

图 8-57 习题 8-4 的图

8-5 JK 触发器的时钟脉冲 CP、输入端 J、K 的波形如图 8-58 所示，设触发器的初始状态为 0。(1) 画出主从型 JK 触发器输出端 Q 的波形。(2) 画出上沿触发的边缘型 JK 触发器输出端 Q 的波形。

8-6 D 触发器的 CP、$\overline{R}_D$、D 的波形如图 8-59 所示，试分别画出维持阻塞型与主从型 D 触发器输出端 Q 的波形。

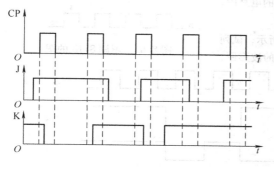

图 8-58 习题 8-5 的图

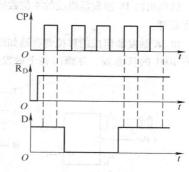

图 8-59 习题 8-6 的图

8-7 已知 JK 触发器、D 触发器的不同连接方式如图 8-60 所示，试画出在时钟脉冲 CP 的作用下，各触发器输出端 Q 的波形。设各触发器初始状态均为 0。

8-8 JK 触发器的连接如图 8-61 所示，试画出在时钟脉冲 CP 作用下 Q_1 和 Q_2 的波形。如果 CP 脉冲的频率是 1000Hz，试计算 Q_1 和 Q_2 波形的频率。设初始状态 $Q_1 = Q_2 = 0$。

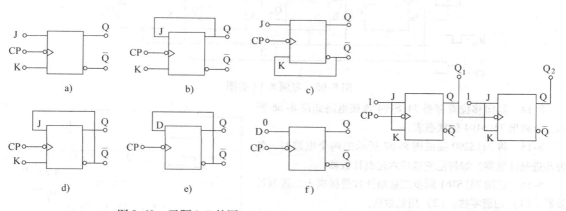

图 8-60 习题 8-7 的图   图 8-61 习题 8-8 的图

8-9 图 8-62a 所示的 D 触发器连接图，时钟脉冲 CP、输入端 A、B 的波形如图 8-62b 所示，试画出输出端 Q 的波形。设触发器的初始状态为 1。

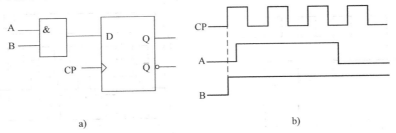

a)

图 8-62 习题 8-9 的图

8-10 逻辑电路如图 8-63 所示，试画出在时钟脉冲 CP 作用下 Q_1 和 Q_2 的波形。设初始状态 $Q_1 = Q_2 = 0$。

8-11 如图 8-64a 所示的电路，时钟脉冲 CP、输入端 A、B 的波形如图 8-64b 所示，试画出输出端 Q 的波形。设触发器的初始状态为 0。

8-12 试画出由 JK 触发器组成的 4 位数码寄存器的电路图，并说明工作原理。

8-13 由 JK 触发器组成的移位寄存器如图 8-65 所示，试列出输入数码 1001 的状态表，并画出各个触发器 Q 端的波形图，

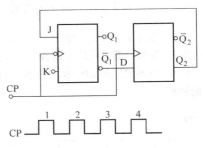

图 8-63 习题 8-10 的图

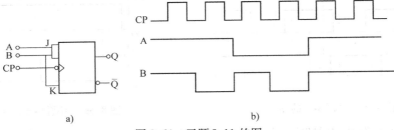

a)   b)

图 8-64 习题 8-11 的图

设各触发器初态均为 0。

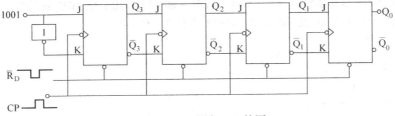

图 8-65 习题 8-13 的图

8-14 双向移位寄存器 74LS194 连接电路如图 8-66 所示，试列出 74LS194 的状态表。

8-15 将 74LS290 接成图 8-67 所示的两个电路时，各为几进制计数器？如何把它接成六进制计数器。

8-16 试用 74LS161 同步二进制计数器接成十二进制计数器。（1）用清零法；（2）用置数法。

8-17 试列出图 8-68 所示计数器的状态表，说明它是几进制计数器。设初始状态为 000。

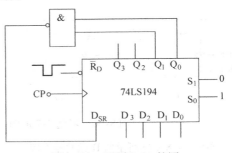

图 8-66 习题 8-14 的图

8-18　在图 8-69 所示时序电路中，设各触发器的初态为 $Q_3 Q_2 Q_1 = 100$。试分析该时序电路的逻辑功能，并说明该时序电路能否自启动。

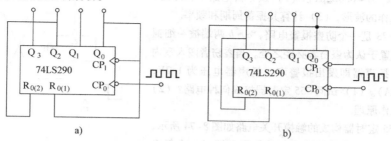

图 8-67　习题 8-15 的图

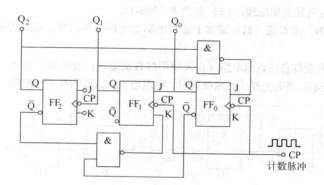

图 8-68　习题 8-17 的图

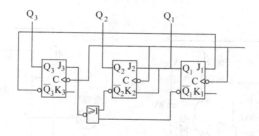

图 8-69　习题 8-18 的图

8-19　试分析图 8-70 所示时序电路的逻辑功能，设初态 $Q_3 Q_2 Q_1 = 000$。

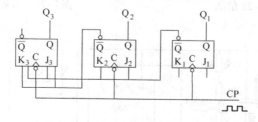

图 8-70　习题 8-19 的图

8-20　"与非"门组成的微分型单稳态触发器如图 8-71 所示，试分析其工作原理，并画出电路工作的波形图。

8-21　RC 环形多谐振荡电路如图 8-72 所示，其中 $R = 200\Omega$，$R' = 100\Omega$，$C = 0.022\mu F$。（1）试分析电路工作原理；（2）画出电路工作的波形；（3）计算其振荡周期和频率。

8-22　图 8-73 是一个防盗报警电路，a、b 两端被一细铜丝接通，此铜丝置于认为盗窃者必经之处。当盗窃者闯入室内将铜丝碰断后，扬声器即发出报警声（扬声器电压为 1.2V，通过电流为 40mA）。（1）试问 555 定时器接成何种电路？（2）分析该电路的工作原理。

8-23　用 555 定时器构成的触摸开关电路如图 8-74 所示，当用手摸一下金属片，人体的感应信号加到 2 端（一个低电平信号），使 3 端输出高电平，HL 灯就会亮，并经过一定时间自动熄灭。（1）试说明其工作原理；（2）如果 $R = 390\mathrm{k}\Omega$，触摸后灯亮的时间为 20s，求 C 值（输出端加上适当的驱动电路可接门铃、短时用照明灯、厨房排烟风扇等）。

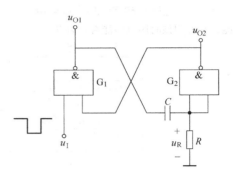

图 8-71　习题 8-20 的图

8-24　图 8-75 是照明灯自动点熄电路（白天照明灯自动熄灭，夜晚自动点亮）。图中 R 是光敏电阻，当受光照射时，电阻变小；当无光照或光照微弱时，电阻增大。试说明其工作原理。

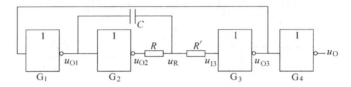

图 8-72　习题 8-21 的图

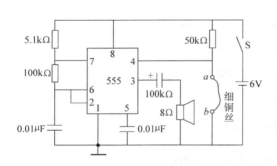

图 8-73　习题 8-22 的图

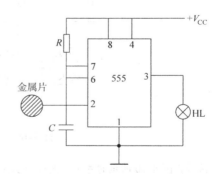

图 8-74　习题 8-23 的图

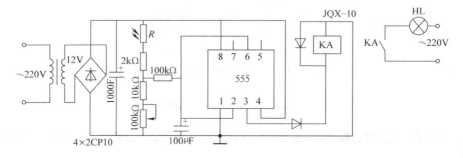

图 8-75　习题 8-24 的图

8-25 用集成单稳 74LS123 和集成移位寄存器 74LS194 组成的彩灯控制器如图 8-76 所示, 试分析工作过程, 并按图中的 CP 移位脉冲, 画出各输出端 (Q_A、Q_B、Q_C、Q_D、Q_1、Q_2) 的波形。

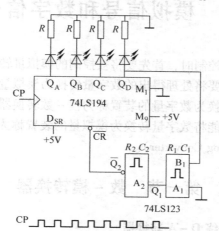

图 8-76 习题 8-25 的图

*第九章 模拟信号和数字信号的转换

当计算机用于生产过程控制时，首先要将被控制的模拟量转换为数字量，才能送入计算机进行运算和处理；然后又要将处理得出的数字量转换为模拟量，才能实现对被控制的模拟量进行控制。能将模拟量转换为数字量的装置称为模－数转换器，简称 A－D 转换器或 ADC（Analog-Digital Converter）；能将数字量转换为模拟量的装置称为数－模转换器，简称 D－A 转换器或 DAC（Digital-Analog Converter）。

第一节　数－模转换器

一、$R-2R$ 梯形电阻网络 D－A 转换器

$R-2R$ 梯形电阻网络的基本结构如图 9-1 所示。由节点 AA 向右看的等效电阻值为 R，而由 BB、CC、DD 各点向右看的等效电阻值也都是 R。因此有：

$$I_R = \frac{U_R}{R}$$

$$I_3 = \frac{1}{2}I_R = \frac{U_R}{2R}$$

$$I_2 = \frac{1}{2}I_3 = \frac{1}{2}\frac{U_R}{2R}$$

$$I_1 = \frac{1}{2}I_2 = \frac{1}{2^2}\frac{U_R}{2R}$$

$$I_0 = \frac{1}{2}I_1 = \frac{1}{2^3}\frac{U_R}{2R}$$

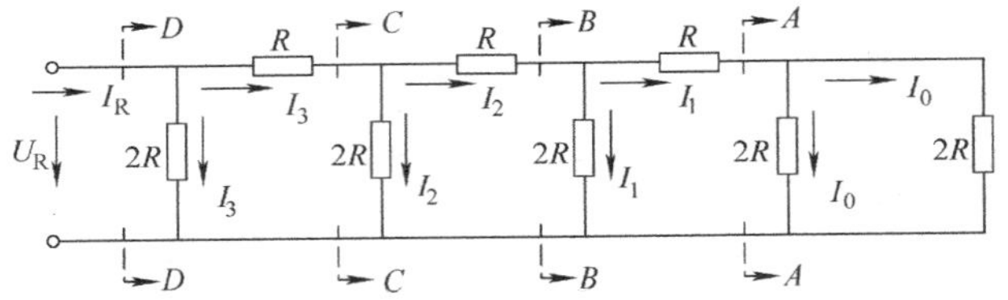

图 9-1　$R-2R$ 梯形电阻网络

4 位二进制数 $R-2R$ 梯形网络 D－A 转换器如图 9-2 所示。$d_3 \sim d_0$ 是 4 位二进制输入信号，d_3 为高位，d_0 为低位。$S_3 \sim S_0$ 是 4 个电子模拟开关，分别受 $d_3 \sim d_0$ 信号控制；当二进制代码为 1 时，开关合到运算放大器输入一侧，该支路电流成为运放输入电流 I_{01} 的一部分；当二进制代码为 0 时，开关合到接地的一侧。因此运算放大器输入电流 I_{01} 为

$$
\begin{aligned}
I_{01} &= I_3 d_3 + I_2 d_2 + I_1 d_1 + I_0 d_0 \\
&= \frac{U_R}{2R}d_3 + \frac{1}{2}\frac{U_R}{2R}d_2 + \frac{1}{2^2}\frac{U_R}{2R}d_1 + \frac{1}{2^3}\frac{U_R}{2R}d_0 \\
&= \frac{U_R}{2^4 R}\left(d_3 \times 2^3 + d_2 \times 2^2 + d_1 \times 2^1 + d_0 \times 2^0\right)
\end{aligned}
\tag{9-1}
$$

其输出电压 U_0 为

$$
\begin{aligned}
U_0 &= -I_{01} R_F \\
&= -\frac{U_R}{2^4}\frac{R_F}{R}\left(d_3 \times 2^3 + d_2 \times 2^2 + d_1 \times 2^1 + d_0 \times 2^0\right)
\end{aligned}
\tag{9-2}
$$

式中"－"表示输出电压的极性。即输出模拟电压 U_0 的大小与输入的数字信号 $d_3 \sim d_0$ 的状

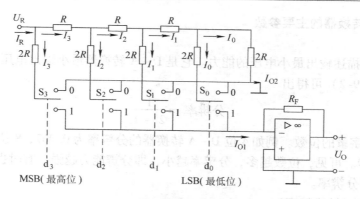

图 9-2 R-$2R$ 梯形网络 D－A 转换器

态以及位权成正比。这种网络可以类推到 n 级，即输入数码为 n 位二进制数码时，输出模拟量与输入数字量之间关系的一般表达式为

$$U_O = -\frac{U_R}{2^n}\frac{R_F}{R}\left(d_{n-1}\times 2^{n-1} + d_{n-2}\times 2^{n-2} + \cdots + d_0 \times 2^0\right) \tag{9-3}$$

括号中是二进制数按"权"展开式，表明转换后的模拟电压的大小与输入的数字量成正比。

R－$2R$ 梯形网络 D－A 转换器具有动态性能好、转换速度快的优点，是目前应用最为广泛的一种 D－A 转换器。

例 9-1 已知 R-$2R$ 梯形网络 D－A 转换器中 $R = R_F = 20\text{k}\Omega$，$U_R = 10\text{V}$，试分别求出 4 位和 8 位 D－A 转换器的输出最小电压、最大电压。

解 根据式（9-3）求出 4 位 D－A 转换器（$d_3 \sim d_0 = 0001$）输出最小电压 U_{Omin}、（$d_3 \sim d_0 = 1111$）最大电压 U_{Omax}：

$$U_{Omin} = -\frac{10}{2^4}\frac{R}{R}1\text{V} = -0.63\text{V}$$

$$U_{Omax} = -\frac{10}{2^4}\frac{R}{R}\left(2^4 - 1\right)\text{V} = -9.37\text{V}$$

同理求出 8 位 D－A 转换器输出最小电压、最大电压：

$$U_{Omin} = -\frac{10}{2^8}\frac{R}{R}1\text{V} = -0.04\text{V}$$

$$U_{Omax} = -\frac{10}{2^8}\frac{R}{R}\left(2^8 - 1\right)\text{V} = -9.96\text{V}$$

例 9-2 已知 R－$2R$ 梯形网络 D－A 转换器中 $R_F = 2R$，$U_R = 10\text{V}$，试求出 8 位 D－A 转换器的输出最小电压、最大电压。

解 根据式（9-3）求出 8 位 D－A 转换器的输出最小电压、最大电压：

$$U_{Omin} = -\frac{10}{2^8}\frac{2R}{R}1\text{V} = -0.08\text{V}$$

$$U_{Omax} = -\frac{10}{2^8}\frac{2R}{R}\left(2^8 - 1\right)\text{V} = -19.92\text{V}$$

由上述例题得出，在 U_R 和 R_F 相同条件下，D－A 转换器位数越多，输出最小电压越小，输出最大电压越大；在 U_R 和位数相同条件下，R_F 大输出电压也大。

二、D－A 转换器的主要参数

1. 分辨率

分辨率用来描述输出最小电压的能力。它是 D－A 转换器最小输出电压与最大输出电压之比。根据式（9-2）可得出

$$分辨率 = \frac{1}{2^n - 1} \tag{9-4}$$

式中，n 表示数字量的位数。例如 4 位 D－A 转换器的分辨率为 0.067，8 位 D－A 转换器的分辨率为 0.0039。可见，位数越多，分辨率越小，即分辨能力越强。有时也直接用 D－A 转换器的位数表示分辨率。

2. 转换误差（转换精度）

转换误差是指输出模拟电压的实际值与理论值之差，即最大静态转换误差。转换误差常用输出满刻度 FSR 的百分数表示，也有用最低有效位的倍数来表示。例如 AD7520 的线性误差等于 0.05% FSR，即表示转换误差等于满刻度的万分之五。如果给出的转换误差等于 $\frac{1}{2}$LSB，即表示输出电压的绝对误差等于输入只有最低位有效（为 1）时其输出电压的一半。

D－A 转换器产生误差的主要原因有参考电压 U_R 的波动，运算放大器的零点漂移，电阻网络中电阻的阻值偏差，模拟开关的导通电阻和导通电压的变化等。

3. 非线性误差

D－A 转换器产生非线性误差的两种原因是：①由于模拟开关的导通电阻和导通电压不仅不等于 0，而且每个模拟开关的导通电阻和电压也不等。另外，模拟开关接 U_R 和接地时的压降也不一定相等；②电阻网络中的电阻值存在偏差，每个支路的阻值偏差也不同，不同支路上的电阻阻值偏差对输出电压的影响也不同。

4. 输出电压（电流）的建立时间

建立时间通常规定为输入由全 0 变为全 1 或由全 1 变为全 0 起，到输出稳定电压（电流）所需的时间。建立时间越短，说明该 D－A 转换器的转换速度越快。

D－A 转换器的指标不只这些，在使用时还必须查阅有关手册，了解其他参数。

三、集成 D－A 转换器

完整的集成 D－A 转换器电路包括 4 个功能模块，如图 9-3 所示。按其组成结构（即功能模块），集成 D－A 转换器可分为以下三种类型：

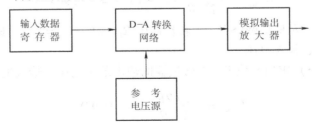

图 9-3　完整的集成 D－A 转换器电路

1. 无锁存无放大型

早期的集成 D－A 转换器只包含图 9-3 中的 D－A 转换网络，只具有从数字输入量到模拟电流输出量转换的功能。例如 AD7520 是十位 CMOS 型集成 D－A 转换器，其电路和图 9-

2 相似，但运算放大器是外接的。这类 D－A 芯片只能与具有数字输出寄存功能的 I/O 口相连，否则须外加数字输入寄存器。

2. 有锁存无放大型

这类 D－A 转换器具有数字输入寄存功能，能与 CPU 数据总线直接相连，使用时需外接运算放大器。例如 DAC0832，它是 CMOS 型单片 8 位 D－A 转换器，其结构框图和外引线排列图如图 9-4 所示。

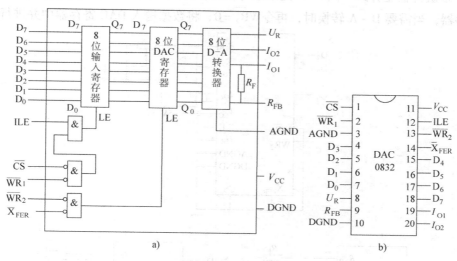

图 9-4 DAC0832

a）结构框图 b）外引线排列图

DAC0832 各引脚的功能如下：

$D_7 \sim D_0$ 是 8 位数字信号输入端。

$\overline{CS}$ 是片选信号端，低电平有效。

ILE 是允许输入锁存，高电平有效。当 ILE = 1，且 $\overline{CS}$、$\overline{WR}_1$ 均为 0 时，输入数据 $D_7 \sim D_0$ 写入输入寄存器；当 ILE = 0 时，输入数据被锁存（保持）。

$\overline{WR}_1$ 是写信号 1，低电平有效。当 $\overline{CS} = 0$、ILE = 1，且 $\overline{WR}_1 = 0$ 时，允许写入输入数据。

$\overline{X}_{FER}$ 是传送控制信号端，低电平有效。它与 $\overline{WR}_2$ 配合使用。

$\overline{WR}_2$ 是写信号 2，低电平有效。当 $\overline{WR}_2 = 0$ 且 $\overline{X}_{FER} = 0$ 时，可将输入寄存器的数字量传到 DAC 寄存器，同时 D－A 转换器开始转换。

I_{01} 是 D－A 转换器输出电流 1，当 DAC 寄存器全为 1 时，输出电流最大；当 DAC 寄存器全为 0 时，输出电流为 0。通常接运放的反相输入端。

I_{02} 是 D－A 转换器输出电流 2。通常接地。

U_R 是参考电压输入端。在 $-10 \sim +10V$ 范围内选取。

V_{CC} 是电源端，可在 $+5 \sim 15V$ 范围内选取。

DGND 数字电路地端。

AGND 模拟电路地端。

DAC0832 有三种工作方式如下：

（1）直通方式 图 9-5a 是直通方式，将 $\overline{WR}_1$、$\overline{WR}_2$、$\overline{CS}$、$\overline{X}_{FER}$ 全接地，则 DAC0832 两

个寄存器都处于常通状态，输入数据直接经两寄存器到 D－A 转换器进行转换，故称直通型工作方式。此时 DAC0832 相当于一个没有输入寄存器的 D－A 转换器。

（2）单缓冲方式 图 9-5b 是单缓冲器工作方式，DAC 寄存器处于常通状态，当需要 D－A 转换时，令 $\overline{WR_1}=0$，将输入数据写入到输入寄存器，同时传到 DAC 寄存器中并进行转换。

（3）双缓冲器型方式 图 9-5c 是双缓冲器工作方式。先令 $\overline{WR_1}=0$，将输入数据先写入输入寄存器，当需要 D－A 转换时，再令 $\overline{WR_2}=0$，将数据送入 DAC 寄存器中并进行转换。

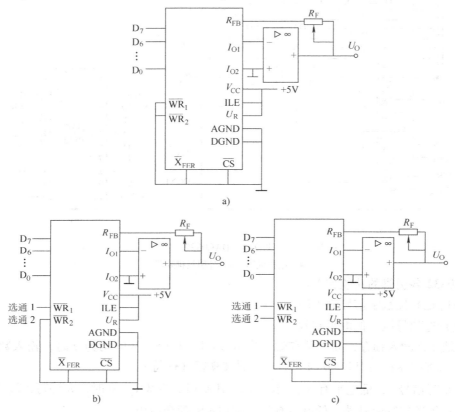

图 9-5 DAC0832 的工作方式

a）直通方式 b）单缓冲方式 c）双缓冲方式

3．有锁存有放大型

近期生产的 D－A 转换器，包含了图 9-3 所示的 4 部分功能电路，芯片内部带有参考电压源、输出放大器，可实现模拟电压的单极性或双极性输出。例如 DAC82 是 CMOS 型有锁存有放大的 8 位 D－A 转换器。

练习与思考题

9.1.1 D－A 转换器用于什么场合？

9.1.2 D－A 转换器由哪几部分组成？影响 D－A 转换器转换精度的主要因素有哪些？

9.1.3 某 10 位 DAC 的满刻度输出电压值为 10V，则其所能分辨的最小输出电压增量是多少？

第二节　模－数转换器

模－数转换器（ADC）可分为直接 A－D 转换器和间接 A－D 转换器两大类。直接 A－D 转换器把输入模拟信号直接转换成相应的数字信号，具有工作速度高、转换精度容易保证的特点。如逐次逼近型 A－D 转换器、并行比较型 A－D 转换器、计数型 A－D 转换器等；间接 A－D 转换器先把输入模拟信号转换成某种中间变量（频率、时间等），然后再将中间变量转换为数字量信号，因此，工作速度较低，但转换精度较高，抗干扰能力强，在测量仪表中得到广泛应用。如单积分型 A－D 转换器、双积分型 A－D 转换器等。本节只讨论几种目前应用较广的集成 A－D 转换器的工作原理。

一、逐次逼近型 A－D 转换器

图 9-6 是逐次逼近型 A－D 转换器的结构框图，图中 CMP 是电压比较器，SAR 是逐次逼近寄存器（数据移位寄存器），用于寄存比较结果和提供 D－A 转换器的转换数码。逐次逼近型 A－D 转换器的位数即内部 SAR 和 D－A 转换器的位数。n 位逐次逼近型 A－D 转换器的工作过程如下：

转换开始前，逐次逼近寄存器 SAR、D－A 转换器清零。

收到转换开始指令后的第一节拍（脉冲），首先将逐次逼近寄存器 SAR 的最高位预置 1，使输出数字量为 $100\cdots0$，这组数码经 D－A 转换器转换成相应的模拟电压 U_Σ，并与输入模拟电压 U_X 比较。

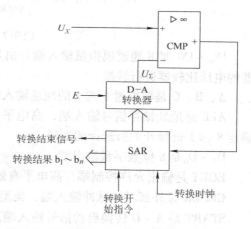

第二节拍前半节拍，根据比较结果确定最高位数码是 1 还是 0。若 $U_\Sigma < U_X$，说明数字量不够大，应将最高位数码的 1 保留；若 $U_\Sigma > U_X$，表明数字量太大，应将最高位数码定为 0；后半节拍，将 SAR 的次高位预置 1，然后再按上述方法如此逐位比较下去，一直进行到最低位为止。

图 9-6　逐次逼近型 A－D 转换器的结构框图

第 $n+1$ 节拍，根据比较结果确定最低位数码是 1 还是 0。

第 $n+2$ 节拍，SAR 发出转换结束信号，允许读取转换结果。逐次逼近寄存器中的状态就是与模拟电压 U_X 对应的数字量。

逐次逼近型 A－D 转换器转换的数码是由高位到低位逐位确定的，每一位都先预置为 1，随后再根据比较结果决定这一位是 1 还是 0，整个转换过程共需 $n+2$ 个时钟周期，A－D 转换器位数越多，转换时间越长。

转换结束时 D－A 转换器输出电压 U_Σ 与模拟输入电压 U_X 之差

$$\varepsilon = |\, U_\Sigma - U_X \,| \leqslant q = \frac{E}{2^n} \tag{9-5}$$

例 9-3　8 位逐次逼近型 A－D 转换器，设其内部 D－A 转换器的基准电压 $E = 10\text{V}$，若输入模拟电压 $U_X = 6.25\text{V}$，试计算 A－D 转换器的转换结果。

解　A – D 转换器中的 8 位 D – A 转换器，输入数字量的最低位 1 表示模拟电压

$$q = \frac{E}{2^n} = \frac{10}{2^8}\text{V} = 0.0390625\text{V}$$

$U_X = 6.25\text{V}$，其转换结果为

$$\frac{U_X}{q} = \frac{6.25}{0.0390625} = 160$$

写成二进制数为 10100000。

目前常用的单片集成逐次逼近型 A – D 转换器一般为 8 ~ 12 位，如 ADC0809 是 CMOS 8 位 A – D 转换器，它的外引线排列图如图 9-7 所示，ADC0809 各引脚的功能如下：

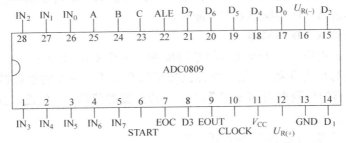

图 9-7　外引线排列图

IN_0 ~ IN_7 是 8 通道模拟量输入端。由 8 选 1 选择开关选择其中某一通道送往 A – D 转换器的电压比较器进行转换。

A、B、C 是模拟量 8 选 1 的地址输入端。

ALE 是地址锁存信号输入端，高电平有效。在该信号的上升沿将 ABC 的状态锁存，以确定 8 选 1 选择开关所选择的通道。

D_7 ~ D_0 是 8 位数字量输出端。

EOUT 是输出允许控制端，高电平有效。

CLOCK 是外部时钟脉冲输入端，典型频率为 640kHz。

START 是 A – D 转换启动信号输入端。在该信号的上升沿将内部所有寄存器清零，而在其下降沿使 A – D 转换工作开始。

EOC 是 A – D 转换结束信号端，高电平有效。当转换结束时，EOC 从低电平转为高电平。

V_{CC} 是电源端，工作电压为 +5V。

GND 是接地端。

$U_{R(+)}$ 和 $U_{R(-)}$ 是正、负参考电压的输入端。该电压确定输入模拟量的电压范围。一般 $U_{R(+)}$ 接 V_{CC} 端，$U_{R(-)}$ 接 GND 端；当电源电压 V_{CC} 为 +5V 时，模拟量的电压范围为 0 ~ +5V。

二、双积分型 A – D 转换器

典型的双积分型 A – D 转换器的结构如图 9-8 表示，它的一次 A – D 转换过程可以分成三个工作阶段来描述。

（1）对输入电压 U_1 积分（T_1）阶段　模拟开关 S_1 导通，其他开关断开，积分电路对输入电压 U_1 积分。当输入电压 U_1 为正时，积分器输出电压 u_A 向负渐增，如图 9-9 所示；当输

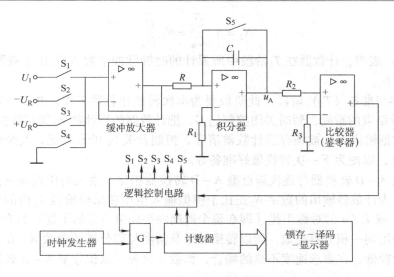

图 9-8 双积分式 A - D 转换器的结构图

入电压 U_1 为负时，积分器输出电压 u_A 向正渐增。

T_1 是一定值，通常是计数器对时钟脉冲从 0 累计到 N_1（即满度计数值 N_{FS}）所对应的时间。所以 T_1 阶段结束时积分器的输出电压为

$$U_A = -\frac{1}{RC}\overline{U_1}T_1 \tag{9-6}$$

式中，$\overline{U_1}$ 为 T_1 阶段中 U_1 的积分平均值。

（2）对参考电压回积（T_2）阶段 如果 T_1 阶段中 $U_1 > 0$，则模拟开关 S_2 导通，其余开关断开。积分电路对参考电压（$-U_R$）积分，使积分器的输出回积到 0。u_A 在 T_2 阶段的波形图如图 9-9 所示。反之，如果 T_1 阶段中 $U_1 < 0$，则模拟开关 S_3 导通，其余开关断开。积分电路对参考电压（$+U_R$）

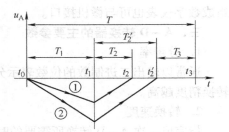

① — U_1 较小时之积分器输出波形。
② — U_1 较大时之积分器输出波形。

图 9-9 积分器输出电压波形图

积分，使积分器的输出回积到 0。由于 T_2 阶段积分器对固定的参考电压积分，根据回积过程，T_2 阶段的时间可由下式决定：

$$\frac{1}{RC}\int_{t_1}^{t_2} U_R \mathrm{d}t - \frac{1}{RC}\overline{U_1}T_1 = 0$$

即

$$\frac{1}{RC}(U_R T_2 - \overline{U_1}T_1) = 0$$

上式化简得

$$T_2 = T_1\frac{\overline{U_1}}{U_R} \tag{9-7}$$

式（9-7）表明，在 T_1 和 U_R 均为常数时，T_2 与 $\overline{U_1}$ 成正比，实现了 V/T 的转换。

由于 T_1 阶段结束时，计数器"溢出"回零。所以 T_2 阶段计数器又从零开始对同一时钟脉冲进行计数，在 T_2 阶段结束时计数器所累计的计数 N_2 可由下式决定：

$$N_2 = N_1 \frac{\overline{U_1}}{U_R} = N_{FS} \frac{\overline{U_1}}{U_R} \qquad (9\text{-}8)$$

式（9-8）表明，计数器在 T_2 阶段中所累计的时钟脉冲个数 N_2 正比于被测电压在 T_1 阶段中的平均值 $\overline{U_1}$。

（3）清零与准备（T_3）阶段　此阶段要为本次转换作收尾工作，并为下次转换做好准备。如 T_2 阶段结束的瞬间，暂时关闭控制门 G，把计数器的累计数 N_2 送到数据锁存器寄存，以供显示或数据输出；N_2 被锁存后计数器清零，控制开关 S_4 和 S_5 导通，其余断开，积分电容 C 完全放电，以便为下一次转换做好准备等。

双积分型 A – D 转换器与逐次逼近型 A – D 转换器相比，最大的优点是它具有较强的抗干扰能力，因为计数器输出的数字 N_2 正比于模拟输入电压在采样阶段 T_1 内的平均值，所以对周期等于 T_1 或 T_1/m 的对称干扰（即在整个周期内平均值为零的干扰）具有抑制能力。另外两次积分采用同一积分器完成，所以转换结果及精度与积分器的参数 R、C 无关。它的缺点是转换速度较低，在要求速度不高的场合，如数字仪表，双积分型 A – D 转换器的使用仍然十分广泛。

ICL7135 和 MC14433 是两种最常用的 CMOS 单片集成双积分型 A – D 转换器，既可用于组成数字仪表也可与微机接口。

三、A – D 转换器的主要参数

1. 分辨率

通常以输出二进制数的位数表示分辨率，如 8 位、10 位等。位数越多，量化误差越小，转换精度越高。

2. 转换速度

指完成一次 A – D 转换所需要的时间，即从接到转换信号到输出端得到稳定数字量输出所需要的时间。并行 A – D 转换器比逐次逼近型要快得多，双积分型的转换速度最低。低速的 A – D 转换器为 $1 \sim 30\text{ms}$，中速为 $50\mu\text{s}$ 左右，高速约为 50ns。

3. 转换误差

转换误差表示 A – D 转换器实际输出的数字量和理想数字量之间的差别，转换误差通常用相对误差表示。例如，相对误差 $\leqslant \frac{1}{2}\text{LSB}$ 就表明 A – D 转换器实际输出的数字量与理想的数字量之差不大于 A – D 转换器最低有效位为 1 的一半。

分辨率和转换误差一起反映了 A – D 转换器的精度。A – D 转换器的位数多，其相对误差小，转换精度高。

4. 输入模拟电压范围

输入电压范围有单极性和双极性之分。例如 ADC751JD 的单极性输入电压范围为 $0 \sim 10\text{V}$，双极性输入电压范围为 $-5 \sim +5\text{V}$。当输入电压超出 A – D 转换器的电压范围，A – D 转换器将不能正常工作。

此外，尚有电源抑制、功率消耗、温度系数，以及输出数字信号的逻辑电平等技术参数，在使用时可查阅有关手册。

练习与思考题

9.2.1　A – D 转换器用于什么场合？

9.2.2　逐次逼近型 A－D 转换器由哪几部分组成？它是怎样工作的？

9.2.3　在 A－D 转换过程中产生量化误差的原因是什么？如何减小量化误差？

9.2.4　某 A－D 转换器输出为 8 位二进制数，最大输入电压为 5V，它能分辨出的最小输入电压是多少？

本 章 小 结

1. 在模拟信号和数字信号混合应用的电路中，需要将模拟量转为数字量或将数字量转换为模拟量的转换器，即 A－D 转换器和 D－A 转换器。

2. 在 D－A 转换器中，梯形电阻网络只要求两种阻值的电阻，便于集成，是集成 D－A 转换器普遍采用的电路。

3. 在 A－D 转换器中，最常用的是逐次逼近型 A－D 转换器和双积分型 A－D 转换器。逐次逼近型 A－D 转换器的优点是转换速度较快，但对干扰信号的抑制能力较差，广泛应用于微机控制等要求速度较高的地方；双积分型 A－D 转换器的抗干扰能力强，但转换速度较慢，常用于精度要求高，但速度要求不高的仪器仪表中。

习 题 九

9-1　12 位与 16 位 D－A 转换器的分辨率分别是多少？

9-2　如果要求 D－A 转换器的精度小于 2%，至少要用多少位的 D－A 转换器？

9-3　在图 9-2 所示的梯形电阻网络 D－A 转换器中，$R = R_F = 20k\Omega$，$U_R = 10V$，试求 $d_3 \sim d_0 = 1010$ 时的输出电压 U_0。

9-4　某 8 位梯形电阻网络 D－A 转换器（结构与图 9-2 相似），当数字量 $d_7 \sim d_0 = 00000010$ 时，$U_0 = 0.08V$，求：（1）输入数字量 $d_7 \sim d_0$ 分别为 01010101 和 11111111 时，U_0 分别为多少？（2）当输出电压 $U_0 = 5V$ 时，对应的输入 $d_7 \sim d_0$ 是多少？

9-5　在图 9-7 所示的 4 位逐次逼近型 A－D 转换器中，设基准电压 $E = 5V$，输入电压 $U_X = 2.82V$，求转换的数字量，并画出逐次逼近波形图。

9-6　8 位 A－D 转换器输入满量程为 10V，求当输入电压分别为（1）3.5V；（2）7.08V；（3）59.7mV 时，其数字量的输出分别为多少？

9-7　已知某 A－D 转换器电路，最小分辨电压 $U_{LSB} = 5mV$，最大满刻度电压 $U_{max} = 10V$，试问此电路输入数字量的位数是多少？基准电压应是多少？

* 第十章　存储器与可编程逻辑器件

存储器是用来存放二进制数码表示的数据、资料、运算程序、文字、声音和图像等，存储器是计算机、可编程序控制器和一些数字电路系统的重要组成部分。半导体存储器按存储功能分，有只读存储器（Read Only Memory，ROM）和随机存取存储器（Random Access Memory，RAM）。ROM 用于存放固定不变的信息，工作时只能读出，不能写入。RAM 既可以读出，又可以写入，但断电时，原写入的信息会丢失。

可编程逻辑器件（Programmable Logic Device，PLD）的研制成功，使用户可以通过对器件编程来设定它的逻辑功能，大大简化了设计和生产流程。

第一节　只读存储器

只读存储器按存储内容的写入方式可分为固定只读存储器、可编程序只读存储器和可改写只读存储器三种。

一、固定只读存储器

固定只读存储器（ROM）存储的内容在出厂时已完全固定下来，用户不能更改。因此，通常只用来存放固定数据、固定程序和函数表等。

1. 结构

ROM 的结构框图如图 10-1 所示，它由地址译码器、存储单元矩阵和输出电路三部分组成。

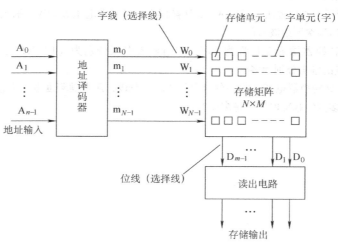

图 10-1　ROM 结构框图

通常，数据和信息是用若干位二进制数码来表示的。这样的二进制数码称为一个字，一个字的位数称为字长 M，存储器以字为单位进行存储。在图 10-1 中共有 N 个字单元，存储

单元的总数为 N 字 $\times M$ 位，$N \times M$ 称为存储器的存储容量。存储容量愈大，存储的信息就愈多，存储功能就愈强。

n 位地址输入码（$A_0 \sim A_{n-1}$）经译码器输出 N 个（$N = 2^n$）组合译码地址 $m_0 \sim m_{N-1}$，它们对应于 N 条"字线"（即 N 个字单元的地址）$W_0 \sim W_{N-1}$。任何情况下，只能有一条字线被选中，于是，被选中的那条字线所对应的一组存储单元中的各位数码便经位线（也称数据线）$D_0 \sim D_{m-1}$ 通过读出电路输出。

2. ROM 的工作原理

二极管 ROM 存储器的结构图如图 10-2 所示（图中未画出读出电路）。

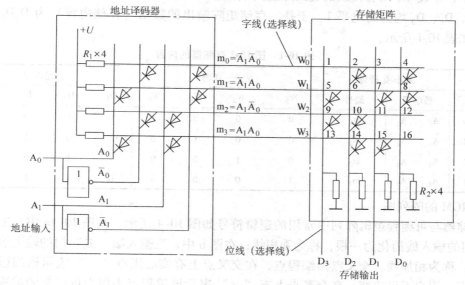

图 10-2 二极管 ROM 存储器的结构图

（1）**存储矩阵** 这个存储矩阵有 4 条字线 $W_0 \sim W_3$ 和 4 条位线 $D_0 \sim D_3$，共有 16 个交叉点（不是结点），每个交叉点都是一个存储单元，可以存放一位二进制数码 1 或 0。交叉点处接有二极管的相当于存 1，没有接二极管的相当于存 0。例如：字线 W_0 与位线有 4 个交叉点（1~4），其中 2 和 4 两处接有二极管。当 W_0 为高电平 1（其余字线均为 0）时，两个二极管因正偏而导通，使位线 D_0 和 D_2 均为 1；而使位线 D_1、D_3 均为 0。

（2）**地址译码器** 在图示地址译码器中，含有 4 个"与"逻辑门。以第一行电路为例，其等效二极管"与"门电路如图 10-3a 所示，4 个"与"门电路构成了一个"与"逻辑矩阵，其逻辑关系为

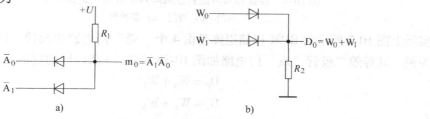

图 10-3 ROM 中的与门和或门

a)"与"门电路 b)"或"门电路

$$W_0 = m_0 = \overline{A_1}\,\overline{A_0}$$

$$W_1 = m_1 = \overline{A_1}\,A_0$$

$$W_2 = m_2 = A_1\,\overline{A_0}$$

$$W_3 = m_3 = A_1\,A_0$$

当地址码 $A_1 A_0$ 分别为 00、01、10 和 11 共 4 种情况时，4 条字线 W_0、W_1、W_2、W_3 分别为高电平 1。这就是说，无论 $A_1 A_0$ 取何值，4 条字线中必有一条为 1，其余字线均为低电平 0，如表 10-1 所示。例如，当 $A_1 A_0 = 01$ 时，字线 W_1 为 1，即 W_1 字线被选中。此时在存储矩阵中，字线 W_1 与各位线的交叉点上（5、7、8）的二极管因阳极为高电平而导通，使位线 D_3、D_1、D_0 均为高电平 1。于是，存储矩阵输出的数据（存储内容）为 $D_3 D_2 D_1 D_0 = 1011$，如表 10-1 所示。

表 10-1　图 10-2 存储器的内容

地址码		最小项 译码		N 选一译码				存储内容			
A_1	A_0	最小项	编号	W_3	W_2	W_1	W_0	D_3	D_2	D_1	D_0
0	0	$\overline{A_1}$ $\overline{A_0}$	m_0	0	0	0	1	0	1	0	1
0	1	$\overline{A_1}$ A_0	m_1	0	0	1	0	1	0	1	1
1	0	A_1 $\overline{A_0}$	m_2	0	1	0	0	1	1	0	0
1	1	A_1 A_0	m_3	1	0	0	0	0	1	1	0

3. ROM 的阵列图

存储器与可编程逻辑阵列中常用的逻辑符号如图 10-4 所示。在图 10-4a 中，三输入端"与"门的输入线简化为一根，称为乘积线；在图 b 中，三输入端"或"门的输入线也简化为一根，称为相加线。交叉点为编程点，在交叉点上有实心黑点"·"表示该编程点为固定连接点，用户不可改变；在交叉点上有"×"表示该编程点为用户可定义的编程点，产品出厂时该点是接通的，用户编程时可根据需要将其断开（擦除）或使其继续保持接通；若编程点上既无黑点"·"也无"×"，则表示该编程点是断开的或编程时已擦除了。

图 10-4c 缓冲器可以提供互补的原变量 A 和反变量 $\overline{A}$，并可以增强带负载能力。

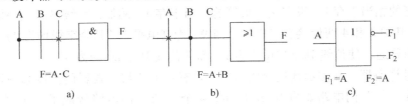

图 10-4　存储器与可编程逻辑阵列中常用的逻辑符号
a）与门　b）或门　c）缓冲器

实际上图 10-2 所示的 ROM 存储矩阵是由 4 个"或"门电路构成的。以位线 D_0 这一列电路为例，其等效二极管"或"门电路如图 10-3b 所示。4 条位线的逻辑式为

$$D_0 = W_0 + W_1$$

$$D_1 = W_1 + W_3$$

$$D_2 = W_0 + W_2 + W_3$$

$$D_3 = W_1 + W_2$$

因此，图 10-2 二极管 ROM 存储器对应的 ROM 阵列图，如图 10-5 所示。ROM 的阵列图可以很直观地表示出地址译码器和存储矩阵之间的逻辑关系。例如：地址译码器输出 m_2（字线 W_2）与地址码 A_1、$\overline{A_0}$ 线的交叉点有圆点，则 $W_2 = m_2 = A_1\overline{A_0}$。当 $A_1A_0 = 10$ 时，则字线 W_2 为 1，该字线与位线 D_3、D_2 交叉点有圆点（即存 1）；与 D_1、D_0 交叉点无圆点（即存 0），因此 ROM 输出的数据 $D_3D_2D_1D_0 = 1100$，与表 10-1 一致。

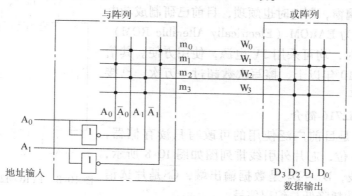

图 10-5　ROM 阵列图

把地址译码器用一框表示，并标出其输出与输入地址码的逻辑关系，可画成简化的 ROM 阵列图，如图 10-6 所示。

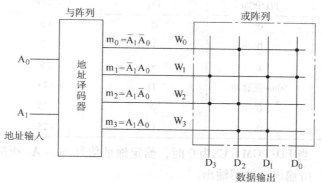

图 10-6　ROM 的简化阵列图

存储矩阵也可由晶体管或 MOS 型场效应管代替二极管，其具体的工作原理与二极管 ROM 类似，这里不再作详细介绍了。

二、可编程序只读存储器

PROM（Programmable Read Only Memory）在出厂时，存储的内容全为 0（或者全为 1），使用时由用户根据需要将某些存储单元改写为 1（或者 0），但只能改写一次。

图 10-7 所示是用晶体管和熔丝组成的 PROM 的存储单元。出厂时，熔丝都是接通的，即所存储内容全为 1。使用时，若要把某些单元改写为 0，只需给这些单元通以足够大的电流，将熔丝烧断即可。

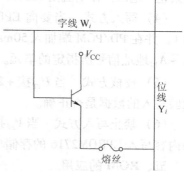

图 10-7　双极型 PROM 的存储单元

三、可改写只读存储器

EPROM（Erasable Programmable Read Only Memory）用户写入信息后，当需要改变时，可用强紫外线或 X 射线，对 EPROM 芯片上方的石英玻璃窗口照射 10～30min，使 EPROM 恢复为初始状态，存储单元全为 1，又可重新写入。

由于 EPROM 在擦除信息所需曝光时间较长，而且封装时要有石英玻璃窗，制造时也烦琐，目前已研制成功电擦除的 ROM，称为 EAROM（Electrically Alterable ROM）。在读、写、擦除时，均可采用 5V 电源，使用方便。其信息保持时间可达 10 年以上，擦写次数超过一万次，已接近 EPROM 的水平。

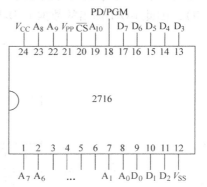

图 10-8　EPROM2716 外引线排列图

四、EPROM2716 简介

EPROM2716 是目前广泛使用的可改写只读存储器，容量为 2K 字 × 8 位，芯片外引线排列图如图 10-8 所示，$A_0 \sim A_{10}$ 是地址线，$D_0 \sim D_7$ 是数据输出端，$\overline{CS}$ 是片选信号，PD/PGM 是功耗降低与编程信号。

2716 的工作方式由控制信号 $\overline{CS}$、PD/PGM 及编程电源 V_{PP} 决定，如表 10-2 所示。

表 10-2　EPROM2716 的工作方式

工作方式	PD/PGM	$\overline{CS}$	V_{PP}/V	数据线状态
读操作	0	0	+5	输出
禁止	0	1	+5	高阻
待机	1	×	+5	高阻
写操作	50ms 正脉冲	1	+25	输入
校核	0	0	+25	输出
禁止写入	0	1	+25	高阻

（1）读出方式　当 PD/PGM、$\overline{CS}$ 为 0 时，给定地址信号 $A_0 \sim A_{10}$ 所选中的字单元内容经读出放大器放大后，由输出缓冲器输出。

（2）禁止方式　当 $\overline{CS}$ 为 1 时，输出呈高阻状态，禁止数据读出。

（3）待机方式　当 EPROM2716 不工作时，可将 PD/PGM 置为 1，此时地址、数据缓冲器被禁止，电源工作电流由 100mA 下降至 25mA，大大降低了功耗，因此，也称功耗降低方式。

（4）写入方式　当要向 EPROM2716 写入数据时，应将编程电源 V_{PP} 升至 +25V，且 $\overline{CS}$ 为 1，并在 PD/PGM 端加入 50ms 宽的正脉冲，给定地址信号，即可将数据线上的数据写入 $A_0 \sim A_{10}$ 地址信号所指定的单元。

（5）校核方式　当 U_{PP} 接 +25V 时，若 PD/PGM 和 $\overline{CS}$ 均为 0，即可按读出方式读出，以检验写入的数据是否正确。

（6）禁止写入方式　当 V_{PP} 接 +25V 时，若 $\overline{CS}$ 为 1，PD/PGM 为 0，此时禁止将数据线上的内容写入 EPROM2716 的存储单元。

五、ROM 的应用

ROM 不仅用于存储专用程序，而且在实现组合逻辑、时序逻辑方面也得到了广泛应用。

下面仅介绍用 ROM 实现组合逻辑函数方面的应用。

从前面对 ROM 逻辑关系的分析可知，ROM 的地址译码器是"与"矩阵，其输出包含了全部输入变量的最小项；而 ROM 的存储矩阵（及输出电路）是"或"矩阵，其每一位数据的输出又都是这些最小项的和。因此，任何形式的组合逻辑函数均可通过向 ROM 写入相应数据来实现。

例 10-1 试用 ROM 实现以下组合逻辑函数。

$$F_1 = ABC + \overline{A}\,\overline{B}C + \overline{A}B\overline{C} + AB\overline{C}$$

$$F_2 = ABC + A\overline{B}\overline{C} + \overline{A}\,\overline{B}C + AB\overline{C}$$

解 以上两个逻辑函数含有三个变量，则采用有 3 位地址码、两位数据输出的 8 字 ×2 位的 ROM。将 A、B、C 三个变量分别接至地址输入端 A_2、A_1、A_0，按照逻辑函数要求存入相应数据，即可在数据输出端 D_0、D_1 得到 F_1 和 F_2，其 ROM 阵列如图 10-9 所示。

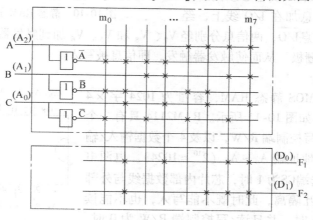

图 10-9 例 10-1 的图

练习与思考

10.1.1 只读存储器（ROM）主要由哪几部分构成的？它们的主要作用是什么？

10.1.2 ROM 的存储矩阵是如何构成的？怎样表示它的存储容量？

10.1.3 在 ROM 的存储矩阵中，什么是存储单元？什么是字单元？

10.1.4 ROM 为什么只能读出信息而不能写入信息？为什么断电时不会丢失信息？

第二节 随机存储器

RAM 按构成元件分有双极型和 MOS 型两大类。MOS 型 RAM 中，又分为静态 RAM 和动态 RAM 两种，动态 RAM 存储单元所用元件少，集成度高，功耗小，但不如静态 RAM 使用方便。一般，大容量存储器使用动态 RAM，小容量存储器使用静态 RAM。

一、静态随机存储器

1. 静态 RAM 基本存储单元

静态 RAM 的存储单元由 6 个 NMOS 管组成，如图 10-10 中点画线框中 $V_1 \sim V_6$ 所示。

图 10-10 中 V_1、V_2 构成反相器，与 V_3、V_4 一起组成一个 RS 触发器，可存储一位二进

制数码。Q 和 $\overline{Q}$ 是 RS 触发器的输出。V_5、V_6 是行选通管，受行选线 X（相当于字线）控制，行选线 X 为 1 时，Q 和 $\overline{Q}$ 存储的二进制数码分别送至位线 D 和 $\overline{D}$ 上。V_7、V_8 是列选通管，受列选线 Y 控制，列选线 Y 为 1 时，位线 D 和 $\overline{D}$ 上的二进制数码被分别送至输入输出线 I/O 和 $\overline{I/O}$，从而使位线同外部数据线相通。

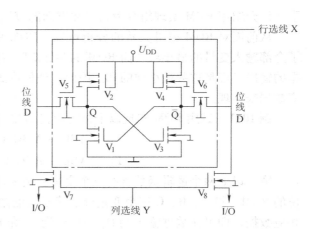

图 10-10　静态 RAM 的存储单元

读出操作时，行选线 X 和列选线 Y 同时为 1，则存储信息 Q 和 $\overline{Q}$ 被读到 I/O 和 $\overline{I/O}$；写入操作时，X、Y 线也必须同时为 1，同时将写入的信息加在 I/O 线上，经反相后得其相反的信息 $\overline{I/O}$，两信息分别经 V_7、V_8 和 V_5、V_6 加到触发器的 Q 和 $\overline{Q}$ 端，也就是加在了 V_3、V_1 的栅极，从而使触发器触发，即信息被写入。

2. RAM2114 简介

RAM 2114 是 NMOS 静态 RAM，容量为 1024 字 × 4 位，其外引线排列图如图 10-11 所示。RAM2114 具有一个片选端 $\overline{CS}$ 和一个读/写控制端 $R/\overline{W}$，以及 4 个数据输入/输出端 $D_3 \sim D_0$。10 根地址端 $A_9 \sim A_0$（$2^{10} = 1024$）。电源电压 U_{CC} 为 5V。当片选端 $\overline{CS}$ 为 1 时，芯片内部数据线与外部数据输入/输出端相互隔离，此时既不能写入，也不能读出。当片选端 $\overline{CS}$ 为 0 时，并且读/写控制端 $R/\overline{W}$ 为 0 时，数据可通过 $D_3 \sim D_0$ 端写入存储器。片选端 $\overline{CS}$ 为 0 时，而读/写控制端 $R/\overline{W}$ 为 1 时，内部数据可由 $D_3 \sim D_0$ 端读出。

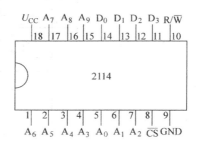

图 10-11　RAM2114 外引线排列图

二、动态随机存储器

动态 RAM 的存储矩阵通常是利用 MOS 管栅极电容对电荷的暂存作用来存储信息。由于栅极电容容量很小（只有几皮法），而且栅极有漏电流存在，电容上存储的信息不能长期保存。为避免存储信息的丢失，必须定时（如 2ms）给电容充电，通常把这种操作称为再生或刷新。这是动态 RAM 与静态 RAM 的重要区别。

动态 MOS 存储单元有单管电路、三管电路和四管电路等。单管存储电路结构最简单，只用一个场效应晶体管，为了提高集成度，目前大容量动态 RAM 的存储单元普遍采用单管结构，电路如图 10-12 所示。

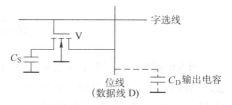

图 10-12　动态 RAM 单管电路

写入信息时，使字选线为 1，门控管 V 导通，待写入的信息由位线（数据线 D）存入电容 C_S。

读出时也要使字选线为 1，V 管导通，存储在 C_S 上的信息通过 V 管送到位线上。位线作为输出时，可以等效为一个输出电容 C_D，如图 10-12 虚线所示，因而读到位线上的信息（电荷）要对输出电容 C_D 充电，这使得 C_S 上的电压由大约 0.2V 下降到 0.1V。这带来两个问题：①读出的 1 和 0 信号电平差别不大，而且信号较弱，故信号需要经鉴别能力高的读出放大器输出；②要保持原存储信息，读出后必须重新（刷新）使 C_S 上的信号电平得到恢复。所以使用单管电路时，存储矩阵结构简单，但其外围电路比较复杂。

三管电路和四管电路比单管电路复杂，但外围电路比较简单，常在容量 4K 字以下的 RAM 中使用，这里不作介绍。

三、存储器容量的扩展

在数字系统中，当使用一片 ROM 或 RAM 不能满足存储容量要求时，必须将若干片 ROM 或 RAM 连接在一起，以扩展存储容量。扩展的方法可以通过增加位数或字数来实现。

1. 位扩展方式

当所用的单片 RAM 的位数不够用时，需要进行位扩展。位扩展可以利用芯片的并联方式实现，图 10-13 是利用 8 片 1024 字 ×1 位的 RAM 扩展成 1024 字 ×8 位 RAM 的存储器连接图。图中 8 片 RAM 的所有地址线、R/$\overline{\text{W}}$、CS 分别对应并连接在一起，而每一片的 I/O 端作为整个 RAM 的 I/O 的一位。

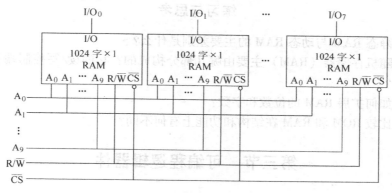

图 10-13　RAM 位扩展连接图

ROM 芯片上没有读/写控制端 R/$\overline{\text{W}}$，位扩展时其余引出端的连接方法与 RAM 相同。

2. 字扩展

当所用的单片 RAM 的字数不够用时，就需要扩展字数时。字扩展可以利用外加译码器来控制芯片的片选（$\overline{\text{CS}}$）输入端实现。下面用一例子介绍存储器字扩展的方法。

例 10-2　试用 4 片 2114 型 1K 字 ×4 位 RAM 构成 4K 字 ×4 位的 RAM。

解　依题意要求 RAM 字数扩展 4 倍，则输入地址端应增加 2 位高位地址码 A_{10}、A_{11}，扩展后的电路如图 10-14 所示。各片 RAM 的地址端 $A_0 \sim A_9$，读/写控制端 R/$\overline{\text{W}}$ 和输入/输出端 I/$O_0 \sim$ I/O_3 都对应地并联起来。新增的两位高位地址码通过外加的 2 – 4 线译码器将 A_{10}、A_{11} 译成 $\overline{Y}_0$、$\overline{Y}_1$、$\overline{Y}_2$ 和 $\overline{Y}_3$，分别控制 4 片 RAM 的片选端。

当 $A_{10}A_{11} = 0$ 时，$\overline{Y}_0 = 0$，第 1 片 RAM 被选中，可以对第 1 片 RAM 的 1K 字进行读/写操作；当 $A_{10}A_{11} = 01$ 时，$\overline{Y}_1 = 0$，第 2 片 RAM 被选中，可以对第 2 片 RAM 的 1K 字进行读/写操作；同理，当 $A_{10}A_{11} = 10$、11 时，可以对第 3 片、第 4 片 RAM 的 1K 字分别进行读/写操作。显然，4 片 RAM 轮流工作，任何时候，只有一片 RAM 处于工作状态，整个系统字数扩大了 4 倍，而字长仍为 4 位。即扩展成为 4K 字 ×4 位 RAM。

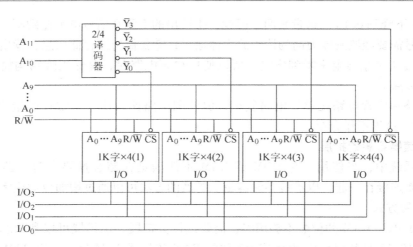

图 10-14 例 10-2 的图

ROM 的字扩展方法与上述方法相同。

练习与思考

10.2.1 静态 RAM 与动态 RAM 的主要差别是什么？

10.2.2 随机存储器（RAM）主要由哪几部分构成的？它的读/写控制端和片选控制端各起什么作用？

10.2.3 如何扩展 RAM 的位数和字数？

10.2.4 比较 ROM 和 RAM 在结构和功能上有何不同？

第三节 可编程逻辑器件

可编程逻辑器件 PLD 的基本结构框图如图 10-15 所示。ROM 的"与"阵列和"或"阵列均是固定的，而可编程逻辑器件的"与"阵列和"或"阵列中至少有一个是可编程的。

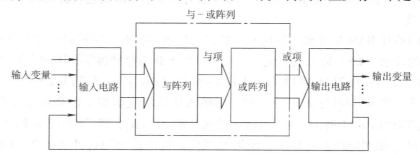

图 10-15 PLD 的基本结构框图

可编程逻辑器件的结构主要的有以下 4 种：

1) 可编程只读存储器 PROM。固定的"与"阵列和可编程的"或"阵列。

2) 可编程逻辑阵列（Programmable Logic Array，PLA）。"与"阵列和"或"阵列均可编程。

3) 可编程阵列逻辑（Programmable Array Logic，PAL）。可编程的"与"阵列和固定的

"或"阵列（一次编程）。

4）通用阵列逻辑（Generic Array Logic, GAL）。可编程的"与"阵列和固定的"或"阵列（多次编程）。

一、可编程逻辑阵列

在前述 ROM、PROM 中，每增加一位地址码，存储器的容量将增加到原来的两倍，这种全译码方式，产生全部最小项。但对大多数逻辑函数而言，并不需要全部最小项，有许多最小项是没用的，造成硬件的浪费。可编程逻辑阵列（PLA）的结构如图 10-16 所示，PLA 的"与"阵列采用部分译码方式，只产生函数所需要的乘积项，对逻辑函数的处理更为有效。PLA 可以方便地构成组合逻辑电路，如果在"或"阵列的输出端外接触发器，还可构成时序逻辑电路。

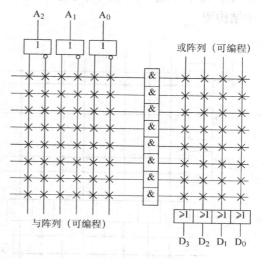

图 10-16　PLA 的结构

例 10-3　试分别用 PROM 和 PLA 实现多输出组合逻辑函数：$F_0 = B\bar{C} + \bar{A}B$，$F_1 = AB + \bar{A}\bar{B}$，$F_2 = ABC + A\bar{B}C + B\bar{C}$，并比较两者的区别。

解　（1）用 PROM 实现上述多输出组合逻辑函数。

因为 PROM 是全地址译码器，它的"与"阵列是固定的全部最小项，因此，首先要将 F_0、F_1、F_2 各式用最小项形式写出，即

$$F_0 = B\bar{C} + \bar{A}B = AB\bar{C} + \bar{A}B\bar{C} + \bar{A}BC$$

$$F_1 = AB + \bar{A}\bar{B} = ABC + AB\bar{C} + \bar{A}\bar{B}C + \bar{A}\bar{B}\bar{C}$$

$$F_2 = ABC + A\bar{B}C + B\bar{C} = ABC + A\bar{B}C + AB\bar{C} + \bar{A}B\bar{C}$$

根据上述最小项逻辑函数式可知编程后产生该逻辑函数的 PROM 阵列如图 10-17 所示。

（2）用 PLA 来实现上述多输出组合逻辑函数。由于 PLA 的"与"阵列、"或"阵列都可以编程，因此，应先将各逻辑式化简，再根据最简式对"与"阵列和"或"阵列编程。化简 F_0、F_1、F_2 的逻辑函数式：

$$F_0 = B\bar{C} + \bar{A}B$$

$$F_1 = AB + \bar{A}\bar{B}$$

$$F_2 = ABC + A\bar{B}C + B\bar{C} = AC + B\bar{C}$$

根据上述化简的逻辑函数式，可画出用 PLA 实现的编程阵列图如图 10-18 所示。

从上面的例子可看到，PROM 的"与"阵列字线是以最小项的形式出现，而 PLA 的"与"阵列字线是以最简的逻辑函数式中存在的"与"项数来确定的，故 PLA 实现的"与"阵列和"或"阵列要简化的多。

二、可编程阵列逻辑

PAL 是一种"与"阵列可编程，而"或"阵列是固定的器件，即每个输出是若干个乘积项之和，其中乘积项包含的变量可以编程选择，PAL 器件的输入端、输出端及乘积项的数目是出厂时就固定的。目前常用的 PAL 输入端可达 20 个，"与"逻辑阵列的"与"项可达

80个，每个"或"门输入端可达16个。图10-19所示是每个输出的乘积项为两个的PAL基本结构图。

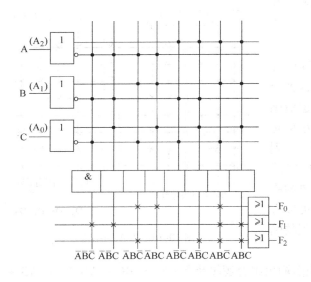

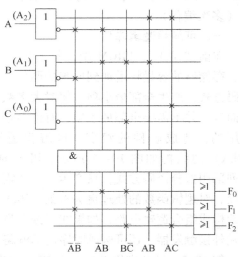

图10-17　例10-3的图　　　　　　　　　　　图10-18　例10-3的图

例10-4　用PAL来实现例10-3的多输出组合逻辑函数。

解　和PLA一样，由于"与"阵列是可以编程的，所以应先写出F_0、F_1、F_2的最简逻辑函数式：

$$F_0 = B\overline{C} + \overline{A}B$$

$$F_1 = AB + \overline{A}\,\overline{B}$$

$$F_2 = ABC + A\overline{B}\overline{C} + B\overline{C} = AC + B\overline{C}$$

上述三个逻辑函数式的乘积项均为两个，共含有三个逻辑变量，因此可选择具有三个输入端、三个输出端，且每个输出的乘积项为两个的PAL，如图10-19所示。用A_2、A_1、A_0分别代表A、B、C变量，根据F_0、F_1、F_2的最简逻辑函数式对"与"阵列进行编程，编程后的PAL编程阵列结构图如图10-20所示。

可以看出，在逻辑设计与应用中，PAL"与"阵列和"或"阵列都得到充分的利用。此外，PAL比PLA具有更多的软件支持和操作方便的编程器，因而得到广泛的应用。

三、通用阵列逻辑

通用阵列逻辑（GAL）的基本阵列结构与PAL一样，有可编程的"与"阵列和固定的"或"阵列，两者的不同之处是PAL是一次编程，而GAL可以多次（大于100次）重复编程，它有功能很强的可编程输出级，可灵活地改变工作模式。GAL与PAL全功能兼容，一个GAL可以代替多种PAL，GAL器件在功能上几乎可以取代整个54LS系列、74LS系列、74HC系列和CD4000系列的器件。此外，GAL还设置了电子标签（便于用户文档管理）和加密位（防止信息非法复制）。GAL已成为开发、研制、实现数字系统的最理想器件，应用越来越广泛。

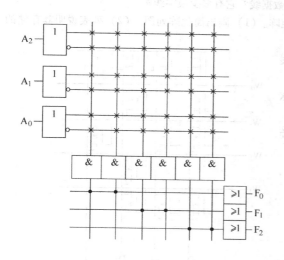

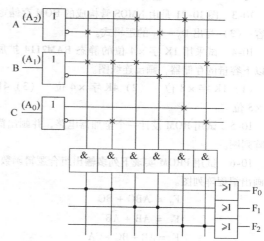

图 10-19　输出乘积项为两个的 PAL 基本结构图　　　图 10-20　例 10-4 的图

练习与思考题

10.3.1　可编程逻辑器件（PLD）基本结构中的核心部分是什么？

10.3.2　试比较 ROM、PROM、EPROM 和 EEPROM 在结构和功能上有何异同点？

10.3.3　PROM 为什么只能一次编程？

10.3.4　PAL 的基本结构如何？该器件的哪一部分可以编程？

10.3.5　GAL 的突出优点是什么？

本 章 小 结

1. 半导体存储器分为只读存储器（ROM）和随机存储器（RAM）两大类。ROM 只能读出信息，它存储的是固定信息；RAM 既可以读出信息，也可以写入信息，但电源断电时原来存储的信息随之消失。

2. 在一片存储器的存储量不够用时，可采用位扩展、字扩展的连接方式将多片存储器组合起来，构成一个更大容量的存储器。

3. 可编程逻辑器件都有一个相同的基本结构，"与"阵列和"或"阵列。PROM 有固定的"与"阵列和可编程的"或"阵列；PLA 的"与"阵列和"或"阵列均可编程；PAL 和 GAL 是"与"阵列可编程、"或"阵列固定。

4. PROM、PLA、PAL 是一次编程器件，而 GAL 是可重复编程的器件，且输出结构可以变化，功能更强，具有更多的灵活性。它们都需要软件工具支持，用软件设计硬件，这是现代数字系统的发展方向。

习 题 十

10-1　某存储器有 6 条地址线和 8 条数据线，问该存储器的存储容量有多少位？

10-2 16K 字 ×8 位的 RAM 需要多少条地址线和数据线？它有多少根字线？

10-3 图 10-21 是由 NMOS 管构成的 ROM 存储矩阵。（1）画出简化阵列图；（2）列表说明其存储的内容；（3）写出 $D_0 \sim D_3$ 的逻辑式。

10-4 试采用 1K 字 ×4 位的静态 RAM2114 扩展成以下容量的存储器，画出连线图。

（1）1K 字 ×8 位 （2）4K 字 ×4 位 （3）4K 字 ×8 位

10-5 试用 ROM 设计一个全加器电路，并画出简化阵列图。

10-6 试用 PROM 实现下列多输出组合逻辑函数，并画出编程阵列图。

$$F_0 = AB\overline{C} + BC$$
$$F_1 = A\overline{B} + \overline{A}B$$
$$F_2 = AB + BC + CA$$

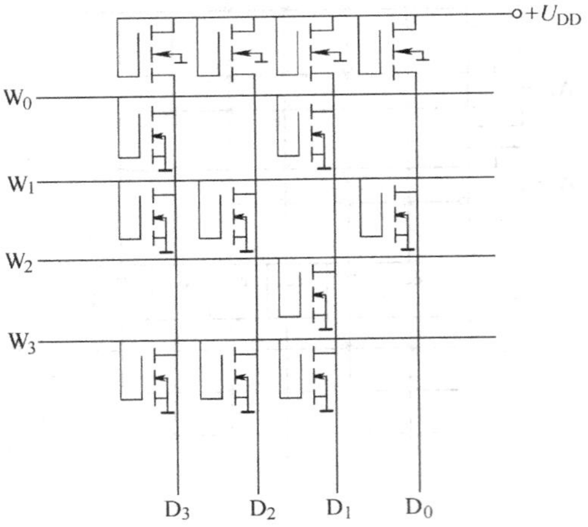

10-7 试用 PLA 实现习题 10-6 的多输出组合逻辑函数，画出编程阵列图，并与 PROM 比较两者的区别。

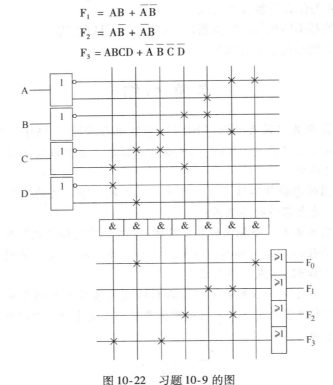

图 10-21 习题 10-3 的图

10-8 试用 PAL 实现习题 10-6 的多输出组合逻辑函数，画出编程阵列图。

10-9 图 10-22 为一已编程的 PLA，试写出该 PLA 的多输出组合逻辑函数。

10-10 图 10-23 为编程不完整的 PLA 阵列图（其中"或"阵列尚未编程）。试根据下列一组输出逻辑函数将"或"阵列予以编程。

$$F_0 = ABCD$$
$$F_1 = AB + \overline{A}\,\overline{B}$$
$$F_2 = A\overline{B} + \overline{A}B$$
$$F_3 = ABCD + \overline{A}\,\overline{B}\,\overline{C}\,\overline{D}$$

图 10-22 习题 10-9 的图

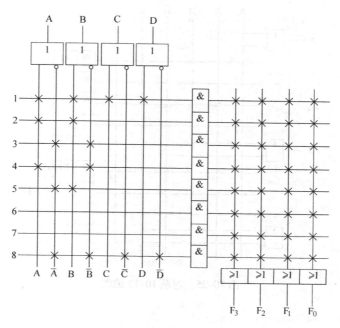

图 10-23　习题 10-10 的图

10-11　试在图 10-24 所示 PROM 上编程，画出存储矩阵编程阵列图，使之产生一组逻辑函数：　$F_0 = A + BC$

$$F_1 = A\overline{B}C + \overline{A}BC + \overline{A}B\overline{C}$$

$$F_2 = ABC + \overline{A}\,\overline{B}\,\overline{C}$$

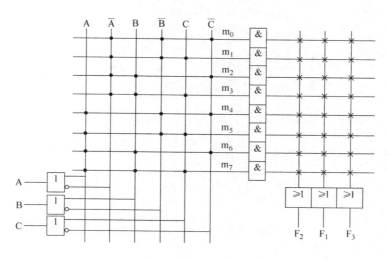

图 10-24　习题 10-11 的图

10-12　图 10-25 所示是已编程的 PAL（部分电路），试写出 F_0 和 F_1 的逻辑式。

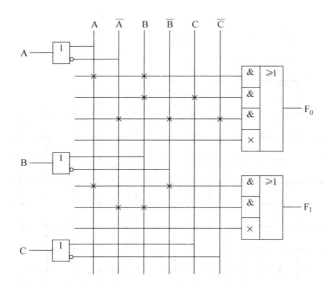

图 10-25　习题 10-12 的图

附 录

附录A 半导体分立器件型号命名法

（国家标准 GB 249—1989）

第一部分		第二部分		第三部分		第四部分	第五部分
用阿拉伯数字表示器件的电极数目		用汉语拼音字母表示器件的材料和极性		用汉语拼音字母表示器件的类别		用阿拉伯数字表示序号	用汉语拼音字母表示规格号
符号	意义	符号	意义	符号	意义		
2	二极管	A	N 型，锗材料	P	小信号管		
		B	P 型，锗材料	V	混频检波器		
		C	N 型，硅材料	W	电压调整管和电		
		D	P 型，硅材料		压基准管		
3	三极管	A	PNP 型，锗材料	C	变容管		
		B	NPN 型，锗材料	Z	整流堆		
		C	PNP 型，硅材料	L	整流管		
		D	NPN 型，硅材料	S	隧道管		
		E	化合材料	K	开关管		
				U	光电管		
				X	低频小功率晶体管（截止频率 <3MHz 耗散功率 <1W）		
				G	高频小功率晶体管（截止频率 ≥3MHz 耗散功率 <1W）		
				D	低频大功率晶体管（截止频率 <3MHz 耗散功率 ≥1W）		
				A	高频大功率晶体管（截止频率 ≥3MHz 耗散功率 ≥1W）		
				T	闸流管		
				⋮	⋮		

示例

3 A G 1 B
— 规格号
— 序号
— 高频小功率晶体管
— PNP 型，锗材料
— 三极管

附录 B　常用半导体分立器件参数

1. 二极管

参　数	最大整流电流	最大整流电流时的正向压降	最高反向工作电压	参　数	最大整流电流	最大整流电流时的正向压降	最高反向工作电压
符　号	I_{OM}	U_F	U_{RM}	符　号	I_{OM}	U_F	U_{RM}
单　位	mA	V	V	单　位	mA	V	V
2AP1	16		20	2CP31	250		25
2AP2	16		30	2CP31A	250		50
2AP3	25		30	2CP31B	250	≤1	100
2AP4	16	≤1.2	50	2CP31C	250		150
2AP5	16		75	2CP31D	250		250
2AP6	12		100	2CZ11A			100
2AP7	12		100	2CZ11B			200
2CP10			25	2CZ11C			300
2CP11			50	2CZ11D	1,000	≤1	400
2CP12			100	2CZ11E			500
2CP13			150	2CZ11F			600
2CP14			200	2CZ11G			700
2CP15	100	≤1.5	250	2CZ11H			800
2CP16			300	2CZ12A			50
2CP17			350	2CZ12B			100
2CP18			400	2CZ12C			200
2CP19			500	2CZ12D	3,000	≤0.8	300
2CP20			600	2CZ12E			400
2CP21	300		100	2CZ12F			500
2CP21A	300	≤1	50	2CZ12G			600
2CP22	300		200				

2. 稳压管

参　数	稳定电压	稳定电流	耗散功率	最大稳定电流	动态电阻
符　号	U_Z	I_Z	P_{ZM}	I_{Zmax}	r_Z
单　位	V	mV	mW	mA	Ω
测试条件	工作电流等于稳定电流	工作电压等于稳定电压	−60～+50℃	−60～+50℃	工作电流等于稳定电流
2CW11	3.2～4.5	10	250	55	≤70
2CW12	4～5.5	10	250	45	≤50
2CW13	5～6.5	10	250	38	≤30
2CW14	6～7.5	10	250	33	≤15
2CW15	7～8.5	5	250	29	≤15
2CW16	8～9.5	5	250	26	≤20
2CW17	9～10.5	5	250	23	≤25
2CW18	10～12	5	250	20	≤30
2CW19	11.5～14	5	250	18	≤40
2CW20	13.5～17	5	250	15	≤50
2DW7A	5.8～6.6	10	200	30	≤25
2DW7B	5.8～6.6	10	200	30	≤15
2DW7C	6.1～6.5	10	200	30	≤10

3. 晶体管

类型	参数名称／型号	电流放大系数 β 或 h_{fe}	穿透电流 $I_{CEO}/\mu A$	集电极最大允许电流 I_{CM}/mA	最大允许耗散功率 P_{CM}/mW	集-射击穿电压 $U_{(BR)CEO}/V$	截止频率 f_r/MHz
低频小功率管	3AX51A	40～150	≤500	100	100	≥12	≥0.5
	3AX55A	30～150	≤1200	500	500	≥20	≥0.2
	3AX81A	30～250	≤1000	200	200	≥10	≥6kHz
	3AX81B	40～200	≤700	200	200	≥15	≥6kHz
	3CX200B	50～450	≤0.5	300	300	≥18	
	3DX200B	55～400	≤2	300	300	≥18	
高频小功率管	3AG54A	≥30	≤300	30	100	≥15	≥30
	3AG80A	≥8	≤50	10	50	≥15	≥300
	3AG87A	≥10	≤50	50	300	≥15	≥500
	3CG100B	≥25	≤0.1	30	100	≥25	≥100
	3CG110B	≥25	≤0.1	50	300	≥30	≥100
	3CG120A	≥25	≤0.2	100	500	≥15	≥200
	3DG81A	≥30	≤0.1	50	300	≥12	≥1000
	3DG110A	≥30	≤0.1	50	300	≥20	≥150
	3DG120A	≥30	≤0.01	100	300	≥30	≥150
开关管	3DK8A	≥20		200	500	≥15	≥80
	3DK10A	≥20		1500	1500	≥20	≥100
	3DK28A	≥25		50	300	≥25	≥500
大功率管	3DD11A	≥10	≤3000	30A	300W	≥30	
	3DD15A	≥30	≤2000	5A	50W	≥60	

4. 绝缘栅场效应晶体管

参 数	符 号	单 位	型 号			
			3D04	3D02 （高频管）	3D06 （开关管）	3C01 （开关管）
饱和漏极电流	I_{DSS}	μA	0.5×10^3 ～15×10^3		≤1	≤1
栅源夹断电压	$U_{GS(off)}$	V	≤|-9|			
开启电压	$U_{GS(th)}$	V			≤5	-2～-8
栅源绝缘电阻	R_{GS}	Ω	≥10^9	≥10^9	≥10^9	≥10^9
共源小信号低频跨导	g_m	$\mu A/V$	≥2000	≥4000	≥2000	≥500
最高振荡频率	f_M	MHz	≥300	≥1000		

（续）

参　数	符　号	单　位	型　号			
			3D04	3D02（高频管）	3D06（开关管）	3C01（开关管）
最高漏源电压	$U_{DS(BR)}$	V	20	12	20	
最高栅源电压	$U_{GS(BR)}$	V	≥20	≥20	≥20	≥20
最大耗散功率	P_{DM}	mW	100	100	100	100

注：3CO1 为 P 沟道增强型，其他为 N 沟道管（增强型：$U_{GS(th)}$ 为正值；耗尽型 $U_{GS(off)}$ 为负值）。

5. 单结晶体管

参数名称		基极间电阻	分压系数	峰点电流	谷点电流	谷点电压	反向电流	反向电压	饱和压降	耗散功率
符号		R_{BB}	η	I_P	I_V	U_V	I_E	U_{EB1}	U_E	P_{BB}最大
单位		kΩ		μA	mA	V	μA	V	V	mW
测试条件		$U_{BB}=20V$ $I_B=0$	$U_{BB}=20V$	$U_{BB}=20V$	$U_{BB}=20V$	$U_{BB}=20V$		$I_{EO}=1\mu A$	$U_{BB}=20V$ $I_E=50mA$	
BT31	A	3~6	0.3~0.55	≤2			≤1	≥60	≤5	300
	B	5~10	0.3~0.55	≤2			≤1	≥60	≤5	(BT31 BT32)
	C	3~6	0.45~0.75	≤2			≤1	≥60	≤5	
BT32	D	5~10	0.45~0.75	≤2	>1		≤1	≥60	≤5	500
	E	3~6	0.65~0.85	≤2	(BT32 BT33)		≤1	≥60	≤5	(BT33)
BT33	F	5~10	0.65~0.85	≤2			≤1	≥60	≤5	
BT35	A	2~4.5	0.45~0.9	<4.0	>1.5	<3.5	≤2	≥30	<4.0	500
	B	2~4.5	0.45~0.9	<4.0	>1.5	<3.5	≤2	≥60	<4.0	500
	C	4.5~12	0.3~0.9	<4.0	>1.5	<4	≤2	≥30	<4.5	500
	D	4.5~12	0.3~0.9	<4.0	>1.5	<4	≤2	≥60	<4.5	500

6. 晶闸管

参　数	符　号	单　位	型　号				
			KP5	KP20	KP50	KP200	KP500
正向重复峰值电压	U_{FRM}	V	100~3000	100~3000	100~3000	100~3000	100~3000
反向重复峰值电压	U_{RRM}	V	100~3000	100~3000	100~3000	100~3000	100~3000
导通时平均电压	U_F	V	1.2	1.2	1.2	0.8	0.8
正向平均电流	I_F	A	5	20	50	200	500
维持电流	I_H	mA	40	60	60	100	100
门极触发电压	U_G	V	≤3.5	≤3.5	≤3.5	≤4	≤5
门极触发电流	I_G	mA	5~70	5~100	8~150	10~250	20~300

附录C　半导体集成电路型号命名法

（国家标准 GB3430—1989）

第0部分		第一部分		第二部分	第三部分		第四部分	
用字母表示器件 符合国家标准		用字母表示器件 的类型		用阿拉伯数字表示器 件的系列和品种代号	用字母表示器件 的工作温度范围		用字母表示 器件的封装	
符号	意义	符号	意义		符号	意义	符号	意义
C	符合国 家标准	T	TTL		C	$0 \sim 70℃$	F	多层陶瓷扁平
		H	HTL		G	$-25 \sim 70℃$	B	塑料扁平
		E	ECL		L	$-25 \sim 85℃$	H	黑瓷扁平
		C	CMOS		E	$-40 \sim 85℃$	D	多层陶瓷 双列直插
		M	存储器		R	$-55 \sim 85℃$	J	黑瓷双列直插
		F	线性放大器		M	$-55 \sim 125℃$	P	塑料双列直插
		W	稳压器				S	塑料单列直插
		B	非线性电路				K	金属菱形
		J	接口电路				T	金属圆形
		AD	A－D 转换器				C	陶瓷片状载体
		DA	D－A 转换器				E	塑料片状载体
							G	网格阵列

示例
C F 741 C T
　　　　└ 金属圆形封装
　　　└ 工作温度为 0~70 ℃
　　└ 通用型运算放大器
　└ 线性放大器
└ 符合国家标准

附录D　常用半导体集成电路参数

1. 集成运算放大器的主要参数

参数名称	通用型	高精度型	高阻型	高速型	低功耗型
	CF741	CF7650	CF3140	CF715	CF3078C
电源电压 $\pm V_{CC}$（V_{DD}）/V	± 15	± 5	± 15	± 15	± 6
开环差模电压增益 A_{u0}/dB	106	134	100	90	92
输入失调电压 U_{IO}/mV	1	$\pm 7 \times 10^{-4}$	5	2	1.3
输入失调电流 I_{IO}/nA	20	5×10^{-4}	5×10^{-4}	70	6
输入偏置电流 I_{IB}/nA	80	1.5×10^{-3}	10^{-2}	400	60
最大共模输入电压 U_{icmax}/V	± 15	$+2.6$ -5.2	$+12.5$ -15.5	± 12	$+5.8$ -5.5
最大差模输入电压 U_{idmax}/V	± 30	± 8	± 8	± 15	± 6
共模抑制比 K_{CMR}/dB	90	130	90	92	110

（续）

参数名称	通用型	高精度型	高阻型	高速型	低功耗型
	CF741	CF7650	CF3140	CF715	CF3078C
输入电阻 r_i/MΩ	2	10^6	1.5×10^6	1	
单位增益带宽 GB/MHz	1	2	4.5		
转换速率 SR/（V/μs）	0.5	2.5	9	100 （$A_4 = -1$）	

2. 三端集成稳压器的主要参数

参数名称	CW7805	CW7815	CW78L05	CW78L15	CW7915	CW79L15
输出电压 U_O/V	4.8 ~ 5.2	14.4 ~ 15.6	4.8 ~ 5.2	14.4 ~ 15.6	-14.4 ~ -15.6	
最大输入电压 U_{Imax}/V	35	35	30	35	-35	-35
最大输出电流 I_{Omax}/A	1.5	1.5	0.1	0.1	1.5	0.1
输出电压变化量 ΔU_O/mV （典型值，U_I 变化引起）	3	11	55	130	11	200 （最大值）
	U_I = 7 ~ 25V	U_I = 17.5 ~ 30V	U_I = 7 ~ 20V	U_I = 17.5 ~ 30V	U_I = -17.5 ~ -30V	
输出电压变化量 ΔU_O/mV （典型值，I_O 变化引起）	15	12	11	25	12	25
	I_O = 5 ~ 1500mA		I_O = 1 ~ 100mA		I_O = 5 ~ 1500mA	I_O = 1 ~ 100mA
输出电压变化量 ΔU_O/（mV/℃） （典型值，温度变化引起）	±0.6	±1.8	-0.65	-1.3	1.0	-0.9
	I_O = 5mA，0 ~ 125℃					

3. TTL、CMOS 电路的主要参数

参数名称	TTL		CMOS	高速 CMOS
	74H 系列	74LS 系列	CC4000 系列	54/74HC 系列
输出高电平 $U_{OH(min)}$/V	2.4	2.7	4.95	4.95
输出低电平 $U_{OL(max)}$/V	0.4	0.5	0.05	0.05
输出高电平电流 $I_{OH(max)}$/mA	0.4	0.4	0.51	4
输出低电平电流 $I_{OL(max)}$/mA	-1.6	-8	-0.51	-4
输入高电平 $U_{IH(min)}$/V	2	2	3.5	3.5
输入低电平 $U_{IL(max)}$/V	0.8	0.8	1.5	1
输入高电平电流 $I_{IH(max)}$/μA	40	20	0.1	1
输入低电平电流 $I_{IL(max)}$/mA	-1.6	-0.4	-0.1×10^{-3}	-1×10^{-3}

注：1. 表中未注明测试条件。

2. I_{OL} 的 "-" 号表示电流从器件的输出端流入；I_{IL} 的 "-号" 表示电流从器件的输入端流出。

附录 E　常用门电路、触发器、计数器的部分品种型号

类　型	型　号	名　称
门电路	CT4000 （74LS00）	四2输入与非门
	CT4004 （74LS04）	六反相器

（续）

类　　型	型　　号	名　　称
门电路	CT4008（74LS08）	四2输入与门
	CT4011（74LS11）	三3输入与门
	CT4020（74LS20）	双4输入与非门
	CT4027（74LS27）	三3输入或非门
	CT4032（74LS32）	四2输入或门
	CT4086（74LS86）	四2输入异或门
触发器	CT4074（74LS74）	双上升沿D触发器
	CT4112（74LS112）	双下降沿JK触发器
	CT4175（74LS175）	四上升沿D触发器
计数器	CT4160（74LS160）	十进制同步计数器
	CT4161（74LS161）	二进制同步计数器
	CT4162（74LS162）	十进制同步计数器
	CT4192（74LS192）	十进制同步可逆计数器
	CT4290（74LS290）	二－五－十进制计数器
	CT4293（74LS293）	二－八－十六进制计数器

附录 F　几种常用集成电路图形符号对照

类　　别	国标符号	旧　符　号	国外常用符号
集成运算放大器			
与门			
或门			
非门			
与非门			
或非门			
异或门			

部分习题答案

1-2　(1) $V_F = 0$，$I_R = 3.08\text{mA}$，$I_{VDA} = I_{VDB} = 1.54\text{mA}$

　　　(2) $V_F = 0$，$I_R = I_{VDB} = 3.08\text{mA}$，$I_{VDA} = 0$

　　　(3) $V_F = 3\text{V}$，$I_R \approx 2.3\text{mA}$，$I_{VDA} = I_{VDB} = 1.15\text{mA}$

1-3　(1) $V_F = 9\text{V}$，$I_R = I_{VDA} = 1\text{mA}$，$I_{VDB} = 0$

　　　(2) $V_F = 5.59\text{V}$，$I_R = 0.62\text{mA}$，$I_{VDA} = 0.41\text{mA}$，$I_{VDB} = 0.21\text{mA}$

　　　(3) $V_F = 4.74\text{V}$，$I_R = 0.53\text{mA}$，$I_{VDA} = I_{VDB} = 0.26\text{mA}$

1-5　$I_Z = 2.02\text{mA}$

1-6　(1) 3.33V，5V，6V

　　　(2) $I_Z = 29\text{mA}$

1-8　晶体管 1 是 NPN 型硅管；晶体管 2 是 PNP 型锗管

2-2　(1) $I_B = 50\mu\text{A}$，$I_C = 2\text{mA}$，$U_{CE} = 6\text{V}$

　　　(3) $U_{C1} = U_{BE}$（硅管 0.7V），$U_{C2} = U_{CE}$（6V）

2-3　$R_B = 160\text{k}\Omega$，$I_B = 75\mu\text{A}$，$I_C = 3\text{mA}$，$U_{CE} = 3\text{V}$

　　　$R_B = 320\text{k}\Omega$，$I_B = 37.5\mu\text{A}$，$I_C = 1.5\text{mA}$，$U_{CE} = 7.5\text{V}$

2-4　$I_B = 23\mu\text{A}$，$I_C = 1.15\text{mA}$，$U_{CE} = 8.27\text{V}$

2-6　(1) $R_B = 250\text{k}\Omega$，$R_C = 2.5\text{k}\Omega$，$R_L = 3.75\text{k}\Omega$

　　　(2) $U_{iM} = 38.5\text{mV}$

　　　(5) I_B 不变，I_C 减小一半，U_{CE} 增大，$|A_u|$ 减小一半

2-7　(2) $A_u \approx -69.77$，$r_i \approx 0.86\text{k}\Omega$，$r_o = 3\text{k}\Omega$

　　　(3) $A_u \approx -139.54$

2-8　(1) $I_B = 46\mu\text{A}$，$I_C = 3.04\text{mA}$，$U_{CE} = 9.35\text{V}$

　　　(3) $r_{be} = 0.88\text{k}\Omega$

　　　(4) $A_u = -150.27$

　　　(5) $r_i = 0.79\text{k}\Omega$，$r_o = 3.3\text{k}\Omega$

2-9　$A_u = -150.27$，$A_{us} = -66.32$

2-10　$A_u = -14.8$，$r_i = 6.22\text{k}\Omega$，$r_o = 3.9\text{k}\Omega$（$r_{be} = 1.78\text{k}\Omega$）

2-11　(1) $A_{u1} = -0.97$，$A_{u2} = 0.99$

　　　(2) $r_{o1} = 2\text{k}\Omega$，$r_{o2} = 22.7\Omega$

2-12　$A_u \approx 1$，$r_i = 16\text{k}\Omega$，$r_o \approx 21\Omega$

2-13　(1) $A_u = 9792$（$A_{u1} = -81.6$，$A_{u2} = -120$），$r_i = 0.96\text{k}\Omega$，$r_o = 8\text{k}\Omega$

　　　(2) $U_o = 48\text{mV}$（$A_{us} = 4796$）

2-14　$A_u \approx -136$，$r_i = 21.35\text{k}\Omega$，$r_o = 3\text{k}\Omega$

2-15　$A_u = -20.8$（$A_{u1} = -21$，$A_{u2} = 0.99$）；$r_i = 4.77\text{k}\Omega$，$r_o \approx 252\Omega$

2-19　(1) $A_{uf} = 75$；(2) +4.34%，-5.88%

2-20 $u_{id} = -1\,\mathrm{mV}$; $u_{ic} = 9\,\mathrm{mV}$

2-21   （1） $I_B = 24\,\mu\mathrm{A}$, $I_C = 1.2\,\mathrm{mA}$, $U_{CE} = 0\,\mathrm{V}$

     （2） $I_B = 6\,\mu\mathrm{A}$, $I_C = 0.3\,\mathrm{mA}$, $U_{CE} = 9\,\mathrm{V}$

     （3） $I_B = 12\,\mu\mathrm{A}$, $I_C = 0.6\,\mathrm{mA}$, $U_{CE} = 3\,\mathrm{V}$

2-22   （1） $I_B = 17.44\,\mu\mathrm{A}$, $I_C = 1.4\,\mathrm{mA}$, $U_{CE} = 7.2\,\mathrm{V}$

     （2） $u_o = -2\,\mathrm{V}$

     （3） $u_o = -1\,\mathrm{V}$

2-24 $A_{ud} = = -170$

2-25 $U_{C3} = -0.7\,(U_{BE})\,\mathrm{V}$

2-27 $r_i = 1\,\mathrm{M\Omega}$, $r_o = 10\,\mathrm{k\Omega}$, $A_u \approx -10$

2-28   （1） $I_D = 0.3\,\mathrm{mA}$, $U_{DS} = 8.4\,\mathrm{V}$

     （2） $A_u \approx -18$, $r_i = 10\,\mathrm{M\Omega}$, $r_o = 1.1\,\mathrm{k\Omega}$

     （3） $A_{uf} \approx -5.3$

2-29 $I_D = 0.33\,\mathrm{mA}$, $U_{DS} = 8\,\mathrm{V}$; $A_u \approx 1$, $r_i = 1.33\,\mathrm{M\Omega}$, $r_o = 1.1\,\mathrm{k\Omega}$

2-30 $A_u = -11.25$

3-1   （1） $\pm 130\,\mu\mathrm{V}$ （2） $6.5 \times 10^{-11}\,\mathrm{A}$

3-3   （1） $A_{uf} \approx -50$, $R_2 = 9.8\,\mathrm{k\Omega}$ （2） $u_o = -500\,\mathrm{mV}$

3-4 $u_o = 5.4\,\mathrm{V}$

3-5 $u_o = 5.5\,\mathrm{V}$

3-7 $u_o = \dfrac{2R_F}{R_1} u_i$

3-8 $u_o = -1\,\mathrm{V}$

3-9 $u_o = 4\,\mathrm{V}$

3-10 $u_o = (1 + K)\,(u_{i2} - u_{i1})$

3-12 $u_o = 5.5\,\mathrm{V}$

3-14 $I_L = 0.6\,\mathrm{mA}$

3-16 $0.97 \sim 5.02\,\mathrm{V}$

3-18 $R_{11} = 10\,\mathrm{M\Omega}$, $R_{12} = 2\,\mathrm{M\Omega}$, $R_{13} = 1\,\mathrm{M\Omega}$, $R_{14} = 200\,\mathrm{k\Omega}$, $R_{15} = 100\,\mathrm{k\Omega}$

3-19 $R_{F1} = 1\,\mathrm{k\Omega}$, $R_{F2} = 9\,\mathrm{k\Omega}$, $R_{F3} = 40\,\mathrm{k\Omega}$, $R_{F4} = 50\,\mathrm{k\Omega}$, $R_{F5} = 400\,\mathrm{k\Omega}$

3-21

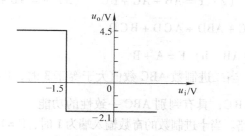

习答图 1   题 3-21 的电压传输特性

3-23 输出电压变化范围 $6 \sim 12V$

3-24 输出电压变化范围 $0 \sim -6V$

3-25 $I_o = U/R$

3-26 $u_o = -558mV$

4-1 （1）$R_1 < 1.5k\Omega$　（2）$99.5 \sim 994.7Hz$

4-2 正温度系数

4-3 a)、d) 不能；b)、c) 能

5-1 （1）1.38A（2）4.33A（3）244.4V（4）2.16A

5-2 （1）9V，90mA（2）4.5V，45mA　（3）12V　（4）使变压器二次侧短路，将 VD_1 或 VD_2 烧毁（5）$U_{DRM} = 28.3V$（相同）

5-3 $U = 122.2V$，选 2CZ12B

5-4 选 2CP11；$250\mu F$

5-6 （1）$I_o = 3mA$，$I_R = 10mA$，$I_Z = 7mA$

　　　（2）$I_o = 3mA$，$I_R = 15mA$，$I_Z = 12mA$

　　　（3）不能

5-7 $6.96 \sim 17.73V$

5-9 （1）100Ω　　（2）$10 \sim 15V$

6-3 $\alpha = 77.8°$，62A，选 KP50—6

6-4 $\alpha = 0°$时：$U_o = 198V$，$I_o = 198mA$

　　　$\alpha = 90°$时：$U_o = 99V$，$I_o = 99mA$

6-5 $45.8°$，$66.8°$

6-6 $\alpha = 90°$

7-3 （1）3V　（2）5.6V

7-7 （3）$F = \overline{\overline{AB} \cdot \overline{BC}}$

　　　（4）$F = \overline{A \cdot \overline{ABC} \cdot \overline{ABC} \cdot BC}$

7-8 $F = \overline{B} \, \overline{C} \cdot \overline{AC} \cdot \overline{CD}$　（2）$F = \overline{B} \, \overline{C} + A\overline{B}D + ACD$

7-10 （1）$F = B$　　（2）$F = A \oplus B$　　（3）$F = A + B$

　　　（4）$F = 1$

7-12 （1）$F = B$　（2）$F = A\overline{B} + \overline{A}C + B\overline{C}$　（3）$F = A\overline{B} + B\overline{C} + AD$

　　　（4）$F = ABC + ABD + \overline{A}\,\overline{C}\,\overline{D} + \overline{B}\,\overline{C}\,\overline{D}$

7-13 a）$F = \overline{A}B + A\overline{B}$　b）$F = A + \overline{B}$

7-14 $F = A + BC$，当二进制数 ABC 数值大于等于 3 时，$F = 1$；否则 $F = 0$

7-15 $F = ABC + \overline{A}\,\overline{B}\,\overline{C}$，具有判别 ABC 一致性的功能

7-16 是一判奇电路。当十进制数的奇数输入端为 1 时，$F = 1$，发光二极管亮；否则 $F = 0$

7-18 $F = AB + \overline{A}\,\overline{B}$

7-19 $ABCD = 1001$

7-20 $F_A = A$, $F_B = \overline{A}B$, $F_C = \overline{A}\,\overline{B}C$

7-21 $F = (A + B)\overline{C}$

7-26 $HL = \overline{A_0} + \overline{A_1} + \overline{A_2} + \overline{A_3}$

7-28 $F = ABD_3 + A\overline{B}D_2 + \overline{A}BD_1 + \overline{A}\,\overline{B}D_0$

$\overline{E} = 1$ 时, $F = 0$ 被封锁;

$\overline{E} = 0$ 时, F 由 AB 选择一数据

A	B	$\overline{E}$	F
×	×	1	0
0	0	0	D_0
0	1	0	D_1
1	0	0	D_2
1	1	0	D_3

7-29 (1)

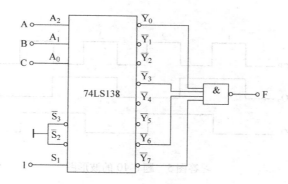

习答图 2 题 7-29 (1) 的逻辑图

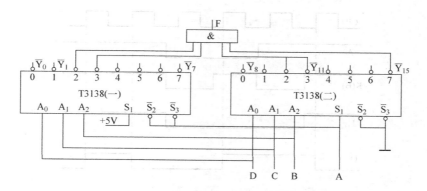

习答图 3 题 7-29 (2) 的逻辑图

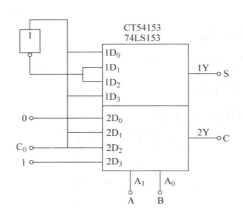

习答图 4 题 7-30 的解

8-8 Q_1 波形的频率 500Hz，Q_2 波形的频率 250Hz

8-10

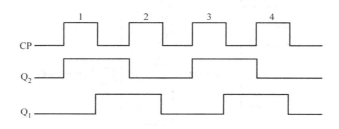

习答图 5 题 8-10 的波形图

8-11

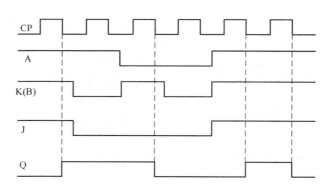

习答图 6 题 8-11 的波形图

8-13

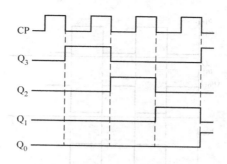

习答图 7　题 8-13 的波形图

8-14

CP	D_{SR}	Q_A	Q_B	Q_C	Q_D
0	1	0	0	0	0
1	1	1	0	0	0
2	1	1	1	0	0
3	1	1	1	1	0
4	0	1	1	1	1
5	0	0	1	1	1
6	0	0	0	1	1
7	1	0	0	0	1
8	1	1	0	0	0

8-17　七进制计数器

8-20

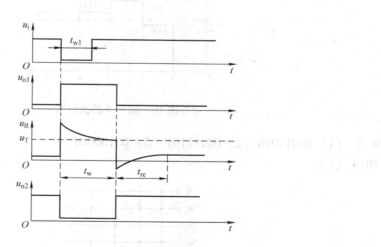

习答图 8　题 8-20 的波形图

8-21　100kHz

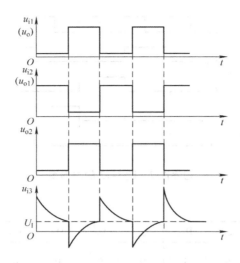

习答图9 题8-21的波形图

8-23 47μF

9-2 6位

9-3 $U_o = -6.25V$

9-4 （1）3.4V，10.2V （2）01111101

9-5 1001

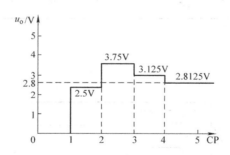

习答图10 题9-5的波形图

9-6 （1）01011010 （2）00111101 （3）00100000

10-3 （1）

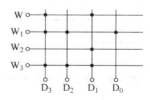

习答图11 题10-3的简化阵列图

（2） W_0、W_1、W_2、W_3存储的内容分别为 0101、0010、1101、0001

（3） $= W_0 + W_2 + W_3$、$D_1 = W_1$、$D_2 = W_0 + W_2$、$D_3 = W_2$

10-4 （1）

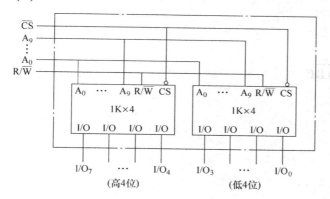

（2）

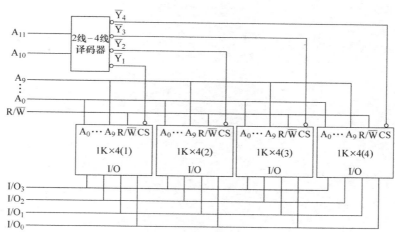

习答图 12　题 10-4 的接线图

10-6

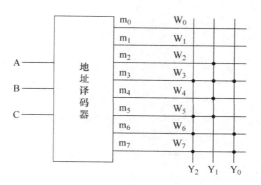

习答图 13　题 10-6 的编程阵列图

10-9　$F_0 = \overline{A} + \overline{C}D$

$F_1 = A\overline{B} + \overline{A}B$

$F_2 = \overline{A}B + \overline{B}C$

$F_3 = C\overline{D} + B\overline{C}$

10-12　$F_0 = AB + BC + \overline{A}\,\overline{B}\,\overline{C}$

$F_1 = A\overline{B} + \overline{A}B$

参 考 文 献

［1］秦曾煌. 电工学（电子技术）［M］. 7 版. 北京：高等教育出版社，2009.

［2］王乃成. 电子技术（电工学Ⅱ）［M］. 北京：国防工业出版社，2003.

［3］李忠波. 电子技术 ［M］. 北京：机械工业出版社，2004.

［4］刘全忠. 电工学习题精解 ［M］. 北京：科学出版社，2002.

［5］陈澎，曾永和. 电子技术 ［M］. 长沙：湖南大学出版社，2004.

［6］郭培源，沈明山. 电子技术基础及其应用简明教程 ［M］. 北京：电子工业出版社，2004.

［7］陈国联，王建花，夏建生. 电子技术 ［M］. 西安：西安交通大学出版社，2002.

［8］蔡明生，孔照荣. 模拟电子技术基本重点难点剖析与解题指导 ［M］. 长沙：湖南大学出版社，2002.

［9］毕满清. 电子技术实验与课程设计 ［M］. 北京：机械工业出版社，2005.

［10］唐介. 电工学（少学时）［M］. 3 版. 北京：高等教育出版社，2009.

［11］杨明欣. 模拟电子技术基础 ［M］. 北京：高等教育出版社，2012.

［12］童诗白. 模拟电子技术基础 ［M］. 4 版. 北京：高等教育出版社，2012.